かかりやすい病気を中心に
症状、経過、治療、ホームケアまで。
一家に一冊！

新版 よくわかる
ウサギの健康と病気

大野瑞絵・著
曽我玲子・監修
（Grow-Wing Animal Hospital　院長）

誠文堂新光社

目指せ健康ウサギ

大好きなわが家のウサギが健やかに暮らしてくれること、それはとても幸せなことです。いつも元気で生き生きしている健康ウサギを目指しましょう。

食欲旺盛＆牧草大好き
草食動物のウサギは、牧草などの繊維質の多い食べ物をもりもり食べて健康を維持しています。

よい便が出る
コロコロした丸い便をたくさん排泄します。走りながらすることがあってもご愛嬌。

元気がいい
遊び好きなウサギも多いもの。活発さに個体差はありますが、遊ぶときには元気いっぱいです。

つややかな毛並み
毛づやも健康のバロメーター。体調が悪いと毛づくろいが不十分になり、毛並みが乱れたり、もつれたりします。

休憩どきはリラックス
ストレスの少ない日常生活で、ウサギは安心してリラックスタイムを楽しめます。

目に力がある
生き生きとした輝きのある目、力強い目は、生きる意欲を示しています。

飼い主とのよい関係性
健康チェックや必要なケアがきちんとでき、お互いが楽しくいられるよい関係性であることがウサギの健康づくりに役立ちます。

健康のための10のポイント

1. ウサギという生き物を理解する
   ……………………… 38ページ
2. 食事の大切さ ……………… 41ページ
3. 飼育環境 …………………… 44ページ
4. ストレスを理解する ………… 47ページ
5. コミュニケーション………… 49ページ
6. 体のケア …………………… 54ページ
7. 日常にひそむトラブルからウサギを守る
   ……………………… 57ページ
8. 早期発見のために 健康日記をつけよう
   ……………………… 59ページ
9. 定期検診を受けよう ……… 60ページ
10. 先を見据えたケア…………… 61ページ

ウサギの体を理解しよう

ウサギの体には、人にはないさまざまな特徴があります。
ウサギの健康を守るため、まずはウサギの体について理解しましょう。

1．体の特徴

● 耳

ウサギといえば誰もが思い浮かべるのが「長い耳」です。耳の穴から外側の部分を「耳介(じかい)」といいます。耳介は集音器の役割をもち、体表面の12%を占めます（ニュージーランドホワイトの場合）。ウサギの大きな耳介は集音効果に優れ、その聴覚は、生存する上で最も不可欠なものです。

耳介は大きいうえに、耳の付け根の筋肉が発達しており、左右それぞれの耳の向きを変えられるので、四方八方からの音源をさぐるのに便利です。

またウサギは、聴覚が優れていて、360〜42,000Hzの音を聞くことができ（人間は20〜20,000Hz）、人に聞こえない周波数の高い音（超音波）も聞くことができます。

耳介には、体熱を放散する働きがあります。耳介には、中心に動脈が、辺縁に耳静脈があり、また多くの毛細血管があります。これらの血管は皮膚の表面近くにあるため、血管を流れるさいに血液が冷やされ、その血液が全身をめぐることによって体熱が下がります。寒いときには体熱が逃げないよう、血管が縮みます。

ところで、耳が垂れ下がっているウサギもいます（ロップイヤー）。品種改良によって誕生したもので、イングリッシュロップが最初の垂れ耳品種です。垂れ耳の品種は立ち耳の品種より、カイウサギは野生のアナウサギより聴力が若干劣るといわれていますが、人の聴覚よりは非常に鋭敏です。

ウサギには立ち耳と垂れ耳がある

● 目

ウサギの目は、他の哺乳類の目よりも、顔面の両側面にやや突き出して位置しています。そのため、視野が片目で190度と広く、ほぼ真後ろまで見ることができます。視覚の水平領域を見るのに優れているので、周囲から近付いてくる天敵をいち早く発見することができます。光に対する感度は高く、人の約8倍といわれ、薄暗い中でもものを見ることができます。色を見る能力は緑と青に対して優れています。

ただし、視力という意味では目はそれほどよくありません。また、完全な真後ろや、口のすぐ前あたりを見ることはできません（右図参照）。

ちなみに、アルビノのウサギの目が赤いのは、虹彩にメラニン色素が欠けていて、網膜の裏側にある血管が透けて見えるためです。

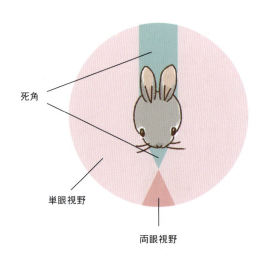

死角／単眼視野／両眼視野

● 鼻

ウサギの鼻はピクピクとよく動き、1分間に20～120回も動かすほど。リラックスしているときや、逆に調子の悪いときにはあまりよく動かず、緊張、警戒しているときほどよく動きます。

嗅覚はすぐれていて、においを感じる細胞（嗅細胞）の数は1億ともいわれています（人間は1,000万）。

● 口の周り

上唇が裂けている兎唇はウサギの大きな特徴のひとつです。口はあまり大きく開きません。舌には約17,000の味蕾（主に舌の表面にある、蕾のような形をした味を感じる小さな器官。人間は約5,000～9,000）があります。

ウサギは自分の口元をよく見ることができませんが、触毛や唇の感覚で、食べ物などの識別をしています。

● ひげ（触毛）

ウサギには、ほおひげのほかに口元から鼻にかけて、そして目の上にもひげが生えています。体の幅と同程度の長いひげがあります。ひげは地下に掘ったトンネルの中など暗い場所や狭い場所を通るとき、その幅を知り、口元にあるものを認識するための感覚器官です。ひげの根元には神経の末端があり、触れた感覚を脳に伝えています。その感触の神経末は全身にあるので、ウサギは常にやさしく触れなければいけません。

● 肉垂

2、3歳以上のメスに著しく目立つようになる、顎の下の皮膚のひだです。英語でデューラップ（dewlap）、俗称でマフマフと呼ばれたりします。

妊娠しているメスは出産が近づくと、肉垂周辺の被毛を引き抜いて巣にします。偽妊娠でも見られます。

ウサギの体を理解しよう

● 被毛

　毛色や毛質にさまざまなバリエーションをもつウサギの被毛。短くて柔らかなアンダーコート（下毛、二次毛）と、長いオーバーコート（上毛、一次毛）からなります。

　換毛は3ヶ月ごとに見られます。数週から1ヶ月ほどかけて、頭部から始まって尾部に向かって進みます。特に激しく換毛するのは、春（冬毛から夏毛へ）と秋（夏毛から冬毛へ）です。ただし飼育環境（日照時間など）による違いも見られ、通年だらだらと換毛するケースもあります。

超短毛のミニレッキス

短毛のホーランドロップ

長毛のアンゴラ

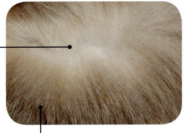

ホーランドロップの被毛

皮膚のそばに生えたやわらかく縮れた毛がアンダーコート

オーバーコートは、長くて硬い毛質

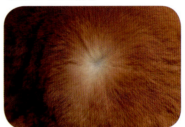

ミニレッキスの被毛

レッキスとミニレッキスの被毛は、オーバーコートとアンダーコートの長さが同じで、密に生えている

● 四肢

　穴を掘るのに向いた短い前足と、逃げるために筋肉が力強く発達した後ろ足をもっています。足の裏には肉球はなく、厚い被毛で覆われていて、硬い地面でも厚い被毛がクッション代わりになります。前足に5本、後ろ足に4本の指があり、爪はしっかりした鉤爪です。

前足の裏

後ろ足の裏

● 尾

「丸い」というイメージのあるウサギの尾ですが、実際には「へら状」と称される形で、尾の長さは4.5〜7.5cmほどです（品種による）。通常、背中に沿わせていますが、リラックスしているときには垂れています。体に比べてさほど長くはありませんが、さまざまなボディランゲージを示します（38〜40ページ）。

● 臭腺

ウサギには、下顎（下顎腺）と外陰部の脇（鼠径腺）、肛門の脇（肛門腺）に臭腺があります。臭腺から出る分泌物をものなどにこすり付けてにおいを付けたり、便ににおいを付けてマーキングを行います。

下顎腺の分泌物で顎の下が湿っていたり、鼠径腺で黄色〜黒っぽい分泌物が見られることもあります。分泌物はオスに多い傾向があります。

臭腺の位置

おもちゃにマーキングをしている

2. ウサギのデータ

● 体の大きさ

体重　1.5〜2.5kg 体長　38〜50cm ヨーロッパアナウサギのデータ。ペットとして飼われているウサギもこのくらいの大きさの個体が多い。
ウサギは性的二型（生殖器の違い以外に性別による違いがあること）で、メスのほうが体の大きい傾向がある。
純血種のスタンダード（ラビットショーでの理想サイズ）は、小型種のネザーランドドワーフが体重906ｇ、大型種のフレミッシュジャイアントがオス5.9kg以上、メス6.35kg以上。

● 生理的データ

体温	38.5〜40.0℃
心拍数	130〜325回／分
呼吸数	32〜60回／分
水分摂取量	50〜100ml／kg／日
尿産生量	20〜250ml／kg／日
寿命	6〜13年

ウサギの体を理解しよう

3. 骨格

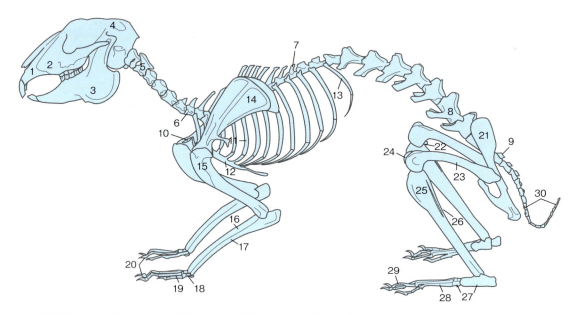

1. 切歯骨　2. 上顎骨　3. 下顎骨　4. 頭頂骨　5. 第2頚椎　6. 第7頚椎　7. 第10胸椎　8. 第6腰椎　9. 仙骨　10. 鎖骨　11. 第5肋骨　12. 胸骨　13. 第13肋骨　14. 肩甲骨　15. 上腕骨　16. 橈骨　17. 尺骨　18. 手根骨　19. 中手骨　20. 指骨　21. 股関節（腸骨）　22. 腓腹筋の種子骨　23. 大腿骨　24. 膝蓋骨　25. 脛骨　26. 腓骨　27. 足根骨　28. 中足骨　29. 肢骨　30. 尾椎

● 骨格の特徴

ウサギはとても強靭な筋肉をもっていて、その骨格筋（骨格を動かす筋肉）の量が体重の50％を超えるわりに骨格はかなり軽く、体重あたりの比率は7〜8％です（猫は12〜13％）。そのため、抱き方が不安定で落としたり、高いところから飛び降りたりすると骨折することがあります。また、抱っこを嫌がって暴れ、強い力で後ろ足をばたつかせることがありますが、骨に比べて後肢の筋力が強いため、脊椎骨折を起こすケースも見られます。なお、イヌには鎖骨がありませんが、ウサギには鎖骨があります。

椎骨の数は、頚椎7、胸椎12〜13、腰椎6〜8、仙椎3〜5、尾椎15〜18です。

ウサギの全身骨格標本

4. 内臓

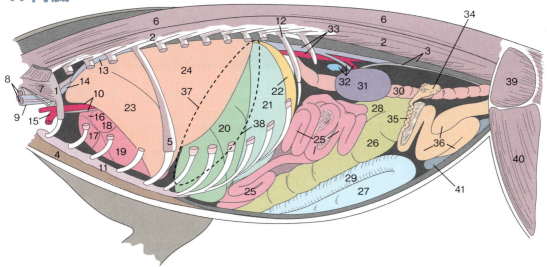

1．第1肋骨　2．胸部腸肋筋・腰腸肋筋　3．大腰筋・尿管　4．胸筋　5．第5肋骨　6．胸筋・腰筋　7．中斜角筋　8．気管・食道　9．迷走神経・総頸動脈　10．大静脈・横隔神経　11．胸骨　12．第12肋骨　13．胸部大動脈　14．鎖骨下動脈　15．鎖骨下静脈　16．肺動脈幹　17．18．心耳　19．左の心室　20．肝臓　21．胃　22．脾臓　23．24．肺　25．空腸　26．27．28．盲腸　29．近位結腸　30．下行結腸　31．腎臓　32．副腎・腎動脈および静脈　33．腹大動脈・尾部大静脈　34．卵巣・卵管漏斗　35．卵管　36．子宮角　37．38．横隔膜　39．中臀筋　40．大腿筋膜張筋　41．膀胱　42．虫垂　43．上行結腸　44．十二指腸　45．剣状軟骨

● 内臓の特徴

　ウサギの内臓の大きな特徴は、草食獣であることを反映した長い消化管（12〜13ページ）が腹腔を占めていることです。

　反面、胸腔は狭く、肺活量が少ないために持久力がありません。そのため胸腔を押さえつけるような無理な保定を長い時間続けていると、呼吸困難を起こすことがあります。心臓の大きさを体重あたりの比率で比べると、犬は1％、ウサギは0.3％と、小さいことがわかります。

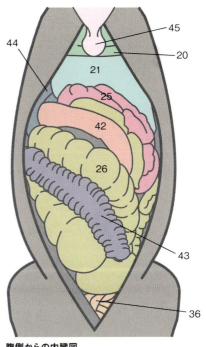

腹側からの内臓図

9

ウサギの体を理解しよう

5. 歯

くさび状切歯。ウサギの歯は、白い色をしているのが正常。同じように常生歯をもつげっ歯目の歯が黄色っぽい色になっているのとは異なる（げっ歯目のうちモルモットの歯は白色）

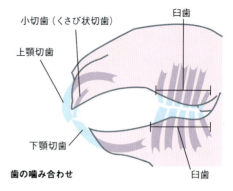

歯の噛み合わせ

ウサギの正常な噛み合わせは、上下の臼歯が噛み合っているときに下顎の切歯が前後の切歯の間にある

【ウサギの歯式】

● ウサギの歯は28本

ウサギには、全部で28本の歯があります。

上顎には、左右それぞれに2本ずつ、合わせて4本の切歯（前歯）と、左右に3本ずつ、合わせて6本の前臼歯、同じく合わせて6本の後臼歯があります。

下顎には、左右それぞれに1本ずつ、合わせて2本の切歯と、左右に2本ずつ、合わせて4本の前臼歯、左右に3本ずつ、合わせて6本の後臼歯があります。

人間やイヌやネコなどにある犬歯はウサギにはなく、切歯と臼歯の間には歯隙と呼ばれる隙間ができています。

● 隠れた切歯の存在

ウサギの上顎の切歯は「4本」と説明しましたが、前から見ても左右に1本ずつ、合わせて2本の切歯しか見えません。ここにウサギの大きな特徴があります。実は上顎の切歯の裏側には、2本の小さな切歯が隠れているのです。小切歯、第二切歯、くさび状切歯、peg teethなどの呼び名があります。見えている大きな切歯は、大切歯、第一切歯ともいいます（この本では、ただ「切歯」というときはこちらの切歯のことを指します）。

ところで、動物の分類上、ウサギは「ウサギ目」に分類されますが、別名では「重歯目」とも呼ばれます。これは、この二重になった切歯に由来しています。かつてウサギは「げっ歯目」に分類されていましたが、この歯の存在などによってげっ歯目から分かれて重歯目となりました。

● 乳歯と永久歯

ウサギも人と同じように、乳歯から永久歯へと歯が生え変わります。

乳歯は全部で16本あり、内訳は上顎切歯4本、臼歯6本、下顎切歯2本、臼歯4本です。切歯も臼歯も、お腹の中にいるうちに生えてきますが、切歯はお腹の中にいる間に抜けてしまい、臼歯は誕生後1ヶ月で抜け落ちます。

下顎臼歯の咬合面

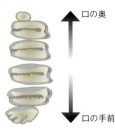
上顎臼歯の咬合面
口の奥 ↕ 口の手前

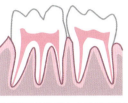
歯根が閉じている後臼歯

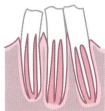
歯根が開いている後臼歯

伸び続ける歯（右）と伸び続けない歯（左）

ウサギの頭蓋骨

上顎

下顎

● 歯が伸び続けるしくみ

ウサギはすべての歯が生涯にわたって伸び続けます。

人の歯は、一度完成するともう伸びません。歯根が、その先端に神経や血管を通す小さな穴だけを残して閉鎖するからです。一方、ウサギの歯は、歯根が閉じずに開いたままになっています。歯根の周りでは歯を形成する細胞の分化と組織形成が次々に作られては補充されていきます。そのために歯は常に伸び続けます。こうした歯を「常生歯」と呼びます。

伸びる長さは、上顎切歯で1週間に約2mm、年に約12.7cm、下顎切歯で20.3cm、または月に1cm以上（4〜6歳）といったデータがあります。

● 切歯の役割と特徴

切歯の役割のひとつは、ものを嚙み切ることです。このとき、下顎が左右に動いています。この動きはものを食べていないときでも見られます。ウサギは切歯を身づくろいのためにも使います。皮膚や被毛の汚れを取り除いたり、毛並みを整えるのも切歯の役割です。

歯は、ものを食べたりするときにこすり合わされて少しずつ削れていくため、嚙み合わせが正常なら伸びすぎることはありません。ウサギの切歯には、体の中で一番硬いといわれるエナメル質が歯の手前側（唇側）だけにあり、裏側（舌側）にはエナメル質の層がありません。そのため、ものを嚙んだり歯をこすり合わせる動きによって削られ、適度な長さを保ちつつ先端が鋭く維持されるのです。なお、小切歯は全体がエナメル質で覆われています。

● 臼歯の役割と特徴

臼歯の役割は、食べ物をすりつぶすことです。ウサギの臼歯は咬合面（上下の歯が嚙み合う面）が切歯と違って広く、ものをすりつぶすのに適した形状になっています。ものをすりつぶすときは下顎を左右に動かし、下顎臼歯と上顎臼歯の咬合面がこすれ合います。下顎は1分間に最高120回も動きます。

臼歯の側面はエナメル質で覆われていますが、咬合面は平らではなく、柔らかいセメント質と象牙質、硬いエナメル質が入り組んでいます。上下それぞれのエナメル質の稜（りょう）（高くなっているところ）が、相対するセメント質・象牙質の窪みと合うようになっています。

上顎と下顎では臼歯の大きさも異なります。咬合面を見ると、上顎臼歯は左右に幅があります。下顎臼歯は、上顎臼歯ほど幅はありませんが、前後に厚みがあります。このように咬合面の大きさが違うため、臼歯の本数は上下で異なりますが、手前の臼歯から奥の臼歯までの全体の長さはだいたい同じになっています。

11

ウサギの体を理解しよう

6. 消化管

● ウサギの消化の特徴

　食べ物から栄養をとるのに大切な消化のしくみ。中でも、植物を食べて生きている草食動物であるウサギの消化システムは独特です。消化管が体に占める割合は大きく、体重の10〜20％を占めています。腸管の長さは体長の約10倍、全長8mにも及びます。
　ここでは、ウサギがものを食べてから排泄されるまでの流れを見ていきましょう。

【1】口
　食べ物を摂取します。切歯で食べやすい大きさに噛み切り、臼歯ですりつぶします。唾液には消化酵素のアミラーゼが含まれています。

【2】食道から胃へ
　すりつぶされた食塊（食べたものの塊）が食道を通って胃に達すると、胃壁から消化液（胃液）が分泌され、食塊と混ぜ合わされます。

【3】小腸
　食塊は小腸（十二指腸、空腸、回腸）に移動します。胆汁などが分泌され、繊維質以外のほとんどはここで消化吸収されます。

【4】小腸から大腸へ
　小腸を通過した食塊は大腸（盲腸、結腸、直腸）へと移動します。このとき、食塊はいったん盲腸と結腸へと広がります。盲腸は蠕動運動をし、食塊を結腸へ戻そうとしますが、結腸の入口が収縮する「結腸分離機構」というメカニズムにより、粗い繊維質はそのまま結腸を進み、直径0.3mmより小さな粒子は盲腸へと戻されます。

【5-1】硬便として排泄
　粗い繊維質の食塊はそのまま結腸を進み、大腸の運動を促進します。大腸では腸壁の強い収縮によって丸い塊となり、水分などが吸収されたのち、硬便として排泄されます。ふだんよく見る、丸い便のことです。
　ウサギは硬便を食べることもあります。
　野生のノウサギを対象とした研究では、朝、休息時間に入って1時間くらいすると硬便を食べ、そのあとは午後まで盲腸便を食べ、夕方までは硬便を食べることが観察されています。アナウサギでも同様ではないかといわれています。硬便を食べても栄養にはなりませんが、食事をしない時間に硬便を食べていれば常に消化管を活動させることができるというのが、硬便を食べる理由と考えられています。

【5-2】盲腸で盲腸便に変化
　結腸の入り口で分離された小さな粒子と液体は、腸管の逆蠕動運動によって盲腸へと送りこまれます。
　盲腸には、腸内細菌であるバクテリアが生息しています。バクテリアはセルロース（植物の細胞壁）を分解する酵素セルラーゼを分泌し、分解、発酵によって

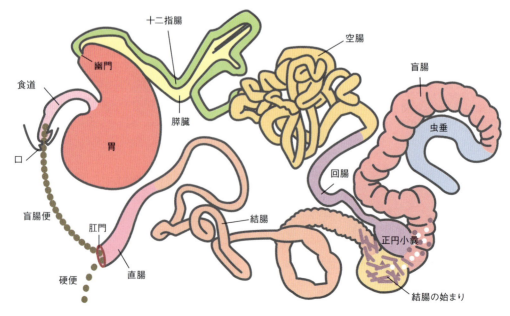

タンパク質やビタミンB群（特にB 12）、ビタミンKが生成されます。

こうして栄養豊富なものに変化した盲腸内容物は、大腸を通って肛門から排出されます。これを「盲腸便」といいます。「便」という名称をもちますが、排泄物ではなく、ウサギにとって重要な栄養源です。維持エネルギー量（基礎代謝に活動のためのエネルギーを加えたもの）の12～40％をまかなっています。また、この食べる行為を「食糞（しょくふん）」ともいいます。

ものを食べてから3～8時間で、盲腸便は結腸、直腸を通過して排出されます。大腸内で消化されることはありません。ウサギは肛門に口をつけて直接、盲腸便を口にし、噛まずにそのまま飲み込みます。通常はすべて食べてしまうので、飼い主が盲腸便を見ることはほとんどありません。

胃に入った盲腸便は、6時間はそのままの形で胃にとどまり、バクテリアは分解、発酵を続けています。

一般的には一日に一回、夜間から早朝に摂取するとされていますが（そのため盲腸便には「夜便」という名称もあります）、24時間、食事を摂ることが可能な飼育下では、日中に食べることもあります。

● ウサギの胃の特徴

ウサギの胃は単胃で、噴門（ふんもん）（食道側、胃の入り口）と幽門（ゆうもん）（十二指腸側、胃の出口）の括約筋（ちぢんだりゆるんだりすることで、内容物の出し入れを調節する筋肉）がよく発達しています。「胃の形が深い袋状になっている」「噴門が狭い」という解剖的特性により、嘔吐ができません。逆流や口の中のものを吐き出したのが嘔吐に見えることがあります。

幽門は、鋭い角度で続く十二指腸によって圧迫されやすい構造になっています。また、毛球やガス、肝臓肥大などにより胃が拡張または圧迫されると、胃の中に食塊が停滞してしまい、続く小腸へと排出するのが困難になります。

大人のウサギの胃のpHは1～2と、非常に強い酸性を示します。そのため、病原性をもつ微生物の侵入と増殖を胃と腸で防いでいます。胃は大きく、消化管全体の約34％の容量があります。胃の中は、空になることはなく、消化管内に入ったもののうち15％が貯蔵されています。食べ物のほかに飲み込んだ抜け毛も含まれていますが、大量でない限りは正常です。

ウサギのふたつ目の便

盲腸の特徴

ウサギの盲腸はとても大きく、螺旋（らせん）状をしています。消化管全体の約40％の容量があります。また、ひだが全長約40cm（中型のウサギ）にわたり存在しています。盲腸は、虫垂と呼ばれる盲管（一方の端が閉じた管）で終わります。虫垂には免疫作用に関与する大量のリンパ組織が存在します。

盲腸便の特徴

盲腸便は軟らかく、2～3cmほどのブドウの房状をし、周囲を緑色の粘膜でおおわれています。内容は、半液体の結腸内容物です。タンパク質、ビタミンB群、Kが大量に含まれています。ウサギが一日に排泄する便のうちの盲腸便の割合は30～80％とも60～80％ともされています。生後3週間くらいから盲腸便の生成が始まります。

盲腸便

【硬便と盲腸便との栄養価の違い】

成分	硬便	盲腸便
粗タンパク質（g／乾物kg）	170	300
粗繊維（g／乾物kg）	300	180
ビタミンB群		
ナイアシン（mg／kg）	40	139
B2（mg／kg）	9	30
パントテン酸（mg／kg）	8	52
B12（mg／kg）	1	3

繊維質の役割

ウサギに限らず動物は、植物の細胞壁を分解することができません。上記のように、盲腸でバクテリアの助けを借りるとしても、食べた繊維質のうち18％しか消化していないのです。繊維質の重要な役割のひとつは、腸の蠕動運動を刺激し、消化管の動きを促進することにあります。腸の動きが悪くなると、盲腸での発酵に異常が起き、毒物が産生されます。

7. 排泄物

● 便の特徴

ウサギの便には、コロコロした硬便と柔らかい盲腸便があります。硬便は直径1cmほどで、色は緑がかった茶色や明るい褐色です。繊維のかすなどで形作られていて、通常、においはありません。便は個体ごとにだいたい一定の大きさのものが排泄されます。一日に排泄する便の量は一日あたり5〜18g／kgといわれています。

なお、便の色や大きさ、量は食べているものの内容や量などによって個体差があります。（盲腸便の詳細→13ページ参照）

正常ではない便

小さくなったり、大きさにばらつきがある、滴のような形になっている、量が減るのは、食欲不振だったり消化器官の働きに異常があることが考えられます。

通常、飲み込んだ抜け毛は便に混じって排泄されますが、過度に飲み込んでいたりすると、便と便が毛でつながった状態のものが排泄されることもあります。柔らかすぎる便や下痢、血便、粘液便なども異常です。

盲腸便を飼い主が目にすることはほとんどありません。ケージ内に盲腸便が落ちているのを見るときは、不正咬合であるためか、高タンパクな食事を与えすぎていてウサギが盲腸便を食べようとしなかった、肥満や体の痛みなどがあって肛門に口が届かずに食べられなかったなどの問題が考えられます。

健康な便。緑がかった茶色や明るい褐色。コロコロと丸くて硬い

盲腸便。2〜3cmほどでブドウの房のような形をしている

いびつな便。消化管に問題があると大きさが揃わないこともある

つながった便。飲み込んだ毛が多いと便が毛でつながることがある

消化器官の働きに異常があって、粘液状になっている便

● 尿の特徴

ウサギはクリーム状に近い、濃い尿をします。色は白っぽいものから、黄色、オレンジ色のこともありますし、また、赤い尿をすることがあります。尿はアルカリ性（pH8.2）です。一日あたりの排尿量は約130ml／kgですが、生野菜など水分の多いものを与えていたり、水を飲む量が多かったりすると尿量は増えます

濃く白っぽい尿は、ウサギでは一般的なものです。炭酸カルシウムを多く含むために白っぽい色をしています。ウサギのカルシウム代謝が非常に特殊なことに由来しています。哺乳類では普通、過剰なカルシウムは胆汁と一緒になって便として排泄されます。ところがウサギは過剰なカルシウムが尿として排泄されます。尿中のカルシウム濃度は、多くの哺乳類で2％以下なのに比べ、ウサギでは45〜60％と非常な高濃度なのです。

赤っぽい尿もウサギではよく見られます。赤くても必ずしも血尿とは限りません。食べ物や薬の色素によるものや、ポルフィリン尿（ヘモグロビンが合成される途中で作られるポルフィリンという物質が尿に排泄される）が原因の場合もあります。また、水を飲む量が少ないと、尿が凝縮して赤っぽく見えることもあります。

正常ではない尿

血尿が出るのは異常なことですが、ウサギの場合には正常な赤い尿との見分けが難しいこともあります。動物病院で検査を受けるのが最もよい方法ですが、血尿かどうかは尿試験紙でも調べることができます。「潜血」という項目をチェックします。

サラサラした尿は、イヌやネコ、人間では正常ですが、ウサギの場合、絶食状態が続くと尿が酸性に傾き、尿の中の結晶が溶けて透明でサラサラした状態になることがあります。なお、子ウサギのうちは結晶の沈殿物のない透明度の高い尿をします。

正常な尿。濁った白〜薄黄色をしている

正常な尿。食べ物によって、あるいは個体によって赤色をしている

血尿。正常な赤い尿との区別が難しい

8. オスとメスの違い

● オスの生殖器

陰茎は円筒状で、丸い開口部をもちます。

性成熟すると精巣が下降して陰嚢が目立つようになります。陰嚢は毛が生えていません。

普通、哺乳類では陰嚢は陰茎よりも後方（尾側）にありますが、ウサギは前方（頭側）に位置しています。

● メスの生殖器

外陰部は、縦に割れた形状をしています。

ウサギの子宮は「重複子宮」といい、独立した子宮が左右にあり、それぞれが膣に開口しています。

尿道口と膣口は別々ではなく、ひとつになっています。

オスの生殖器

メスの生殖器

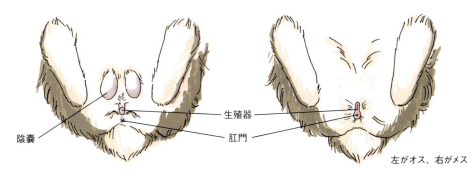

左がオス、右がメス

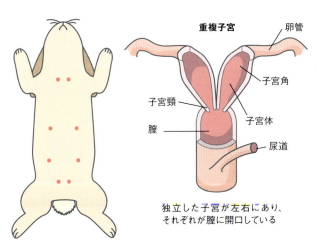

乳頭の数と位置。乳頭は4対ある。5対もつ個体もいる

独立した子宮が左右にあり、それぞれが膣に開口している

● 生殖器以外のオスとメスの違い

ウサギは、メスのほうが体の大きい傾向にあります（性的二型）が、ペットのウサギではそれほど目立つものではありません。

性成熟するとメスは顎の下に「肉垂」が発達します。

行動による性別の違いはよく見られます。避妊去勢手術していない場合、オスは性成熟すると縄張り意識が強くなり、尿を飛ばすマーキングなどを行ったり（→167ページ）、メスは偽妊娠することがあります（→113ページ）。

毎日行おう健康チェック

とても大切な毎日の健康チェック

　ウサギの健康を守るために大切なことのひとつが、健康チェックです。

　ウサギは体調が悪くてもそれを言葉で伝えてくれません。また、野生下では捕食される動物ですから、弱った様子を見せたりしたら、すぐに天敵に捕まってしまいます。そのため、具合が悪くても表には出さずにじっと耐えてしまうことがあります。飼い主がウサギの体調悪化に気づいたときにはすでに病気がかなり進行しているというケースも少なくありません。

　適切な飼育管理が行えているか、ウサギの健康状態に異変がないかといったことを確認するためには、ウサギの様子を毎日よく観察することが重要なのです。

　ただし、「悪いところを見つけなくては！」とウサギを凝視することはウサギのストレスになることもあります。また、継続することが大切ですから、ウサギにも飼い主にも負担の少ない方法で行うようにしてください。日々の世話やコミュニケーションの中に上手に健康チェックを取り入れましょう。

　なお、17～19ページの健康チェックのタイミングはおすすめの一例です。ウサギの慣れ具合や各家庭での飼育管理の手順に応じて変えてください。

ここをチェック！

毛並み／お尻周り／耳／目／鼻／口周り

食欲／動き／活動／排泄物

このときにここを見る〜健康チェックのポイント

その日最初の挨拶で
〜顔や表情をチェック！

朝、「おはよう」と声をかけながら
ウサギの顔や表情を確認しましょう。

- □ 目　：力強さがある？
　　　　　輝きがある？
　　　　　目やにが出ていない？
　　　　　異常に突出していない？
　　　　　白濁していない？
- □ 鼻　：鼻水が出ていない？
　　　　　くしゃみをしていない？
- □ 耳　：内側が汚れていない？
- □ 口　：よだれが出ていない？
- □ 表情：生き生きしている？
- □ 反応：声をかけると反応する？

食事タイムに
〜食欲や食べ方をチェック！

食事を与える、片付けるときは、
健康チェックの重要な時間です。

- □ 食欲　：食欲はある？　食べ残しはない？
　　　　　　牧草は適切に減っている？
- □ 飲み水：飲み水は適切に減っている？
　　　　　　水を飲む量が増えていない？
- □ 食べ方：食べこぼしたりしない？
　　　　　　食べにくそうにしていない？
　　　　　　飲み込みにくそうにしていない？
　　　　　　よだれが出ていない？
　　　　　　食べたあとで口元を
　　　　　　気にする様子がない？
　　　　　　前足の内側を濡らしていない？

トイレ掃除をしながら
～排泄物や排泄の様子をチェック！

体内で起きている変化を
目に見えて示してくれるのが排泄物です。

- ☐ 便：大きさや、量、硬さは正常？
　　　　下痢をしていない？
　　　　排便時に痛そうにすることはない？
　　　　力んでいない？
　　　　排便姿勢になるのに時間がかかることはない？
　　　　盲腸便の食べ残しはない？
- ☐ 尿：量や色は正常？
　　　　排尿時に痛そうにしていたり、
　　　　時間がかかることはない？
　　　　覚えていたトイレを
　　　　急に失敗するようになっていない？
　　　　あちこちに尿を粗相することはない？

運動させながら
～行動や体の様子をチェック！

遊んでいるウサギはかわいいものですが、
客観的な目線でも観察しましょう。

- ☐ 行動：元気がある？
　　　　　だるそうにしていたり、
　　　　　じっと丸まっていない？
　　　　　反応が鈍いことはない？
　　　　　動きがぎこちないことはない？
　　　　　後ろ足を引きずったりしていない？
　　　　　活発な時間にぼんやりしていたり、
　　　　　寝ていたりしない？
　　　　　すぐに疲れたりしない？
　　　　　急に攻撃的になったりしない？
　　　　　過度に体をかゆがらない？
　　　　　体の一箇所ばかり気にしていない？
　　　　　いつもやる遊びをしなくなったりしていない？
- ☐ 呼吸：呼吸が荒くなっていない？
- ☐ 被毛：毛並みは整っている？　乱れていない？
　　　　　つややかで、ぼさついていない？
　　　　　毛艶はある？
　　　　　フケは出ていない？

スキンシップをとりながら
～全身をチェック！

体を触りながらの健康チェックも大切なもの。
そのためにも日頃からスキンシップの練習を。

- □ 歯　　　：曲がったり折れたりしていない？
　　　　　　　顎の下や目の下がでこぼこしていない？
- □ 体の表面：耳の中はきれい？
　　　　　　　皮膚に傷やできものはない？
　　　　　　　脱毛やふけはない？
　　　　　　　足の裏の毛が抜けたり、
　　　　　　　タコになっていない？
　　　　　　　お尻周りは汚れていない？
- □ 体を触って：腫れているところや
　　　　　　　しこりがあるところはない？
　　　　　　　触ると痛がるところはない？
　　　　　　　痩せていない？（背骨や肋骨のゴツゴツに容易に触れる）
　　　　　　　太っていない？（皮下脂肪が多くだぶついている）
- □ におい　：耳がくさくない？
　　　　　　　お尻周りがくさくない？

定期的に体重測定を

その日によって若干の体重の増減はあっても、急激に体重が増えたり減ったりするのは何か問題が起きている可能性があります。定期的に体重測定をして、記録をとっておきましょう。

「いつもと違う」を見過ごさないで

はっきりとした違いや異常がなくても、いつもウサギを見ている飼い主が「なんとなくいつもと違う気がする」と感じるときには、何か変化が起きているのかもしれません。注意して健康チェックを行い、気になるときはためらわずに動物病院に連れていきましょう。

痛みがあるときのウサギ

具合が悪いとき、ウサギが痛みを感じることは多いですが、痛いと言葉で訴えてくれないので見落としてしまうことがあります。
痛みがあるときには、背中を丸めている、歯ぎしりをする、食欲がなくなる、攻撃的な行動をとるといったことや、沈うつ状態（元気がなくてふさぎこんでる）といった状態が見られます。

スキンシップをとりながら、健康チェック！

健康診断を受けよう

しゃべってくれないウサギたちの病気を早期発見するには、
飼い主さんの観察力と、そして動物病院での健康診断が大切。
外見だけではわからない病気の兆候にいち早く気がつくことができます。
健康診断では、どんなことをするのでしょうか？（183～192ページもご覧ください）

撮影協力：Grow-Wing Animal Hospital　注：健康診断の手順や方法は動物病院によって異なります。

一般身体検査

特別な検査機器などを用いずに、見る、触るなどウサギの外側からわかることを調べるのが、一般身体検査です。

● 問診

飼い主が把握しているそのウサギに関する情報をメモに取っておくなどして詳細に獣医師に伝えます。動物病院によっては問診票が用意されていることもあります。

問診のチェックポイント：性別や年齢のような基礎データ、生活環境（飼育環境、食事の内容など）、健康状態（行動、食欲、排泄物、外見など）、症状や病気の経過、過去の病歴など

● 体重測定と体温測定

体重測定と体温測定は健康診断の基本です。このふたつは診察が始まる前に測定し、前回の記録やウサギの平均値と比較します。

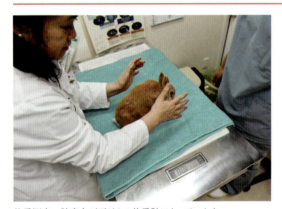
体重測定。診察台がデジタル体重計になっています

体温測定。体温は直腸で測定します

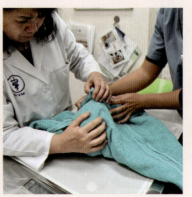
ウサギが暴れずに安全に診察するためにウサギの全身をタオルで包みます。通称「ブリトー」といいます（メキシコ料理が由来）。

● **視診**

目で見てわかる範囲での体の状態をチェックします。顔や頭、背中、尾へと進み、仰向けにして、前足、胸部、腹部、生殖器と視診していきます。口腔内や耳道の中は、耳鏡などを用いてチェックします。

● **触診**

体に触れながらチェックしていきます。皮下の異常、腫れやしこりを発見したり、ウサギの痛みを感知することで、何らかの異常を発見できます。

鼻水、唇の色、顎の下の汚れはないかなど顔貌をチェック

切歯の噛み合わせや歯の色などを確認

目の様子を観察します

耳の中を確認します

デジタル耳鏡で診察。耳の奥の方までチェックすることができます。

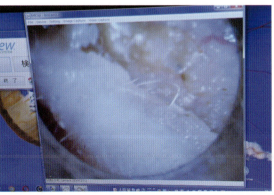
画像を見ながら飼い主に状態を説明します

健康診断を受けよう

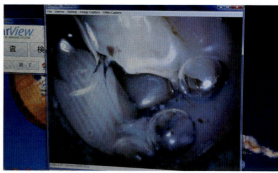

デジタル耳鏡で口内チェック。臼歯など口腔内の状態を診ることができます。ウサギにかかるストレスも少なくてすみます

歯根部を触り、腫れがないかを確認します

背中や腹部などを触診します

仰向けにし、腹部を触診。消化器官など内臓の状況を確認します

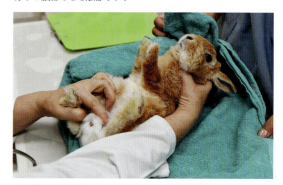

生殖器周辺を確認します

● 聴診

くしゃみなど体の外で聞こえる音と、呼吸音や心音、蠕動音など体の中で聞こえる音を聴き、チェックします。

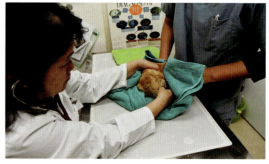

聴診。聴診器で消化器官や心臓の音を確認します

臨床検査

体を外側から見たり触ったりしただけではわからないことを調べるのが臨床検査です。尿検査、血液検査など、体から検体を採取して調べるものと、レントゲン検査など、体を直接調べるものなどがあります。

● 血液検査

血液検査にはCBC（全血球算定）、血液生化学検査、血清学的検査があり、感染症の有無や内臓機能などがわかります。

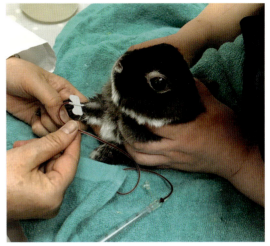
臨床検査の一つである血液検査のための血液を採取しています

耳の中央にある血管（耳介中心動脈）からの採血です

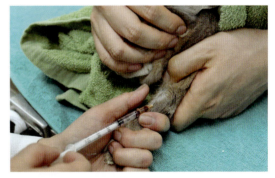
前足の血管（橈側皮静脈）からの採血です

後ろ足の血管（外側伏在静脈）からの採血です

血液検査に用いられる分析装置

● 尿検査

尿検査では、出血の有無やタンパク尿、比重などを検査します。

● 糞便検査

光学顕微鏡を用いての検査では、線虫や条虫の卵、原虫のオーシストなどが発見できます。培養することで見つけられる病原体もあります。

健康診断を受けよう

● レントゲン検査

X線を当てて撮影、診断します。健康診断ではウサギの病気が多い頭部や胸部、腹部を撮影します。

レントゲン撮影の準備の様子

体を側面から撮影します

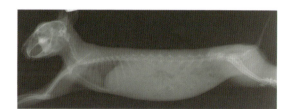
側面から撮影したレントゲン写真

体をお腹側から撮影します

腹側から撮影したレントゲン写真

● 超音波検査（腹部）

　超音波を当て、その反射波を画像化して診断するものです。麻酔をせずに行えるのでウサギにも負担の少ない検査です。

リアルタイムでモニターに体内の様子が表示されます

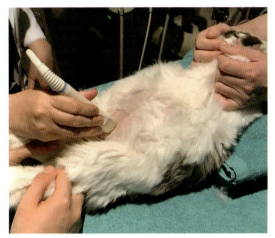

プローブをあてて超音波を送り、検査します

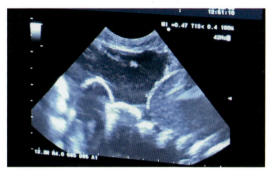

腹部の画像

● 眼科検査

　眼圧を測定したり、眼底を診察するなど、さまざまな種類の眼科検査が行われます。

眼圧計で眼圧の測定を行っています

検眼鏡で眼球の状態を検査します

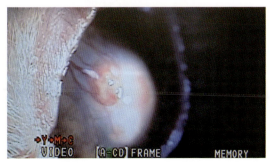

眼底カメラで撮影した映像

検査のために目の表面に試験薬を広げています

品種別の健康ポイント

品種によって気をつけたいポイント

ウサギには多くの品種があります。日本で最もよく知られているアメリカのブリーダー団体 ARBA(American Rabbit Breeders Association）が公認しているものとしては49品種が知られています（20018年2月現在）。

外見上やキャラクターの特徴もさまざまですが、健康管理上の注意点や気をつけたい病気についても品種ごとの特徴があります。その品種が必ずその病気になるというわけではなく、飼育管理方法や個体差による違いも大きいですが、どんな可能性が高いのかを理解し、より注意して飼育管理を行うことが大切です。

ネザーランドドワーフ

ネザーランドドワーフのように顎が小さくて丸顔の小型ウサギでは、不正咬合などの歯の問題が起こる可能性に注意しましょう。小さくてすばしこい個体が多いので、抱いていて思わず落としたり、足元に来たときにうっかり踏んでしまうなど、ケガをさせないようにしてください。また、神経質な傾向もあるので、気長にコミュニケーションをとりながら、ストレスを与えないよう注意しましょう。

ホーランドロップ

垂れ耳のロップイヤー系は、飼い主が意識的に耳をひっくり返さないかぎり、耳の内側を見ることができません。そのため、外耳炎や耳ダニなど耳の病気の徴候に気がつきにくいことがあります。耳を触られることにも慣らしておき、ときどき確認しましょう。丸顔で顎が小さいですから、歯への注意も必要です。また、抱っこに失敗して落としてしまうと、体重があるため衝撃が大きいので、扱い方には気をつけましょう。

なお、ロップイヤー系のウサギはもともと食肉用に改良された品種のため、太りやすい傾向があります。

ジャージーウーリー

長毛種ですが、手入れは意外と楽であるといわれています。とはいえブラッシングを怠れば毛玉ができ、皮膚が不衛生になって真菌症や湿性皮膚炎を起こしやすくなります。また、長い抜け毛を大量に飲み込んでしまうことになるので、こまめなケアは欠かせません。

ミニレッキス

とても短い被毛をもつミニレッキスやレッキス。ひげが短かったり、縮れているのも特徴的です。足の裏を守るための被毛が薄いため、足の裏を傷つけやすかったり、ソアホックになりやすい可能性もあります。足の裏にやさしい床材を選んだり、太らせすぎないようにしましょう。

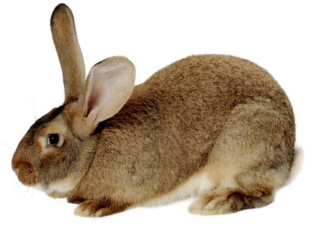

フレミッシュジャイアント

フレミッシュジャイアントのように体重が重いウサギは、四肢への負担が大きくなります。硬すぎる床材は避け、足に負担のかからない床材を選びましょう。

イングリッシュロップ

イングリッシュロップやフレンチロップなどの耳が長いウサギは、耳を傷つけないように飼育する必要があります。ウサギ自身の爪で耳が傷つかないよう、爪切りをし、柔らかい床材を選びましょう。

アンゴラ

フレンチアンゴラ、イングリッシュアンゴラなど毛の長いウサギは、十分なグルーミングが大切です。毛がからまってしまうと、その部分が蒸れて皮膚疾患を起こしやすくなります。

ラビットショーにおける理想体重（家庭のウサギの適正体重ではありません）：ネザーランドドワーフはオスメス共に906g。ホーランドロップはオスメス共に1.35kg。ジャージーウーリーはオスメス共に1.36kg。ミニレッキスはオス1.81kg、メス1.93kg。フレミッシュジャイアントはオス5.90kg以上、メス6.35kg以上。イングリッシュロップはオス4.08kg以上、メス4.54kg以上、ちなみに耳の長さは53cm以上。フレンチアンゴラはオスメス共に3.85kg。イングリッシュアンゴラはオス2.72kg、メス2.95kg。

カラーでチェック！
ウサギの病気

ここでは、本書で解説する病気の中から、
カラーで掲載しないと分かりづらい症例写真を載せました。
病気の早期発見のための参考にしてみましょう。

不正咬合で見られる症状のひとつが「よだれ」。顎の下が濡れていたり、乾いてもつれが見られます。 ▶71ページ

不正咬合の「よだれ」で顔が濡れていると、気になるために前足で拭き、顎は汚れていないのに、前足の甲の被毛にもつれが見られることも。 ▶71ページ

不正咬合を起こし、臼歯が棘のように伸びると、舌や頬の粘膜を傷つけます。写真では頬内側の粘膜が切れ、壊死部分が見られます。 ▶73ページ

上顎臼歯の歯根膿瘍が原因で目の下に大きな膿瘍ができ、顔の表面が腫れています。 ▶79ページ

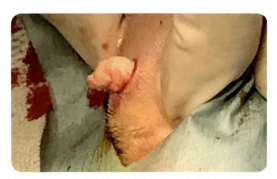

歯根膿瘍が原因で腫れ上がった皮膚の瘤を切開し、中から膿を取り除いている（排膿）様子です。 ▶79ページ

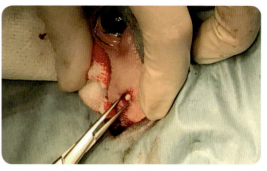

排膿した部位に抗生物質を含ませたビーズを埋め込んでいきます。 ▶79ページ

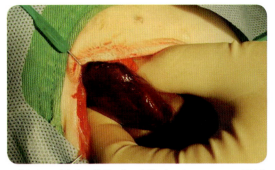
肝葉捻転の手術中の様子です。肝臓がねじれているので、黒く変色しています。　▶ 83 ページ

尿石症がある場合は、その治療として外科的摘出手術も行うことがあります。　▶ 103 ページ

ウサギの結石は、石の塊として存在するほかに、砂状の沈殿物として存在することがあります。レントゲンを撮ると膀胱全体が白く写ります。写真は、排泄された砂状の沈殿物。　▶ 104 ページ

膀胱が細菌感染を起こし、膿状の尿が排泄された例。ウサギの尿は正常でも濃いものですが、膿尿やミネラル分の多い尿である場合もあるので区別が必要です。　▶ 105 ページ

ウサギの正常な尿の色は、白っぽいものから赤に近いものまで幅広く、赤い色素を含むエサの影響で赤い尿をすることもあります。写真は泌尿器疾患や生殖器疾患による血尿。「赤い尿」の正体を見分ける方法を知っておきましょう。　▶ 108 ページ

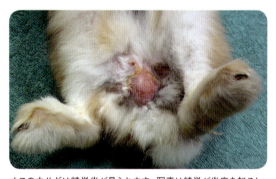
オスのウサギは精巣炎が見られます。写真は精巣が炎症を起こし、膿瘍になっている症例。　▶ 111 ページ

体に麻痺や運動失調があって寝ていることが多くなると褥瘡(床ずれ)になりやすく、湿性皮膚炎を起こします。　▶ 119 ページ

湿性皮膚炎が起こりやすい場所のひとつが会陰部。特に、泌尿器系疾患などにより尿漏れを起こしていると発症しやすい病気です。写真は睾丸に起こった湿性皮膚炎。　▶ 119 ページ

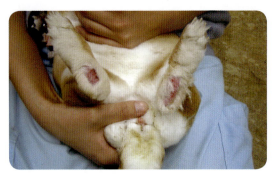
潰瘍性足底皮膚炎は、足裏の毛が薄い、肥満、不衛生な環境など、さまざまな理由で起こります。 ▶ 121 ページ

皮膚糸状菌症は、ウサギに多い皮膚疾患のひとつ。写真のように乾燥した脱毛が見られます。人にも感染する、人と動物の共通感染症でもあります。 ▶ 122 ページ

ウサギは皮下に膿瘍ができやすい傾向があります。臼歯の不正咬合から顎下にできることが多いのですが、足の裏など、体のさまざまな部位に発症します。 ▶ 123 ページ

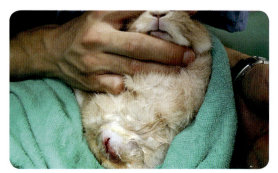
皮下膿瘍は、胸部などにも発症します。写真はその例です。
▶ 123 ページ

ウサギ梅毒はトレポネーマ菌の感染による病気です。鼻の下など顔面にかさぶたができた例です。 ▶ 125 ページ

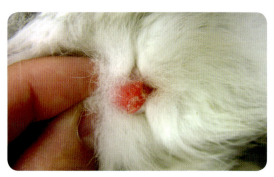
同じくウサギ梅毒では、生殖器が赤くなったり、腫れたりします。
▶ 125 ページ

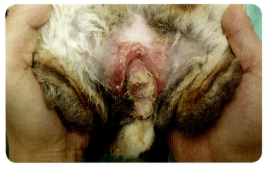
会陰部の湿性皮膚炎（細菌感染）による脱毛が見られます。
▶ 126 ページ

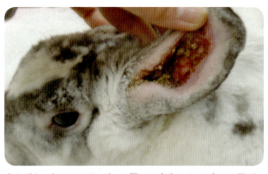
ウサギキュウセンヒゼンダニの耳への寄生によって起こる耳ダニ症。外耳道にかさぶた状の汚れがたまり、かゆがります。
▶ 127 ページ

ウサギにはウサギキュウセンヒゼンダニのほか、ウサギツメダニやズツキダニなどが寄生します。ツメダニが寄生すると薄毛になったりします。写真はウサギツメダニの寄生によるフケ。 ▶ 128 ページ

同じくダニ類の寄生による脱毛。 ▶ 128 ページ

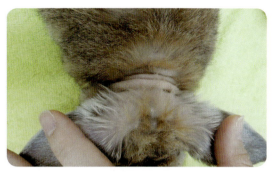
ウサギツメダニの寄生で首の背中側にツメダニ症が起こっています。
▶ 128 ページ

耳の後ろ側から首にかけて、ツメダニ症によって脱毛が起こっています。 ▶ 128 ページ

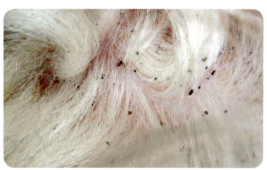
ウサギに寄生するノミとして多いのはネコノミ。被毛をかきわけると、ノミの糞を見つけることができます。 ▶ 129 ページ

結膜は、まぶたの裏側と眼球との間にある粘膜のことです。結膜にパスツレラ菌が感染して結膜炎を起こします。
▶ 133 ページ

ウサギの目の病気として多く見られる角膜潰瘍。目の表面にある角膜が傷つき、炎症を起こす病気です ▶ 135 ページ

水晶体が白濁する病気、白内障。遺伝性の若齢のものや、高齢になると発症することの多い病気のひとつです。 ▶ 137 ページ

目と鼻をつなぐ、涙の通り道である鼻涙管。入口は下まぶたの裏側にあります。 ▶ 139 ページ

結膜が過剰に伸びて角膜をおおう結膜過長症。若い個体に多い目の病気です。 ▶ 141 ページ

涙液が過剰に出て、内眼角に炎症を起こしてしまっています。 ▶ 142 ページ

口唇に発症した扁平上皮癌。 ▶ 154 ページ

子宮腺癌は、避妊手術をしていない3歳以上のメスのウサギに多い病気として知られています。発症すると血尿が見られたり、乳頭が腫れて赤くなります。 ▶ 157 ページ

右と同じく子宮腺癌。乳腺が腫れて赤くなっています。こまめな健康チェックで早期発見を。 ▶ 157 ページ

ウサギがにおいつけに使う臭腺。顎の下のほか、肛門の左右、鼠径部に存在しています。 ▶ 174 ページ

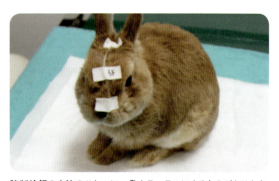

強制給餌の方法のひとつに、鼻カテーテルによるものがあります。無理な保定によるストレスがなく、確実に適切な量を与えることができます。 ▶ 198 ページ

contents

目指せ健康ウサギ……2
ウサギの体を理解しよう……4
　1．体の特徴……4
　2．ウサギのデータ……7
　3．骨格……8
　4．内臓……9
　5．歯……10
　6．消化管……12
　7．排泄物……14
　8．オスとメスの違い……15
毎日行おう健康チェック……16
健康診断を受けよう……20
品種別の健康ポイント……26
カラーでチェック！　ウサギの病気……28

はじめに……36

part1
ウサギの健康……37

健康のための10のポイント……38
　1．ウサギという生き物を理解する……38
　2．食事の大切さ……41
　3．飼育環境……44
　4．ストレスを理解する……47
　5．コミュニケーション……49
　COLUMN ラビットホッピングで絆づくり……52
　6．体のケア……54
　7．日常にひそむトラブルから
　　　ウサギを守る……57
　8．早期発見のために
　　　～健康日記をつけよう……59
　9．定期健診を受けよう……60
　10．先を見据えたケア……61
ホームドクターを見つけよう……62

part2
ウサギの病気……63

ウサギに多い病気……64
ウサギに見られる症状・早見表（索引）……66
歯の病気……70
　・臼歯の不正咬合……70
　・切歯の不正咬合……74
　・切歯の破折……77
　・歯根膿瘍……78
　・そのほかの歯の病気やトラブル……80
消化器の病気……81
　・胃腸うっ滞……81
　・腸閉塞……84
　・腸毒素血症……86
　・大腸菌症……88
　・コクシジウム症（腸・肝）……89
　・粘液性腸疾患・・・・・・・・・91
　・ティザー病・・・・・・・・・92
　・ウサギ蟯虫・・・・・・・・・93
　・脂肪肝・・・・・・・・・94
　・そのほかの消化器の病気やトラブル……96
呼吸器の病気……97
　・スナッフル……97
　・パスツレラ感染症……98
　・肺炎……100
　・そのほかの呼吸器の病気やトラブル……100

心臓の病気……101
- 心筋症……101
- そのほかの心臓の病気やトラブル……102

泌尿器の病気……103
- 尿石症……103
- 膀胱炎……105
- 高カルシウム尿症……106
- 腎不全（急性・慢性）……107
- そのほかの泌尿器の病気やトラブル……108

生殖器の病気……109
- 子宮内膜炎……109
- 乳腺炎……110
- 精巣炎……111
- 避妊去勢手術について……112
- 妊娠と出産にまつわるトラブル……113
- 難産……114
- そのほかの生殖器の病気やトラブル……115
- COLUMN 子ウサギの人工哺乳……116

皮膚の病気……118
- 湿性皮膚炎……118
- ソアホック……120
- 皮膚糸状菌症……122
- 皮下膿瘍……123
- トレポネーマ症……125
- そのほかの皮膚の病気やトラブル……126

外部寄生虫……127
- 耳ダニ症……127
- ウサギツメダニ症……128
- ノミ……129
- マダニ……130
- シラミ……130
- そのほかの外部寄生虫……131

目の病気……132
- 結膜炎……132
- 角膜潰瘍……134
- 涙嚢炎……136

- ぶどう膜炎……136
- 白内障……137
- 鼻涙管閉塞……139
- そのほかの目の病気やトラブル……141

耳の病気……143
- 外耳炎……143
- 中耳炎……144
- 内耳炎……145
- そのほかの耳の病気やトラブル……146

神経性の病気・症状……147
- エンセファリトゾーン症……147
- 後躯麻痺……149
- 開張肢……150
- そのほかの神経性の病気やトラブル……152

腫瘍……154
- 腫瘍とは……154
- 子宮腺癌……157
- 乳腺癌……159
- 体表の腫瘍……159
- そのほかの腫瘍……160

外傷……161
- 創傷……161
- 骨折……162
- 脱臼……164
- そのほかの外傷……164

問題行動……165
- 問題行動とは……165
- 異常な行動〜自咬症……165
- 正常な行動だが問題になるもの……166

そのほかの病気やトラブル……168
- 熱中症……168

・中毒……170
・肥満……171
・そのほかの病気……173

part3
ウサギと病院……175

診察に連れていく前に……176
診察を受けるにあたっての準備……176
治療への心がまえ……177
先生とよく話をしよう……177
治療方針を決めるために……177
知っておきたい薬の知識……180
治療に欠かせない薬について
理解しよう……180
主な薬の種類……181
ウサギの健康診断……183
健康診断を受けよう……183
健康診断の種類……184
ウサギの検査……185
一般身体検査……185
臨床検査……188
眼科検査……192
手術について……193
ウサギと手術……193

part4
家庭で行う看護と介護……195

家庭での看護……196
心がけておきたいこと……196
環境作り……197
食事……197
強制給餌……198
薬の飲ませ方……199
体を自由に動かせないウサギのケア……200

高齢ウサギの健康管理……203
高齢ウサギを理解する……203
高齢になると起こる体の変化……204
高齢ウサギのケア……204
適度な運動の機会は大切……205
適切な食事……206
健康管理……207
コミュニケーション……207
体のケア……207
ウサギの応急手当……208
緊急時に考えるべきこと……208
熱中症……208
外傷（出血をともなうケガ）……209
外傷（骨折などの可能性のあるケガ）……209
感電……210
下痢……210
ものを食べない……211
斜頸……211
けいれん……211
救急セットを用意しておこう……212
ウサギと暮らす飼い主の健康……213
人と動物の共通感染症……213
ウサギから感染する可能性の
ある主な病気……213
感染を防ぐには……214
ウサギとアレルギー……215
もっと知りたいウサギの健康Q&A……217
参考文献……222
謝辞……223

はじめに

　本書の目的は、この本を手にとった方がウサギの医学について簡単に理解し、学ぶことができることを目的としました。ウサギに関係する最新の文献を読みながら、現時点においてより正確な、より新しい情報をご紹介することを心がけました。今できることが何かを皆さんにご理解いただき、獣医師とともに一緒に考えていけるように、そして、その上で個々のウサギに合わせた治療に一緒にあたっていくことができるようにと配慮しながら作りました。

　病気のことを知ってもらうだけでなく、それ以上に病気の予防を考え、早期発見・早期治療、環境のエンリッチメントを整えていただく機会になることを願っています。この本によって得たウサギの知識を通して、いっそう獣医師との信頼関係が深まり、本書が少しでも皆様のウサギの長生きのお役に立てればこの上ない幸せです。症例写真は、臨床獣医師としての立場で記録として撮影し収集した実例写真です。100点以上の症例写真を随所に入れましたが、胸が痛む写真もあります。病気の解説として挿入したことを、どうぞご理解ください。

　最後に、ウサギの歯科に関する専門的なアドバイスと撮影にご協力をいただいた元東京医科歯科大学歯学博士・小山富久先生、株式会社オサダメディカルさん、麻布大学附属動物病院、眼科ご担当教授の印牧信行先生、Indeogwon Animal Hospital の Lim JaeKyu 先生、心温かくウサギのお世話、治療に協力をしてきたスタッフ全員に、最後にこの本の出版の機会を与えていただいた誠文堂新光社・保坂さんと、辛抱強く支えていただいた大野さん、前迫さんに、そして治療を通して出会ったウサギと飼い主の皆様に心より感謝の意を捧げます。

Grow-Wing Animal Hospital 院長　曽我玲子

part 1

ウサギの健康
health of the rabbit

ウサギを健康に飼うためには、彼らのことをよく理解し、毎日をよりよいものにしていくことが必要です。ここでは、健康のために大切な10のポイントを取り上げています。ウサギが心身ともに健康でいられることを意識した日々のケアについて知りましょう。ウサギの健康維持に欠かせない動物病院との見つけ方についても紹介しています。ウサギの暮らしを充実したものにしていきましょう。

健康のための10のポイント

1. ウサギという生き物を理解する

　ウサギの主食は植物です。植物は消化に時間がかかるため、ウサギの消化管は常に動き、食べたものを胃から小腸へ、小腸から大腸へと運んでいます。
　ところが、さまざまな理由から消化管の動きが妨げられると、食べたものが胃や腸に留まってしまい、胃腸うっ滞（鬱滞）を起こします。

▶ ヨーロッパアナウサギからペットウサギへ

　世界中に広く分布しているウサギは、アナウサギとノウサギに大きく分けることができ、私たちがペットとして飼っているウサギはアナウサギの仲間になります。イベリア半島を原産とする「ヨーロッパアナウサギ（学名は*Oryctolagus cuniculus*）」が品種改良によってカイウサギ（イエウサギともいう）として世界各地で飼育されています。このカイウサギには体格も毛質も異なるさまざまな品種がいますが、すべてがヨーロッパアナウサギを先祖にもちます。

▶ ウサギの生態

・複雑なウサギの暮らし方

　野生のウサギがどのような家族構成を作っているかはとても複雑です。巣穴が作りにくい硬い地盤の土地では、よく知られているようにウサギは「ワレン」と呼ばれる地下の巣穴がたくさん作られた場所で、暮らします。1〜3匹の大人オスと1〜5匹の大人メスで構成されるグループを作り、グループでなわばりをもちます。活発で社交的な最高20匹のグループが住むこともあります。同じスペースを共有することで巣にいる子ウサギを守り、生存の可能性を広めるためです。グループ内ではオス、メス、それぞれの中で順位づけが行なわれ、特にオス同士では攻撃的なことが知られています。一方、巣穴が作りやすい柔らかい地盤の土地ではグループは小さく、グループ同士はそれほど敵対していません。必要があれば群れを作ることもできるけれども、群れなくても暮らしていけるわけです。社会性をもつ動物なのに複数飼育が難しいのは、このようなライフスタイルによります。

・薄明薄暮性

　早朝や夕方に活動的になる「薄明薄暮性」です。天敵に見つかりやすい昼間は、巣穴の中で休んでいるのがウサギ本来の生活です。

・トンネルを掘る

　地面を掘って巣穴を作り、そこで暮らしています。全長45mにもなる複雑なトンネル状になっているものもあります。

・巣穴を中心に暮らす

　ウサギにとって安全なのは、巣穴の中です。ですから、巣穴からあまり離れて行動をすることはありません。行動範囲は、ワレンから半径150〜200mほどの範囲とされています。

ウサギの活動時間は朝と夕方が中心

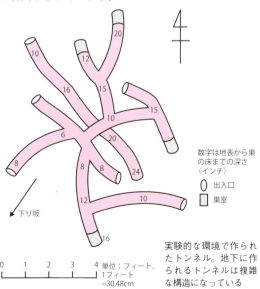

数字は地表から巣の床までの深さ（インチ）
○ 出入口
□ 巣室

実験的な環境で作られたトンネル。地下に作られるトンネルは複雑な構造になっている

・草食動物

　ウサギは草食動物です。ウサギの体にそなわっている、生涯にわたり伸び続ける歯や、大きな盲腸で腸内細菌によって分解・発酵した盲腸便を食べるしくみは、繊維質の多い植物から栄養を摂取するために進化してきました。植物の中でも、栄養価の低い粗飼料が適しています。（→ 41 ページ）

▶ ウサギのキャラクター

　ウサギは、野生下では肉食獣や猛禽類などの捕食対象となる動物なので、警戒心が強く、とても臆病で慎重なのが本来の性格です。

　ただし、賢い動物でもあるので、家庭の中で「ここは安全」と理解すれば、安心して生活してくれるようになるでしょう。ときには大胆に、ひっくり返って寝るようなウサギまでいるほどです。それでも忘れてはならないのは、本来は警戒心が強いということです。驚かせたり、怖がらせるようなことのないようにし、おだやかに暮らせるようにしてあげましょう。

▶ ウサギの行動・仕草

　ウサギは私たちに言葉で気持ちを伝えてくれることはありませんが、さまざまな行動や仕草を観察することでウサギの心理状態や体調なども推測することができます。ここでは代表的なウサギの行動・仕草を見てみましょう。

▶ 本能的な行動

　動物には生まれたときから身についている本能的（生得的）な行動があります。ウサギでは以下のようなものが知られています。

＊マウンティング

　交尾行動か、優位性を示す行動です。オスにもメスにも見られます。飼い主に対して行うこともあります。

＊においつけ

　なわばりを主張するために、顎の臭腺をこすりつけてにおいつけをします。ケージ内の用品、家具や、飼い主に対して行うこともあります。

　鼠径部の臭腺は、便ににおいを付け、便によって自分の存在を主張するのに使われます。便に付いたにおいには、そのウサギの性別や成熟度合いなどの情報も含まれています。

＊尿のスプレー

　なわばりを主張するためにオシッコを撒き散らします。オスに多いのですが、メスにも見られます。オスが、気に入ったメスにかけることもあります。

＊自分の毛を抜く

　胸やお腹の毛を抜くのは、妊娠（あるいは偽妊娠）しているメスによる巣作り行動です。牧草などもくわえて巣に運び込みます。ストレスによる過剰な自傷行為として自分の毛を噛む、執拗に舐める、また皮膚まで噛むこともあります。

▶ 気持ちをあらわす行動

ウサギにはゆたかな感情があります。喜怒哀楽のほかにはウサギの特性でもある警戒心の強さも行動にあらわされます。

＊スタンピング

警戒すべき事態が起きたとき、仲間にそれを伝えるため、後ろ足で地面を鋭く叩きます。これをスタンピングといいます。飼育下では、不愉快なことがあったときや何かを要求したいときにも見られます。

＊伏せの姿勢で、耳を後ろに倒している

危険が迫っていることを察知して警戒しているとき、体をなるべく小さく見せるように伏せた姿勢をとります。

＊バタンと横になる

頭から倒れ込むようにしてバタンと横になることがあります。ウサギがとても気分のよいときです。

＊鼻でつつく

飼い主を鼻でつつくのは、遊んでほしい、なでてほしいという要求です。

＊その場でジャンプ

その場で、あるいは走っている途中に、ジャンプしながら体をひねるようにするのは、とてもご機嫌な気持ちを示しています。

▶ 体調をあらわす行動

ウサギは、天敵から狙われやすくならないよう、体調が悪くても弱っている様子を見せない動物ですが、そうとう調子が悪いときには行動に変化が見られます。

＊ケージの隅などで丸まってじっとしている

じっとしていたり、あるいは物陰に隠れようとするのは、お腹にガスが溜まっていて痛みがあるなど、痛かったり苦しかったりするときです。

＊いつもと違う様子が見られる

生活パターンが変わったり、いつもよりそわそわしている、いつもよりおとなしいなど、「いつもと違う」ときには、何か病気が隠れているかもしれません。

▶ ウサギの「鳴き声」

ウサギには声帯がないので、イヌやネコのような鳴き声を発することはありませんが、以下のような音を出すことで感情や体調を示します。

＊ブッブッと鼻を鳴らす

短く連続した音を出します。怒っているか、警戒しているときか、あるいは興奮しているときです。

＊グーグーと鼻を鳴らす

グーグー、プープーという小さな音で、リラックスしているときに聞こえます。

＊軽い歯ぎしりをする

リラックスしているとき、ウサギはカリカリと軽い歯ぎしりをします。目を細め、気持ちよさそうにしていることもあります。

＊強い歯ぎしりをする

軽い歯ぎしりとはまったく違い、ガリガリと強い歯ぎしりをします。背を丸め、うずくまるような姿勢をしている場合は痛みがあるかもしれません。

＊キーという叫び

極めて強い痛み、恐怖があるときに発する「悲鳴」です。

2. 食事の大切さ

▶ウサギの食事は「草」がメイン

・野生ウサギの食性

野生のウサギは、草の葉や芽、根、種子、草の乏しい冬には木の葉や樹皮などを食べています。イギリスでの研究では、イネ科のウシノケグサ、ヤマカモジグサ、メヒシバなどを好み、これらを十分に食べられないときには双子葉植物（双子葉植物とは最初に出る子葉が2枚の植物のことで、イネ科は子葉が1枚の単子葉植物）を食べるとされています。

▶毎日の基本の食事

このようなウサギの食性や体のしくみ、また、栄養バランス、一年を通じての入手しやすさなどを考慮すると、大人のウサギに毎日与える食事は以下の通りです（下部イラスト参照）。

・牧草

ウサギの主食です。常に食べられるようケージ内に入れておきます。種類はイネ科のチモシー1番刈りが基本ですが、ほかの種類を与えてもかまいません。牧草を食べ慣れていなかったり、歯が弱っているウサギには柔らかいタイプがおすすめです（→42ページ）。

ケージに入れてから時間が経ったり、少しでも汚れると食べない個体もいるので、すべて食べ終わるのを待って補充するのではなく、一日に2回くらいは入れ替えるといいでしょう。

・ペレット

栄養バランスのよいペレット（ラビットフード）を毎日、与えましょう。製造工程の違いによってハードタイプとソフトタイプがあります。発泡という工程を経ているため噛んだときに崩れやすいソフトタイプが、ハードタイプより歯への負担が少なく、ウサギに適しているとされています。

量についてはさまざまな意見がありますが、自分のウサギに適した量を見きわめることが大切です。まず、パッケージに書かれている量の通りに与え、それから徐々に与える量を減らしていきます。一日あたり体重の1.5％ほどが目安です。太りすぎず、痩せすぎない量がそのウサギの適量です。

また、成長期用、大人用、高齢用など、ライフステージ別のフードもありますので、利用するのもいいでしょう。ただし、必ずしも「○歳になったら切り替えねばならない」というわけではありません。体がしっかりできあがるまでは成長期用を与えたり、健康状態に問題がなければ高齢になっても大人用を与えていてもいいのです。ウサギそのものの状態を見て決めましょう。

▶そのほかの食べ物

牧草とペレットのほかに、毎日、数種類の野菜か野草類を与えましょう。

食べてくれる食材を増やすことができますし（→42ページ）、牧草とペレットからは摂取できない微量な栄養素を摂取できる可能性もあること、また、旬の食材を飼い主が自分で選んだり、採取して与えられる楽しさもあります。

量はカップ1杯程度が目安です。牧草をしっかり食べているか、便の状態はどうかなどを確認しながら加減してください。

大人のウサギに与える食事

▶ メニューを増やそう

ウサギには、与えてもいい範囲内でなるべく多くの食べ物を与えることをおすすめします。

食べられる食材が多ければ、食欲が少し落ちているようなときや、爪切りなどケアのあとに気分を変えてあげたいとき、とっておきのごほうび、薬を飲ませるときなどに使える「切り札」が増えます。

また、草食動物は、植物に毒性がないかどうかを確かめなくてはならないという必要性から味蕾の数が多く、ウサギには約17,000の味蕾があります。人（約5,000〜9,000）よりはるかに多く、おそらく私たち以上に微妙な味の違いなどを感じているのでしょう。与える食べ物のバリエーションを増やすことはウサギにとっても楽しい刺激になると想像できます。

ただし、ウサギは本来、新しいものごとに対して慎重なので、大人になって初めて遭遇した食べ物を警戒することもよくあります。食事メニューを増やすためには、消化器官の働きが安定する生後4ヶ月くらいから少しずつ、いろいろな食べ物に慣らしておくといいでしょう。一度に与える量はわずかにしてください。大人のウサギにも、少しずつ根気よくいろいろなものを与え、好みの食べ物を探しておくといいでしょう。

・牧草やペレットのバリエーション

牧草やペレットにも多くの種類があるので、何種類かを与えておくといいでしょう。

牧草は、チモシー1番刈りよりも柔らかい2番刈り、3番刈り、嗜好性の高いオーツヘイやイタリアンライグラス、柔らかいオーチャードグラスやバミューダグラスなどがあります。ウサギ専門店では少量ずつパックした「お試し」セットなども売られています。

マメ科のアルファルファは嗜好性がとても高いですが、栄養価も高いので、大人ウサギの主食にはできません。ただし、成長期の子ウサギや食の細くなった高齢のウサギに与えたり、大人ウサギのおやつ程度に与えることはできます。

牧草を食べ慣れていないウサギには、牧草をキューブ状やペレット状にしたタイプもあります。こうしたタイプのものから始め、徐々に牧草に慣らしていくこともできます。

ペレットは、メーカーとしてはその1種類のみを与える前提で製造しているものですが、ここでは複数の種類を与えることをおすすめします。

ライフステージ別のペレットへの切り替えなど、新しいペレットに変更する機会もあるかと思いますが、日頃から複数の種類を与えておくことで、目新しいペレットに対するハードルを下げておくことができます。また、ひとつのペレットだけを食べている場合に、「原材料の仕入れ先が変わった」というようなことにウサギが気づき、食べなくなることがあります。与えていたペレットが製造中止になったり、災害などのために入手が難しくなる可能性があることもその理由です。

＜野菜＞
コマツナ、キャベツ、ニンジン、チンゲンサイ、ミズナ、クレソン、ルッコラ、セロリ、サラダナ、ミツバ、セリ、シュンギク、サニーレタス、シソなど

＜野草・ハーブ＞
タンポポ、オオバコ、ハコベ、ナズナ、イタリアンパセリ、ミント、ワイルドストロベリー、バジルなど
【注意】野草やハーブには薬効成分がありますから、一度にたくさん与えないようにしましょう。

＜果物＞
リンゴ、バナナ、パパイヤ、マンゴー、パイナップル、イチゴ、ブルーベリーなど
【注意】果物は高カロリーなものが多く、与えすぎると肥満の原因にもなります。与えるのはごく少しずつにしてください。

＜牧草とペレット＞

チモシー一番刈り

アルファルファ　　牧草キューブ

ペレット

▶食事は時間をかけて
〜行動レパートリーを増やそう

　野生のウサギは、一日の多くの時間を食事に費やしています。食べ物を探し、周囲の様子に気を配りながら食事をします。食べ物（草）を丸呑みするのではなく、臼歯ですりつぶして飲み込みます。栄養価が低いものを食べているので、かなりたくさんの植物を食べなければなりません。

　ところが飼育下では、常にケージの中に食べ物があり、探さなくても食事をすることができます。本来なら時間をかけている「食事の時間」があまりにも短いのです。飼育下で食べているものは野生下の植物に比べれば食べやすく、すぐに食べ終わってしまいます。退屈な時間が増えることは、いいことではありません。

・行動レパートリーを増やす

　ウサギの暮らしに取り入れやすいのは、本来は行っている「食べ物を探す」という行動でしょう。食べ物を探して歩き回ることで、頭を使ったり、運動量を増やすこともできます。

　食が細いウサギなら、牧草とペレットは所定の位置に置いてきちんと食べさせるようにしたうえで、おやつの与え方に工夫をしたり、牧草をたくさん食べて体格がいい、あるいはちょっと太りすぎかもしれないというウサギなら、ペレットをあちこちに置くなど、与え方に工夫をするなどの方法があります。そのウサギの状態によって工夫してあげましょう。

＜具体的な例＞

＊市販のわらなどで編んだボールの中や、牧草を簡単に編んで作ったおもちゃの中に食べ物を隠す。
＊トイレットペーパーの芯を使っておもちゃを作り、そこに食べ物を隠す。
＊ケージから出して遊ばせているエリアのあちこちに食べ物を置き、低い障害物を乗り越えたり、トンネルを通り抜けないと食べ物のところに行けないようにする。
＊飼い主が食べ物を持っていて、飼い主のところまで来たらあげるようにすれば、コミュニケーションのひとつにも。

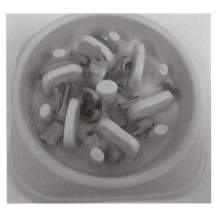

ウサギの好物を食器の仕切りの中に入れよう

トイレットペーパーの芯を使って、手作りしても楽しい

たくさんの牧草の中に好物を探し出す楽しみがある

COLUMN　飲み水について

　ウサギには毎日必ず、飲み水を与えるようにしてください。野菜類を多く与えているとあまり水を飲まないこともありますが、飲みたいときに飲めるようにしておくことが必要です。水分の摂取量が足りないと、食欲不振になり、泌尿器、消化器疾患を起こしやすくなります。夏には熱中症になりやすくなるといった問題も起こります。

　日本の水道水は水質基準が厳しいので、そのまま与えても問題ないですし、汲み置きをしたり、いったん沸騰させてから冷まして与えることもできます。ミネラルウォーターを与える場合には必ず軟水を選んでください。硬水はミネラル分が多いため、結石になりやすいといわれています。

3. 飼育環境

▶ 温度や湿度

温度や湿度などの環境がウサギの健康状態に与える影響は大きいものです。

室温が高すぎれば熱中症などに、湿度が高すぎれば皮膚疾患などに、また寒すぎれば低体温症や呼吸器系疾患などにかかりやすくなります。

・気温差の少ない環境を

「ウサギは暑さに弱くて寒さに強い」とよくいわれます。実際にはどうなのでしょう。

野生のウサギは地下に巣を作って暮らしています。地上の気温が高かったり低かったりするときは、地下の巣穴で暑さ寒さをしのぎます。

ウサギと同じように地下に巣穴を掘って暮らすオグロプレーリードッグ（北米に生息）についての資料では、夏、地上の温度が25～36℃のとき地下は26～31.6℃、冬、地上が－3.6～6.7℃のとき地下は5.6～8.9℃という報告があります。

注目すべきは気温差です。地下は、暑いときには涼しく寒いときには暖かいだけでなく、地上よりも気温差が少ないのです。

ウサギの暮らす場所の温度対策を行うさいにも、一日の中での大きな温度変化や急激な温度変化がないようにする必要があります。

・理想的な温度・湿度

ウサギに適した温度は資料によって「16～21℃」「16～22℃」「15～20℃」などと若干の違いはあるものの、比較的低めといえるでしょう。

日本では、夏場にこの温度を維持することはかなり困難で、あまり現実的ではありません。夏は湿度が低いこと（50％くらい）を前提に、温度は理想的には25℃くらいまで、高くても28℃を超えることのない

よう、エアコンで調整してください。

冬は、若くて健康なウサギなら15℃程度を下回らないようにし、幼いウサギや病気、高齢のウサギの場合には22℃くらいにするのがいいでしょう。

寒いことが胃腸うっ滞のきっかけになることもあります。胃腸うっ滞を起こしやすいウサギや高齢、幼いウサギには、エアコンのほかにケージ内や周囲に設置するペットヒーターも併用するといいでしょう。

フリースの毛布や寝床もあり、暖かなものですが、布をかじるタイプのウサギには向いていません。

冬場は湿度が低くなりがちですが、空気が乾燥していると静電気で被毛にほこりなどの汚れがつきやすくなり、皮膚の状態が悪くなることもあります。湿度は50％前後になるようにしましょう。

なお、一年を通じて温度管理を行い、だいたい同じような室温で飼っていると、本来なら年に2回、冬から春、秋から冬に起こる大きな換毛がなく、常にだらだらと換毛が続くこともよくあります。

・実は最も要注意？ 季節の変わり目

一般的に、冷房をつけておけば問題のない夏の温度管理はそれほど難しいことではありません。しかし、「過ごしやすい季節」というイメージの春や秋は気候が不安定で、健康管理上の落とし穴があるものです。

春や秋は、暑い日と寒い日が交互にあったり、一日の中での温度差が大きいこともよくあります。朝は涼しかったのでエアコンをつけずに出かけたら、日中はとても暑くなり、心配になったという経験のある方もいるでしょう。

温度差が大きいとウサギの負担になりますし、急激に暑くなることで熱中症のリスクも増えます。天気予報をよく確認し、タイマーをセットして外出するなどの対策を行いましょう。

夏に適切な温度管理ができていなかったり、夏から秋にかけての気温の変化や、暖かい日中から夜にかけての温度の変化などの寒暖の差の繰り返しは、自律神

温度 25℃くらいまで
湿度 50％くらい

エアコンで温度と湿度を管理する。

暑さ対策グッズ

テラコッタトンネルL
（三晃商会）

うさちゃんの
ひんやり
アルミトンネル
（マルカン）

寒さ対策グッズ

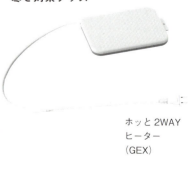

ホッと2WAY
ヒーター
（GEX）

経系に乱れを生じさせます。自律神経の乱れによって現れるさまざまな症状が「秋バテ」です。

・気圧の変化を意識する

　人でも、気圧が低いときに頭痛がしたり具合が悪くなることがありますが、低気圧のときに斜頚などが突然起きたり、体調が悪くなるといったこともあるようです。

　低気圧のときは天気も悪く、おそらく野生下では巣穴の中でじっとして過ごしていたのかもしれません。食欲が低下するようなら、好物を少し与えるなどして、それでも「食べない」状態が続くときは、ためらわずに病院に行きましょう。

▶ 明暗のリズムを作る

　動物には、一日のリズムを正確に刻む体内時計が備わっています。野生のウサギが薄明薄暮性という生体リズムで生きているのも体内時計によるものです。

　家庭で飼われているウサギにも体内時計はあり、「早朝になるとケージ内で騒ぎ出す」というのも生体リズムによるものです。

　ただし、夜になってもいつまでも明るい場所にいたりすると生活リズムが乱れてしまいます。一日の中に明るさと暗さを感じる時間をきちんと作ることで、ウサギの体は正しい生体リズムを刻みます。夜はウサギのいる部屋の電気を消すか、カバーをかける、ついたてを立てるなどの方法で、明暗のリズムを作ってください。

▶ 衛生管理

　ウサギの飼育環境を衛生的に維持するのは、ウサギの病気を防ぐためでもあり、人と動物の共通感染症の人への感染を防ぐためでもあります。

　ただし、ウサギの暮らす場所を毎日、においが一切残らないように掃除してしまうとウサギが落ち着きません。排泄物や抜け毛などは掃除でこまめに取り除き、大規模な掃除は時々行うといいでしょう。

・トイレ掃除

　便には、コクシジウム原虫などの病原体が混じっていることがあります。そのため、便を介してそのウサギが再感染を繰り返したり、ほかのウサギに感染することもあります。

　かつてウサギは「くさい」といわれることもありましたが、今では脱臭効果の強いペットシーツやトイレ砂もあり、適切に掃除すればにおいに悩まされることはありません。必ず小動物専用を使いましょう。

　また、ウサギの尿はカルシウム分が多く、尿石がこびりつきやすいということがあります。排泄物は長い時間放置しておかず、こまめに掃除しましょう。

・ケージや飼育用品の掃除

　ケージの隅に尿や抜け毛が入り込んで不衛生になりがちです。汚れ具合に応じて月に一度くらいはケージを分解して洗浄するといいでしょう。

　木製やわら製の用品が尿で汚れたときは、流水で十分に洗ったあと、天日干しで十分に乾燥させてください。かじられたりしていなくても、汚れがひどくなってきたら処分することも考えてください。

・部屋の掃除

　人への感染症防止や、アレルギー防止のため、ウサギが遊ぶ部屋も掃除をこまめに行ってください。換毛期にはかなりの毛が抜けて舞い飛びます。サークルを使わずに自由に遊ばせていると、思わぬところで排泄していることもあるのでよく確認してください。

10 健康のためのポイント　飼育環境

衛生的な環境を整えよう。

便利な小動物専用の掃除グッズ

プリジア for ペット
（FLF）

うさピカ
毎日のお掃除用
（GEX）

うさピカ
消臭剤
ナチュラルバイオ
（GEX）

▶多頭飼育

ウサギを多頭飼育しているときには、以下のような点に注意が必要です。

・飼育管理、健康管理の負担

ウサギが2頭以上になれば世話の時間も増えますが、目が行き届かないということはないようにしましょう。複数を一緒の場所で飼育していると、食欲がないのはどの個体なのか、状態の悪い便は誰のものなのかなど、1頭ごとの管理が難しくなります。より注意して観察する必要があります。

・感染症のリスク

ウサギ同士が接する機会があるなら、感染症や寄生虫などの感染リスクが増えます。別々に飼っていても、飼い主が感染源を運んでしまう可能性もあります。もし、感染症を発症しているウサギがいるときは、そのウサギの世話は最後にするなどの注意も必要です。

・ケガのリスク

仲が悪いウサギを別々にしていればケンカになるリスクは少ないですが、何かのはずみに接触してケンカになったり、相性の悪い相手の存在（におい）だけでストレスになることもあります。尿スプレーなどの問題行動の原因になるケースもあります。

子どものときには仲がいいウサギでも、成長するとなわばり争いなどでケンカになることもあります。人にはわからないきっかけがケンカの引き金になることもあるので、様子は常によく観察しましょう。

・予期せぬ繁殖のリスク

繁殖させるつもりがなくても、避妊去勢手術（→112ページ）をしていないオスとメスがいれば、常に繁殖のリスクがあります。ウサギの交尾時間は短いので、ごく短時間の遭遇でも妊娠することがあります。

性成熟した動物にとって、身近に性成熟した異性がいて交尾できないのは大きなストレスでもあり、問題行動のきっかけにもなることを理解しましょう。

・不安感を生むリスク

多頭飼育されることの多いフェレットでは、通称「お迎え症候群」と呼ばれる体調不良が知られています。新しい個体を迎えたとき、新しい個体からの病気の感染とは関係なく、もとからいる個体が体調を崩すというものです。新しい個体に飼い主の気持ちが向き、自分への注目が減って不安になることが原因とされています。

多頭飼育のウサギにもこうした不安感はあるかもしれません。ウサギを何頭飼育していても、愛情と飼育管理、健康管理の手間は同じように注いであげてください。

ウサギ同士の接触で感染症のリスクがある

大人のウサギはケンカをするリスクがある

4. ストレスを理解する

▶ ストレスってどんなもの？

ストレスと聞くと、病気の原因になったり精神的なダメージになるなど、とてもよくないものだというイメージがあります。どうしてストレスは心身に悪影響を及ぼすのでしょう？　そもそもストレスとはどんなものなのでしょう？

ウサギなど動物の体は、「自律神経系」「内分泌系」「免疫系」という3つの機能でコントロールされ、守られています。これらの機能は恒常性（※）を維持しようとする体の働きによって保たれていますが、ストレスによる刺激があると、ストレス状態を克服しようとするために、かえって体のバランスがおかしくなります。

（※）恒常性とはホメオスタシスともいい、環境の変化があっても動物の体内の状態を一定に保とうとする働きのこと。恒温動物が暑かったり寒かったりしても体温が一定なことも恒常性のひとつ。

▶ ウサギとストレス

「ウサギはストレスで死んでしまう」といわれることがあります。これは、ウサギがストレスにさらされるとカテコールアミンというホルモン（副腎髄質ホルモンのひとつ）が分泌され、心不全を起こして死に至る可能性があることからです。実際に多少のストレスがあったからといって、すぐに死んでしまうようなことはほぼありえません。ただし、ストレスが積み重なって病気になり、ウサギの寿命を縮める恐れが大いにありえることは知っておきましょう。

＜ストレスがあると＞
* 交感神経が緊張することで、心拍数が増えたり血圧が上昇。消化器官の動きが悪くなるので、腸内細菌叢のバランスが乱れたり、胃腸うっ滞などを起こしやすくなる。
* 腎臓の血流量や尿量が減るので泌尿器疾患が起こりやすくなる。
* 慢性的なストレスでリンパ球が減少し、免疫力が低下、感染症になりやすくなる。

体を守る3つの機能とストレス

自律神経系

内臓の機能をコントロール。興奮しているときに働く交感神経と、落ち着いているときに働く副交感神経があり、バランスをとっている。

ストレスがかかると

交感神経と副交感神経のバランスが崩れる

内分泌系

ホルモンの分泌をつかさどる。成長ホルモンや性ホルモン、血中ブドウ糖の量をコントロールするインスリンホルモンなど、必要なときに必要なホルモンが適切に分泌される。

ストレスがかかると

抗ストレスホルモン（糖質コルチコイド）の分泌が優先され、重要なホルモンの分泌が抑制される

免疫系

外部から侵入してくる病原体などの外敵を排除。血液中の免疫細胞が、病原体に対応する抗体を作って攻撃したり、病原体を食べて処理する。

ストレスがかかると

糖質コルチコイドによって免疫が抑制される

▶ウサギにとってストレスとなること

恐怖や不安（不慣れな環境、移動、騒音、乱暴な扱い、そのウサギが望まないレベルの過度な接触、イヌやネコなど捕食動物の存在、仲の悪いウサギの存在など）がウサギにとっては大きなストレスですが、暑さ・寒さなどの気候変化、痛みやかゆみ、不衛生な環境、慢性的な病気などの不快感、運動不足、不適切な食事などもストレスの原因となります。

▶慣らすべきストレス

ウサギにとってストレスとなるものごとはとても多いのですが、ウサギが人の生活に加わって健康に毎日を過ごすためには、少しずつ慣らしていかねばならないこともあります。家に迎えたばかりのウサギは不安でいっぱいですが、新しい環境や飼い主には徐々に慣らしていきましょう。その過程で、例えば家庭内で聞こえてくる生活音も「この音がしても怖いことはない」と慣れていくでしょう（大騒音はいうまでもなくNGです）。

▶よい「刺激」もある

ストレスはウサギに悪影響しか及ぼさないように思えますが、ものによっては「よいストレス」「よい刺激」もあります。

43ページで紹介しているように、おやつを探すこともそのひとつです。すぐに食べられないことはウサギにはストレスですが、体と五感を使って探し回ることでウサギは新しい行動を身につけます。また、新しいおもちゃを与えたり、室内での遊びに新しいものを取り入れることなども、体や五感、頭を使うきっかけとなるよい刺激です。

▶個体差も考えてあげよう

もともとは警戒心が強いですが、ペットとして飼われているウサギの中には、さまざまな性質の個体がいます。

例えば、お友だちの家にウサギを連れて遊びにいくというケースを考えてみましょう。目新しい環境を少し怖がりながらも好奇心旺盛に「ここには何があるのかな？」と探検したいウサギもいるでしょう。飼い主が一緒なことで安心して、すっかりくつろぐウサギもいるかもしれません。その一方では、目新しいものが恐怖でしかなく、強いストレスにさらされているウサギもいるのです。

ウサギによって何がストレスとなるのか、ストレスの感じ方の違いがあることも理解してあげましょう。

▶いつもと違うことがあったあとのケア

外出するなど、いつもと違うことがあったあとは、ウサギがストレスを感じていないか1週間くらいはよく観察してください。活発さや食欲、排泄物などに変化はないか、いつもと違う様子がないかといった点を見てください。不安感をもっている場合もあるので、よく声をかけるなど、「大丈夫だよ」と伝えてあげましょう。

ウサギの周囲にはストレスとなることは多いもの

ウサギがのんびり眠れる環境を作ってあげよう

カプセルの中におやつが入っている。体や五感、頭を使うおもちゃのひとつ

5. コミュニケーション

▶コミュニケーションの目的

かつては庭で飼育されることも多かったウサギですが、現在ではリビングなど人のそばで暮らすのが一般的です。コミュニケーションは欠かせないものとなっています。人の楽しみのためだけでなく、コミュニケーションをとれることはウサギの健康のためにも大切です。飼い主と一緒にいることが嬉しいウサギもいれば、ひとりでいるほうが好きなウサギもいます。個体に合った適切なコミュニケーションをとりましょう。

・ストレスを軽減させるため

飼い始めたばかりのウサギにとって、慣れない環境や飼い主の存在はストレスです。そのままではウサギはずっとストレスにさらされていることになってしまいます。ウサギの様子を見ながら少しずつ慣らしていくことで安心させ、ストレスを軽減させましょう。

・健康チェックや体のケアを嫌がらないため

日々の健康チェックを行ったり、ブラッシング、爪切りなど、飼い主がウサギの体を触ったり、必要に応じて体を押さえる場合があります。そのとき、ウサギが嫌がって暴れたり、強いストレスを感じることのないよう、人の手に慣らしておく必要があります。触られたり抱き上げられたりすることに慣らしておけば、動物病院での診察や治療のさいに感じるストレスも少なくすることができるでしょう。

・飼い主との絆作り

ウサギが、飼い主と一緒にいれば安全で安心できると感じてくれることはとてもよいことです。動物病院や、場合によっては災害時の避難先などでも不安な気持ちを和らげてくれるはずです。

・看護が必要な場合

病気になり、家庭での看護が必要な場合、強制給餌や投薬など、ウサギの体を動かないように押さえることもあります。もし人に体を触られるのに慣れていないウサギだと、感じるストレスはより大きなものになってしまうでしょう。

▶健康のためにおすすめのコミュニケーション

・体を触ったり抱っこできるようにする

ウサギを迎え、新しい環境に慣れてきたら、段階をふみながら体を触ったり抱っこできるようにしておきましょう。ウサギによってかかる時間は違うので、焦らずに行ってください。ウサギは捕食対象となる動物なので、こちらが緊張して接触しようとすると、天敵に捕獲されるような危険を感じるのではないかと思われます。常におだやかな気持ちでウサギをなでたり抱っこしたりするようにしてください。

・遊びの時間を作る

できるだけ毎日、短い時間でもいいのでウサギと一緒に過ごす時間を作ってください。室内の安全対策をするか、ペットサークルで遊ぶ場所を区切り、ウサギをケージから出して遊ばせましょう。

野生のアナウサギは巣穴を中心に暮らしている動物です。たくさんの距離を動き回るのは食べ物を探すときや繁殖相手を探すときです。なわばりをめぐっての戦いがあれば激しく動き回ることもあるでしょう。それでも、行動範囲が広いノウサギほど運動量を求められることはありません。

経済動物として狭いケージ内での飼育が可能だったのも、そうした背景があるからでしょう。ただしそれは、長生きさせるための環境ではありませんでした。

遊びの時間を作ってウサギを運動させることには多くのメリットがあります。家族の一員として健康に長生きしてほしいとなれば、十分な運動が必要です。

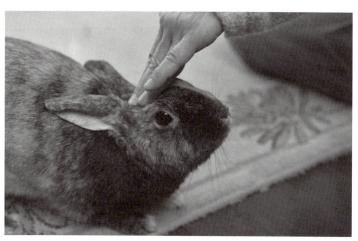

ウサギが心地よいと思うところをなでてコミュニケーション

<遊び時間を作るメリット>
＊筋肉がつき、しっかりした体つきを維持することで、体力の余裕ができます。
＊体を動かすことで消化器官の働きもよくなり、食欲旺盛になります。
＊遊ぶ中で飼い主とのコミュニケーションをとることができます。ウサギと飼い主が楽しい時間を共有することで絆も深まるでしょう。
＊ケージ内で休んでいる時間と活発に遊ぶ時間がはっきりしている、すなわち「オンとオフ」があれば、「遊び時間なのに元気がない」「動きがおかしい」など、「いつもとの違い」にも気づきやすいでしょう。

ボックスをつなげたトンネルも楽しい遊び場に

▶抱っこのポイント

・少しずつステップアップ

　中にはいきなり抱っこのできるウサギもいますが、基本的には、おやつを与えたりして人の手が怖くないことを教える、体をなでられるようになる、膝の上に載せられる、といったステップを踏みながら慣らしていきましょう。

・不安定な抱き方をしない

　安定しない抱き方をすると、暴れたり落として骨折の危険があります。抱き上げるときは胸元を支えるとともに、後ろ足をバタバタさせないようにお尻を支えます。

ウサギが暴れそうなときは、自分の腕と脇の間にウサギの顔をはさむ

・目元を隠すと落ち着く

　ウサギはものが見えない状態にすると落ち着きます。抱っこしたときに自分の腕と脇の間にウサギの顔をはさむようにするといいでしょう。

・自信をもって抱く

　「大丈夫かな？」「うまくできなかったらどうしよう」と心配したり、怖がりながら抱こうとすると、ウサギにも伝わり、不安感から逃げたり暴れたりします。リラックスし、自信をもって抱いてください。

・ウサギのなわばり以外で

　ウサギは、いつも遊んでいる部屋を自分のなわばりと認識し、その場所で自分が嫌がることをされると強く反発する傾向があります。抱っこ、ブラッシング、爪切りなどは、いつもと違う部屋に連れていって行うと、うまくできることがあります。

・必ず床に座って

　人が立った状態でウサギを抱くと、暴れて落とす危険があります。床に座り、必ず低い位置でウサギを抱くようにしてください。

おだやかな気持ちで抱っこしてあげよう

抱っこに慣らすステップ

①ウサギの近くに寄り、両手でなでて。利き手は徐々にお尻のほうへ、もう片方の手はお腹のほうへ

②ウサギをすくいあげる。お尻を手のひらで包み込むようにし、お腹のほうの手でもバランスをとって

③ウサギの顔が利き手の脇に入るよう方向転換をする。ウサギの体と人の体が密着することを心がけて

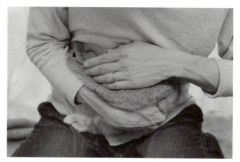

④ウサギの顔が脇にすっぽり入ったら、お腹の手を抜き、ウサギが飛び出さないように背中にそえる

COLUMN 動物病院での保定について

首筋をつかむ

ウサギをケージから出して診察台に置くときなど、ごく一時的に、首筋の皮膚をたっぷりとつかんで持ち上げるという方法がとられるケースがあります。かわいそうに見えてしまうかもしれませんが、一時的なものであれば、暴れるウサギを無理に抱きあげるよりもはるかに安全だということは理解してください。

仰向けにする

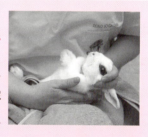

診察や治療、ケアのために、動物病院やウサギ専門店でよく行なわれます。ウサギは仰向けにするとおとなしくなるためです。うまく仰向けにできないと暴れるので、家庭で必要となる場合は動物病院やウサギ専門店で指導を受けることをおすすめします。

COLUMN 決して怖がらせないで

動物は、恐怖や不安という感情を忘れにくいものです。一度「怖い」と思わせてしまうと、それを消し去るのには時間がかかりますから、怖がらせないようにしましょう。十分に慣れないうちは、急にウサギのそばに手を出したり、急に抱こうとしたり、急に大きな声を出すなど、ウサギを驚かせるようなことはしないようにしてください。相手が自分に好意をもっているかどうかを判断する感覚は、どんな動物でももっています。いつもおだやかに、優しい気持ちで接しましょう。

飼い主のおだやかで優しい気持ちはウサギに伝わるもの

10 健康のためのポイント｜コミュニケーション

COLUMN コミュニケーションと運動を同時に楽しむ！

ラビットホッピングで絆づくり

ラビットホッピングとは

▶人とウサギがチームで行う障害物競走

「ラビットホッピング」は、人とウサギがチームになって行う障害物競技のひとつです。始まったのは1970年代はじめのスウェーデンでした。その後ヨーロッパで発展し、アメリカ、そして日本にも伝わりました。日本では2015年に日本ラビットホッピング協会（JRHA）が設立されています。

▶どんな競技？

当初はミニチュアホースの障害物競技のルールで行われていましたが、のちにウサギに適したルールに変更されています。

ラビットホッピング競技に参加できるのは、小型種だと生後4ヶ月以上、大型種だと生後8ヶ月以上の、十分に骨格が成長した年齢の健康なウサギです。ケガを防ぐため、参加できる年齢は5歳くらいまでとされています。足腰への負担があるので、肥満のウサギには適していません。

また、活発であること、フレンドリーであること、好奇心旺盛であることなど、ラビットホッピングに適した性格もあります。飼い主との信頼関係があり、社会性のあることも大切です。

競技は「ウサギ1匹とハンドラーひとり」というチームで行います。ウサギは自分勝手にハードルを飛び越えていくのではなく、必ずハンドラーが持つリードにつながれています。スタートハードルからフィニッシュハードルまでをジャンプしていき、タイムのほかにハードルやバーを倒したかどうか、飛び越えなかった数やコースアウトしたかどうかなどを採点し、その得点を競い合います。

レベル1（初級クラス）とレベル2（上級クラス）があり、コースの長さ、ハードルの数や高さに違いがあります。ハードルの高さは最も高いもので35cm、コースの長さは最長30ｍ（いずれも上級クラス）です。

▶絆づくりのひとつとして

ラビットホッピングは、ただ「ウサギにハードルを跳ばせる」というだけのものではありません。ハードルを跳ぶトレーニングをしていく中で、人とウサギとの間で意思の疎通や信頼関係がつくられていく「絆づくり」ができることが大きな目的のひとつです。

競技会に出ることを目的としなくても、ハードルを跳ぶことを教えていくうちに、ウサギは飼い主が何を求めているのかを理解しようとしますし、うまくいったときに飼い主が喜べばウサギも嬉しいでしょう。

ラビットホッピングは、人とウサギのコミュニケーション手段のひとつとしても注目されます。

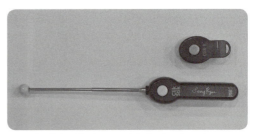

クリッカーとターゲットのついたクリックスティック

よいこと（おやつをもらう）があるとクリッカーが鳴る

ターゲットを追うようになったらホッピング以外にも応用できる

クリッカートレーニング

▶動物のトレーニング手法のひとつ

クリッカートレーニングは、イヌやウマ、イルカ、ネコやインコなどさまざまな動物のトレーニングに取り入れられている手法です。クリッカーという、指で押すとカチッと音の出る道具を使います。

▶行動を身につけるしくみ「陽性強化」

動物が学習によって新しい行動を身につける原理を「オペラント条件づけ」といいます。クリッカートレーニングはこのうち「陽性強化」という原理に従ったトレーニング方法です。

オペラント条件づけとは、ある状況のもとである行動をしたときに報酬がもらえると、その状況になったときにまたその行動をとるようになる、というもので「よいことがあるからその行動をする」「いやなことがあるからその行動をしない」「よいことがないからその行動をしない」「いやなことがないからその行動をする」という4つの種類があります。

名前を呼び、そばに来たときにはおやつを与えていると、名前を呼ばれたらすぐ来るようになる、というのは"よいことがあるからその行動をする"一例です。その原理を利用して、ある行動をさせるようにするものを「陽性強化」といいます。

▶「カチッ」＝うれしいこと、と理解させる

報酬は、おやつとは限りません。なでられることが大好きなウサギなら、それも報酬です。

クリッカートレーニングでは、クリッカーの音を報酬として用います。クリッカーを使う利点には、ウサギがしてほしい行動をしたときすぐに鳴らすことができるというものがあります。

最初はウサギにとって、クリッカーの音には何の意味もありません。そこでまず、クリッカーを1回鳴らした直後におやつを与える、ということを何度も繰り返し行い、クリッカーの音が「おやつ＝うれしいこと」だと理解させることから始めます。

▶「カチッ」＝いいことができた合図、と教える

クリッカーの先に棒とボール（ターゲット）がついた「クリックスティック」という道具を使用します。ウサギがターゲットに寄ってきたらクリッカーを鳴らし、すぐにおやつを与えることを繰り返します。次いで、ターゲットに鼻でタッチしたらクリッカーを鳴らしてすぐにおやつを与えることを繰り返します。これを、ターゲットを追いかけるようになるまで練習します。

クリッカーの音は「いいことができた」ことを示す合図です。ここでは鼻でタッチすることが「いいこと」で、いいことをすると嬉しいこと（おやつ＝クリック音）があるのだと理解させるのです。

ターゲットを追うことを覚えたら、ターゲットを使ってケージに戻したりキャリーバッグに入るといったことにも応用できます。

なお、クリッカートレーニングで使うおやつは、できるだけヘルシーなものを小さく切って使ってください。その日に与える食事の中からよりわけて使うと、食べ過ぎを防ぐことができます。

▶ラビットホッピングのトレーニングでも活用できるクリッカー

最初は、ハードルのバーだけをウサギと人との間に置き、クリックスティックを見せてウサギにバーを越えることから教えます。徐々にバーの高さを上げていき、次に複数のハードルを置いた状態でトレーニングをしていきます。

参考資料
日本ラビットホッピング協会（JRHA）ホームページ
http://www.rabbithopping.jp/

最初はバーを踏み越えることから

どう？　この勇姿、かっこいいでしょ！

6. 体のケア

▶健康のために必要な体のケア

ウサギを健康に飼うためには、食事や掃除などの世話のほかに、体のケアも必要です。主なものはブラッシングと爪切りです。毎日あるいは定期的に行うことで、病気やケガを防ぐ助けとなるでしょう。

いずれも家でできることですが、ウサギがどうしても嫌がるときは無理をせず、ブラッシングはウサギ専門店で、爪切りは動物病院やウサギ専門店で行っていることもあるので、問い合わせてみてもよいでしょう。

▶ブラッシングで守る健康

ブラッシングを行う頻度は、品種（毛質）によります。短毛種でも週に1度は行うといいでしょう。換毛期にはできれば毎日行います。2日に一度はブラシを使い、もう1日はハンドグルーミングでもいいので、抜けて浮いている毛を取ってあげましょう。長毛種は少しでもブラッシングを怠ると毛が絡まって毛玉ができやすいので、毎日行うのがベストです。

肥満や後駆麻痺などのためにセルフグルーミングがうまくできない個体も、人が手を貸す必要があります。

ウサギのブラッシングには多くの目的があります。

・抜け毛を取り除く

ほかの被毛に絡まって体の表面に残っている抜け毛を、ブラッシングすることで取り除きます。

ウサギは毛づくろいをするときに体を舐め、抜け毛も飲み込みます。通常、胃の中に飲み込んだ抜け毛があるのは正常なことですが、その量が多すぎたりすると消化器官の動きに支障をきたします。消化器官の動きが悪くなっていることが原因で、排泄されるべき抜け毛が溜まりすぎてしまうこともあります。こうしたことを避けるためにブラッシングを行います。

・皮膚の病気を防ぐ

被毛についたごみやほこりなどを取り除きます。

被毛が絡まって毛玉になってしまうと、その部分の皮膚が蒸れて不衛生になります。ブラッシングをすることで毛玉も取りながら、密集状態にある毛の中の換気を促し、湿性皮膚炎など皮膚の病気が起きないようにします。

・健康チェックができる

皮膚に傷やできもの、腫れはないか、触ると痛がるところはないかなど、ブラッシングしながら健康チェックを行うことができます。

ブラッシングの手順

◎短毛種の基本グルーミング

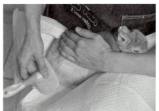

グルーミングスプレーをかけたあと、しっかりと毛にもみこみ、片手で毛を少しずつかきあげ、スリッカーブラシで毛の流れを戻すようにブラッシング

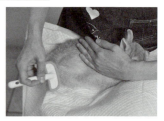

ラバーブラシを軽く押しあてるようにしながら抜け毛をからめとっていく

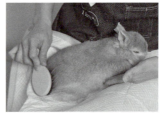

仕上げは獣毛ブラシで。つや出しのほか、水気を飛ばす目的もある

◎長毛種の基本グルーミング

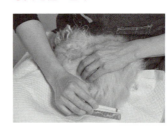

静電気防止スプレーをかけたあと、両目ぐしで毛の流れを整えながら毛玉があれば取り除く

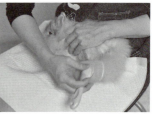

毛をかきあげながらスリッカーブラシでアンダーコートの毛をかきだす

獣毛ブラシで毛並みを整えていく

◎ハンドグルーミング

両手を濡らす。グルーミングスプレーをかけるとよい

両手で被毛にグルーミングスプレーをもみこみ、体をなでて毛並みを整えると、抜け毛がよく取れる

◎毛玉ができてしまったら（取り除き方）

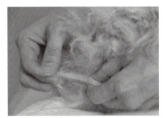

毛玉は無理にむしったり引っぱったりせず、やさしく根元からほぐすように

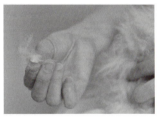

ほぐしていくと自然と毛玉が取れていく

毛の根元をしっかり押さえながら、両目ぐしで少しずつといていく

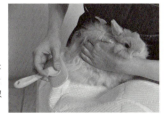

だいたいの毛玉を取ったあと、スリッカーブラシをかけると細かい毛玉も取れる

▶爪切り

爪切りの頻度はウサギによって異なります。1～2ヶ月に一度くらいが一般的です。活発によく動くウサギよりも、じっとしていることが多いウサギのほうが伸びやすい傾向にあります。爪切りを嫌がるウサギも、苦手にしている飼い主も多いものです。

しかし、爪が伸びすぎていると爪の中にある血管も伸びてくることがあり、爪切りをするときに血管まで切ってしまうリスクも増加します。

家でうまくできないときは無理をせず、動物病院やウサギ専門店でやってもらいましょう。

爪切りの手順

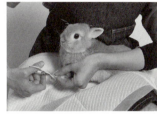

前足の爪切り。ウサギが動いて危なくないよう、左腕と自分の体でウサギの胴体を押さえている

爪の根元をしっかり持って爪を切る。深爪して出血しないよう先端だけをカット

後ろ足の爪切り。仰向けで抱っこできるウサギの場合。足先の毛で爪が見にくいときはグルーミングスプレーで濡らすとよい

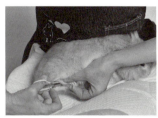

うつ伏せで抱っこしての爪切り。足をあまり横に引っ張り出さないように。ひとりが抱っこ、ひとりが爪切りというようにふたりがかりでやる方法もある

ウサギのブラッシングにはグルーミングスプレーと静電気防止スプレーを使用する

うさぎの OYK グルーミングスプレー
（うさぎのしっぽ）

ペットの静電気防止スプレー エレクトロアウェイ No.102
（エーアールシー産業株式会社）

健康のための10のポイント　体のケア

55

・伸びすぎた爪の危険性

　穴掘りをするような機会の少ない飼育下では、どうしても爪が伸びすぎてしまいます。そのままにしていると、爪の先がはさまるような狭い場所や目の粗い布、ループ状になっているカーペットなどに引っかけ、外そうとしてもがいた拍子に爪が折れたり、抜けたりする危険があります。骨折する原因にもなりかねません。毛づくろいをするさいに目を傷つけることもあります。あまりにも伸びすぎると普通に歩くことも難しくなったり、ちょっとしたことでも爪が折れ、出血するおそれもあります。

　抱っこしようとしたとき、ウサギに蹴られることもありますが、ウサギの爪が伸びすぎていると飼い主が引っかき傷を作ることにもなります。

　このようなことを防ぐため、爪が伸びすぎていたら切るようにしましょう。

　爪には血管が通っているので、血管を切らないよう注意してください。爪の色が白い場合は透けて見えますが、黒い爪の血管は、ペンライトを当てるなど、光に透かすと確認できます。（出血した場合の応急手当は209ページ参照）

▶特殊なケア

・耳掃除（通常は家庭で行わないケア）

　通常は耳掃除の必要はありません。

　耳垢がひどく溜まっていたり、におうときは、まず動物病院で診察を受けてください。異常と判断されたときは、耳の内部は鋭敏で傷つきやすいので獣医師にまかせます。家庭での耳掃除が必要な場合は、汚れを耳の奥に押しこまないように綿棒にイヤークリーナーを付けて表から見えているところだけを掃除します。

・風呂・シャンプー（通常は家庭で行わないケア）

　皮膚疾患の治療のために薬浴する必要があるなど、獣医師の指示に基いて行う場合を除いて、ウサギの体を濡らすのは避けてください。

　お尻が下痢や軟便、尿漏れなど汚れがひどいときにはお湯で汚れたところだけを流すようにし（シャンプーは使わなくてよい）、吸水性のよいタオルで手早く水分を拭き取り、ウサギが体を冷やさないようすみやかに乾かしましょう。

・歯のカット（家庭で行わないケア）

　切歯の不正咬合がある場合、定期的に歯の長さを整える必要があります。これは動物病院で処置すべきものです。切歯は見えている場所にあるのでニッパーなどでカットできそうにも思われますが、こうした切り方をすると歯にひびが入るなどして歯根に悪影響を及ぼしますし、ウサギにケガをさせるリスクもあります。必ず動物病院で専門的な処置を受けましょう。

・鼠径部の臭腺のケア（家庭で行わないケア）

　イヌやネコでは、肛門腺の分泌物を絞り出して始末する「肛門腺絞り」は飼い主が行うケアのひとつとなっています。ウサギにも鼠径腺（そけいせん）があり、分泌物が分泌されています。ただ、ウサギの場合、通常は飼い主がケアする必要はありません。鼠径腺近辺のにおいや汚れがひどいときは、動物病院で診てもらってください。

長く伸びた爪がカーペットのループにひっかかり危険

白い爪に光を当てた様子。血管が透けて見える

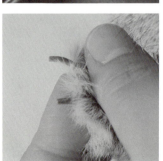

黒い爪に光を当てた様子。黒い爪のウサギも少なくない

7. 日常にひそむトラブルからウサギを守る

▶普通の日常にもあるリスク

きちんと飼育管理していても、思わぬところにケガや病気の原因があったりします。心配しすぎて不安な気持ちでウサギを飼うのはよくありませんが、どんなところにリスクがあるかを理解しておきましょう。

以下は起こり得るトラブルと一般的な対策ですが、対策にはこれ以外のものも考えられます。

ケージ内

* 隙間に爪を引っかけて爪が折れたり抜けたりする。→適切な時期に爪切りをする。爪がはさまりそうな隙間がどこにあるか点検しておく。
* 高いところから飛び降りてケガをする。→ケージ内にロフトを設置するなら低い位置にする。年齢や健康状態によってはロフトをやめる。
* 金網をかじって不正咬合になる。→金網かじりの習慣をつけない（「金網かじりをやめさせようとしておやつをあげる」というのは逆効果）。かじっても歯に悪影響がないようウサギ用の木製フェンスなどの対策をする。
* 牧草で目を傷つける。→牧草入れの設置位置を見直す。牧草入れを使わず、かごに入れて床に置く方法もある。
* 床が固すぎて足の裏を痛める。→プラスチックやわらのマットを敷く。

食事

* 給水ボトルから水が出ない。→ボトルを取りつけたときに水が出ることを確認する。設置位置を見直す。給水ボトルの種類を変える。
* 牧草に入っている乾燥剤を食べさせてしまう。→乾燥剤のパッケージが小さいと気づきにくいこともあるので、牧草を与えるときは注意する。

室内（遊び場所）

* フローリングの床ですべって足を痛める。→すべりにくい素材にする（例：タイルカーペット）。
* カーペットのループに爪を引っかけて爪が折れる。→網目の細かいカーペットにする。
* 電気コードをかじって感電する。→電気コードをウサギがふれる場所に設置しない。コードカバーなどで防御する。
* ものをかじって中毒を起こす。→毒性のある観葉植物、薬品類などを遊ばせる場所に置かない。
* ケージの外に出しているウサギを人が誤って蹴ってしまう。→足元に近づいてくることを意識しながら接する。
* ドアにはさんでしまう。→常にウサギがどこにいるのかを気にしておく。

▶「うさんぽ」のリスクを理解しよう

「うさんぽ」とはウサギを散歩に連れていくことの通称です。ウサギは散歩が必要な動物ではありませんが、飼い主同士の交流のひとつとしても、うさんぽがよく行われるようになっています。しかし、うさんぽには危険な側面もありますし、すべてのウサギがうさんぽを楽しむわけではありません。必ずリスクも理解してから、うさんぽをするかどうか決めてください。

うさんぽで起こりえる物理的なリスク

* ほかのウサギとの接触によるケンカ、交尾・妊娠。多頭飼育の項でも触れたが、ウサギの交尾は一瞬で終わるので、飼い主が気づかないうちに妊娠してしまうケースもある。
* 脱走による行方不明や交通事故。「逃したら捕まらない」くらいの覚悟を。
* イヌやネコ、カラスなどに襲われる。散歩中のペットのイヌと遭遇したらウサギを抱き上げて回避を。
* 農薬や除草剤などのかかった植物を食べたり、毒性のあるものを食べて中毒を起こす。あらかじめ農薬などが散布されていないことを確かめて。野草は安全とわかっているものだけを食べさせる。汚染された植物を避けるという点では、排気ガスのかかった植物や、イヌやネコの排泄物のついた植物も避けて。
* ノミ、ダニなどの寄生。草むらなどに入り込んだときに寄生することも。
* 季節によっては熱中症。夏場にうさんぽは行わないようにする。
* 小さな子どもが抱っこしようとする。かわいいウサギを子どもたちが触りたがるが、抱っこして落とすこともあるので気をつけて。

うさんぽで起こりえる心理的なリスク

* おそらくウサギは、「警戒心」と「好奇心」の両方をもっている。そのどちらの傾向が強いかで、ウサギがうさんぽを楽しいと感じるか、恐怖と感じるかが違うと思われる。
* 警戒心の強いウサギにとっては、足の裏の感触が違うことも、かいだことのないにおいもすべてが警戒の対象となり、強いストレスを感じるだろう。好奇心旺盛なウサギであれば、最初こそ警戒しても、周囲の目新しいものごとがいい刺激になるかもしれない。
* 自分のウサギがどんな性格なのかをよく見きわめてみよう。

安全にうさんぽをするための注意点

* どこに連れていくのか下見をしておく。イヌの散歩コースになっていないか？　野良ネコがいないか？　除草剤の使用はないか？　など
* ウサギも人も、ハーネスとリードに慣れておく。まずは室内で練習を。
* 暑い時期、寒い時期は避ける（4〜5月くらいに暑い日も多いので注意）。
* 飲み水を用意する。
* 排泄物の処理もできれば行う。
* 帰宅後は足の裏も含め全身の点検（傷や汚れ、寄生虫など）。
* 1週間くらいは便の状態や食欲をチェックする。

8. 早期発見のために
   ～健康日記をつけよう

▶ 日々の観察を記録に残そう

ウサギは、私たちにわかる言葉で「具合が悪い」とは教えてくれません。捕食対象となる動物のため、体調が悪くてもそういう様子を見せず、気づいたときには悪化していたということも多いものです。

体調不良にいち早く気づき、早期に治療を始めることができれば治る可能性は高くなりますし、環境改善をすることで病気にならなくてすむかもしれません。

そのために大切なのが、日々の観察です。

ウサギの様子を見た結果を記憶しておくだけでももちろんよいのですが、体調の変化を日を追って確かめたり、具合が悪くなる原因となったことを推測するのに役に立つのが「健康日記」です。

・健康日記に何を書く？

食欲、元気のよさ、排泄物の状態、体の異常がないかを記録しておくほか、定期的に体重を測って記録しておきましょう。毎日体調を記しておけばベストです。

ペット用健康手帳は、紙製のものや、スマートフォン・パソコン用のアプリケーションソフトなども市販されていますし、専用の手帳を用意したり、表計算ソフトなどで自作することも可能です。

なかなか毎日は大変、という場合でも、「便が小さくなっている」などウサギの体調に変化があったとき、「ペレットの種類を変えた」「○○を初めて食べさせた」「ケージ内のレイアウトを変えた」など飼育状況に変化があったときや、「家でパーティをした」「建物の外装工事があった」「台風がきた」など周囲の変化があったときだけでも必ず記録しておくとよいでしょう。

どんなことがあると、どんなふうに体調が変わるのかが把握できると、あらかじめ予防することもできるでしょう。

・生活リズムを記録してみよう

一日中ウサギの様子を観察していることはできないですが、ウサギの生活リズムに注目して、折にふれて記録しておくのもいいでしょう。起きる時間や食欲旺盛な時間、盲腸便を食べている時間、活発な時間などを把握しておけば、「いつもと違う」に気づきやすいといえます。

59

9. 定期健診を受けよう

▶定期的に動物病院へ行く意義

　毎日、健康チェックをしていても、外見だけではわからない病気や、動物病院で詳しい検査を受けないとわからない病気もあります。ウサギを診てもらえる動物病院で、定期的に健康診断を受けるといいでしょう。

　最近では、健康診断やいわゆる「ウサギドック」を診療メニューに加えている動物病院もあります。

　健康診断の項目は、動物病院や、飼い主がどこまで希望するかによって違ってくるでしょう。20〜25ページで健康診断の様子を写真で紹介していますが、これはかなり細かい検査項目まで行っている健康診断の一例です。（健康診断の項目については183〜192ページも参照してください）

▶年々変化する体調を見るために

　健康診断は、病気を見つけるためだけにするのではありません。

　定期的に健康診断を受けることで、年とともに変化する体の状態を知っておくことができます。

　高齢になったり具合が悪くなってから動物病院に行くのではなく、元気のよい若い時期からのデータを重ねていくことが大切です。

　そうすることで、起きている体調の変化が年齢相応のものなのか、もともとの体質なのか、などを判断することもできます。

　また、健康で元気がいいときに動物病院に行き、獣医師に診てもらう経験を重ねておけば、具合が悪くなったとき、受診のストレスが少しでも減るでしょう。

　若いうちは年に一度、高齢になってきたら半年に一度くらい健康診断を受けることができるとベストです。

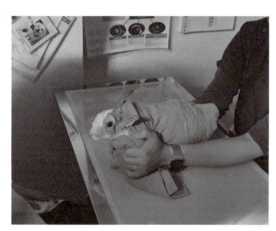

定期的に健康診断を受けてみよう

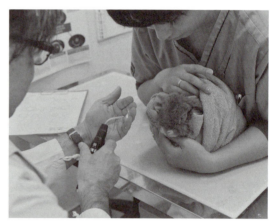

年齢を重ねるうちにかかる病気を発見できる

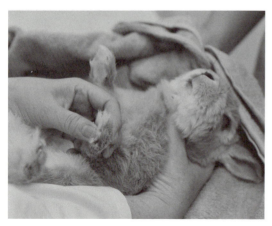

四肢の先を診て、爪の伸びすぎや足の裏の脱毛やタコがないかチェック

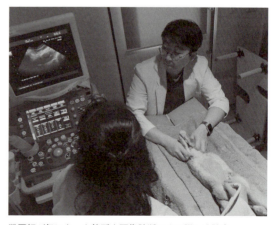

獣医師が気になった箇所を画像診断でより詳しく診察

10. 先を見据えたケア

▶看護や介護を見据えて

多くのウサギが長生きをするようになり、通常の飼育管理を行うほかに、将来的には看護や介護が必要になることもあります。

それらの中には、必要になったときに初めて行うより、ウサギも飼い主もそれに慣れるよう、若くて元気なときから取り入れておくといいこともあります。

たとえば「抱っこ」です。家庭での投薬や介護のためにウサギの体を押さえねばならないこともありますが、ウサギが人に動きを制限されることに慣れているのといないのとでは、ウサギが感じるストレスが大きく違いますし、飼い主の緊張度合いも違うでしょう。ウサギを抱っこできるようになることには、飼い主の楽しみや喜びだけではない目的もあるのです。

看護のさいに、シリンジやフードポンプで薬を飲ませることもあります。シリンジなどからものを飲んだり食べたりすることに慣れていれば、ウサギはもちろん飼い主も不安なく対応することができるでしょう。

また、流動食のお団子（→197ページ）に慣れておけば、ウサギへのストレスになりやすい強制給餌を回避することもできます。

抱っこに慣れておくと、診察や看護のときに飼い主もウサギもあわてずにすむ

健康なときから、シリンジなどで強制給餌用のフードを与えてみよう

▶外出を見据えて

動物病院やペットホテルなどに連れていく、万が一の災害時に避難するといったときには、ウサギをキャリーバッグに入れて移動することになります。

必要になったときにいきなりキャリーに入れられることは、ウサギにとっては不安でもあり、大きなストレスにもなります。キャリーに入り、運ばれることに慣らしておきましょう。

ケージから部屋に出して遊ばせているときに、キャリーの扉を開けておきます。その中におやつを入れておいて食べさせ、キャリーに入ることが嫌ではないと思ってもらいましょう。家の中でいいのでキャリーでウサギを持ち運んでみると、どのくらい重いのか感じたり、キャリー以外の荷物が持てるのかといったことも考えておくことができるでしょう。

自家用車で外出する機会が多そうなら、必ずウサギをキャリーに入れて車に載せ、短距離の移動をしてみるのもいいでしょう。キャリーはシートベルトで固定します。

キャリーケースに入るのが苦手なウサギは多い。普段から慣れておきたい

ホームドクターを見つけよう

まだまだ少ないウサギを診る動物病院

ウサギを飼うことに決めたら、迎える前にウサギを診てもらえる動物病院を探してください。

動物病院そのものの軒数は多く、近所にもあるという方もいるでしょう。ところが、多くの動物病院の主な診療動物はイヌとネコです。

イヌやネコとウサギは同じ哺乳類として共通点も多いですが、消化器官や歯のしくみ、代謝のしくみや性質、取り扱い方に至るまで、かなり違う部分もあります。また、獣医大学ではイヌやネコの治療については学んでも、ウサギの生理生態や治療についてはほとんど学ぶ機会がないという背景もあり、ウサギを診る動物病院は少ないのです。

近年はウサギや鳥、爬虫類などのエキゾチックペット（イヌネコ以外の小動物）を診察する動物病院が増えていますし、ウサギの診療を積極的に行っている動物病院もあります。しかし地域による差もあり、都市部には多く、地方では少ないというのが現状です。

このような事情があるため、ウサギの具合が悪くなってから診てもらえる動物病院を探してもなかなか見つからないという可能性もあります。ウサギを診てもらえる動物病院を見つけておくことは、非常に重要なことなのです。

動物病院の見つけ方

通院の負担を考えれば、かかりつけ動物病院は近いほうがいいので、もし近所に動物病院があるならウサギを診ているかどうかを聞いてみてもいいでしょう。

「ウサギ　動物病院　（在住地域）」などでネット検索をして探したり、クチコミ情報を探してみる、また、ウサギを購入したお店や、ウサギを飼っている人に聞いてみるといった方法もあります。

▶まずは実際に行ってみて

ウサギを迎えたら、健康診断を受けたり飼育相談をしに、よさそうだと思う動物病院を訪れてみましょう（予約が必要な病院もあるので事前に確認を）。

ホームドクターを決めるには、的確な治療をしていただくのは当然として、獣医師との相性というのも大きなものです。大切なウサギを安心して任せられる信頼感があり、診察や治療などに関してわからないことがあったときには相談でき、わかりやすく説明してもらえるかどうかを、実際に会って話をしながら確かめてみましょう。

お互いの信頼関係が構築できる獣医師と出会えることが望まれます。

▶確認しておきたいこと

予約制かどうか、予約制でも緊急時は対応してもらえるのか、休診日や診療時間はどうなっているのか、また、治療費が高額になることもあるのでクレジットカードでの支払いができるのか、ペット保険の取り扱いなどについても確認しておくといいでしょう。

かかりつけ動物病院の休診日や夜間に連れていける動物病院も調べておきましょう。24時間診療可能な動物病院や、夜間専門の動物病院もあります。ウサギを診てもらえるかどうかは、問い合わせておいたほうが安心です。

ウサギを診てもらえる動物病院が多くはないため、かかりつけ動物病院が家から遠いという場合もあります。そのようなときは、緊急時の対応について確認しておいたほうがいいかもしれません。急な病気やケガ、病状の急変など、すぐに処置が必要なときは、遠くまで時間をかけて連れていくより、近所の動物病院で処置してもらったほうがいい場合も考えられます。現在の治療内容や検査データが必要なこともあるので、獣医師と相談しておきましょう。

ウサギが病気になる前に、動物病院にはかかっておこう

part 2

ウサギの病気
sick of the rabbit

ウサギも私たちと同じようにさまざまな病気になる可能性があります。なによりも病気を予防するために、そしてもし病気になったときにも早期発見・早期治療できるようにするためには、ウサギがどんな病気になるのかを知っておくことがとても大切です。ここでは、ウサギによく見られる病気を中心に、最新情報を加えながらわかりやすく紹介しています。

ウサギに多い病気

ウサギの3大疾患

不正咬合
胃腸うっ滞
細菌性皮膚炎

幼いウサギがなりやすい病気

大腸菌症
腸毒素血症
腸コクシジウム症
ウィルス性腸炎
など

高齢ウサギがなりやすい病気

膿瘍
ソアホック
歯科疾患（不正咬合、歯根の異常、膿瘍）
鼻涙管閉塞
流涙症
白内障
目の感染症、膿瘍
慢性の呼吸器疾患
生殖器疾患（子宮腺癌、嚢胞性乳腺炎、偽妊娠による乳腺の異形成など）
慢性腎不全
尿石症
など

ウサギ同士で感染する病気

コクシジウム症
ティザー病
ウサギ蟯虫
パスツレラ感染症
皮膚糸状菌症
トレポネーマ症
外部寄生虫（ウサギツメダニ症、ノミ、シラミ、耳ダニ症）
エンセファリトゾーン症
など

多頭飼育で起こりやすい病気

「ウサギ同士で感染する病気」のほかに
創傷
など

食事が原因で起こりやすい病気

不正咬合
胃腸うっ滞などの消化器の病気
高カルシウム尿症
など

メス特有の病気

避妊去勢手術をしていない場合
生殖器疾患（子宮腺癌、嚢胞性乳腺炎、偽妊娠による乳腺の異形成など）
偽妊娠
など

オス特有の病気

避妊去勢手術をしていない場合
精巣炎
行動の異常（尿スプレーなど）
など

性質によってなりやすい病気

神経質なウサギ
胃腸うっ滞などストレスに起因する病気
活発なウサギ
骨折などの外傷

ウサギに見られる症状・早見表（索引）

食べ方／飲み方の異常

食欲がない／食欲が低下／食欲不振	71、75、77、78、80、82、84、86、88、90、91、92、95、96、99、100、102、104、106、107、109、110、111、113、121、123、145、148、157、160、170
食べたそうなのに食べない	71
軟らかいものしか食べない	71、75、77
いったんくわえた食べ物を落とす	71
顎の動かし方がおかしい	71
ものをうまく食べられずに口から落とす	75、77
ペレットのかけらをポロポロとこぼす	75、77
食べ物の好みが変わる	75、77
好きなものしか食べない	82
水を飲む量が増える	82、86、91、107、110

口や歯の異常

歯ぎしり	71、82、84、91、104
口を閉じない	71
よだれの増加	71、75、77、168
口を閉じていても歯が見える	75
口を閉じられない	75
歯が折れている	77
出血している	77
口元を気にする	77
歯の表面がデコボコしている	80
歯が変色している	80
唇が下がる	153

鼻の異常

鼻水	78、97、98、132、144、145
くしゃみ	78、97、98、125、132、144、145
白っぽい鼻水	71、75、97
粘り気のある鼻水	97
膿のような鼻水	97
鼻の周囲が汚れる	97
黄色っぽくネバネバした鼻水	99
鼻の周りがかさぶたのようになる	99

目の異常

眼球突出	71、78、131、160
涙目	71、75、78、98、132、134、136、139、141、142
涙が過剰に出る	97、132、134、139
白っぽい涙	71、75
結膜の充血	132、134、136、141
目ヤニ	78、97、98、132、134、136、139、142
まぶたが腫れる	132
まぶしそうな目つきをする	132、134、136
目ヤニで上下のまぶたが貼りつく	132
目の下が湿っぽくなったり脱毛する	132、142
ガサガサになる	132、142
目の痛み	132、136、141
目をかゆがる	132
まぶたがけいれんする	134、136
瞳孔が狭くなる	134
白いもやもやしたものが目の中に見える	134、136
白濁	134、137

角膜の充血	136
涙やけ	139
結膜が伸びる	141

まぶたが閉じられない	141、153
瞬膜が出る・戻らない	142、160
眼振	97、145、153

耳の異常

内側にかさぶた	127
いやなにおい	127、143
耳をかゆがる	127、143、144
片方の耳を倒す	127、143
傷ができる	127、146
耳の中が赤くなる	143
耳の中が腫れる	143
分泌物が出る	143、144
耳垢がたまる	146
耳介が腫れる	146
耳が垂れる	153
充血して赤くなる	168

そのほかの顔貌の異常

顎が腫れている	71、78
顔面にかさぶたができる	125
顔面の麻痺	144、153

便の異常

小さくなる	71、75、77、78、82、84、91
量が減る	71、75、77、78、82、84
排便されない	82、84、91
下痢をする	71、75、77、82、84、86、88、90、92、96
盲腸便を食べ残す	75
粘液便	82、84、88、90、91
毛がからまった便	84
水様便	86、88、90、92
血便	88、90
軟便	90、91
便秘	91

尿の異常

量が減る	104、105、107
出なくなる	104、107、108、149
血尿	104、105、107、108、109、157
何度も排尿する	104、105
何度もトイレに行く	104、106
尿が出にくそう	106、149
排尿姿勢を取るが尿が出ずにいきんでいる	104、105
排尿時の姿勢がいつもと違う	104、105
排尿時に鳴く	104
きちんと覚えていたトイレを失敗する	104、108
膿のような尿	105
アンモニア臭が強くなる	105
何度も少しずつ排尿する	105
トイレに行っても尿が出ない	105
泥のような尿	106
量が増える	107
透明な尿	113

そのほかの排泄物の異常

膣からの分泌物	109、114、157
膣からの出血	109、157

被毛の異常

よだれで口の周囲や顎・胸・前足が濡れる、乾いてゴワゴワになる	71、75、77
被毛が乱れる	75、91、92
前足の被毛がゴワゴワになる	97、99、139
会陰部に尿やけができる	88、104、106、149
被毛がからまる	119
薄毛	128

会陰部に尿やけができる

薄毛

前足の被毛がゴワゴワになる

皮膚や体の状態の異常

ウサギに見られる症状・早見表

お腹が膨れている	91、95、96、109、157	皮膚が腫れる	123
乳腺が固く膨れる	110、157、159	生殖器の皮膚が赤くなる	125
乳腺が青っぽい色になる	110	生殖器の皮膚が腫れる	125
乳頭からの分泌物	110、159	生殖器の皮膚が水ぶくれになる	125
精巣が腫れる	111	生殖器の皮膚がただれる	125
妊娠していないのに乳腺が張って実際に母乳が出る	113	皮膚が盛り上がる	131
お腹に力が入る	114	乳腺が張る	157、159
精巣が陰嚢に降りてこない(片方・両方)	115	乳頭が赤くなる	157
皮膚が赤い	119、121、128、164	乳腺にしこりができる	159
水ぶくれ	164	しこり	159
ただれ	119、121、130、149	できもの	154、159
脱毛	119、121、122、126、128、130、160、149	精巣が固く腫れる	160
		傷ができる	161
皮膚からの分泌物	119	自分の体の一箇所をずっと舐め続ける	161、165
脱毛部が固くタコのようになる	121	自分の体をかじる	126、159、165
ふけ	122、128、130、160		
かさぶた	122、128、130		

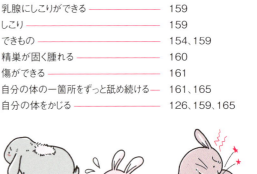

お腹が膨れている　乳頭からの分泌物　精巣が腫れる　脱毛　ふけ　自分の体をかじる

体を触ったときの異常

顎を触るとデコボコしている	71
顎に触られることを嫌がる	71
歯のチェックを嫌がる	75
お腹を押すと痛がる	82、84
お腹が張る	90、91
発熱・体温の上昇	86、110、111、168
体温の低下	91
目の周囲を触られるのを嫌がる	134
耳を触ると嫌がる	143
関節に触ると痛がる	164

四肢の異常

足に体重をかけないようにする	121、173
足の裏を気にする	121
後ろ足が動かない	149
1本あるいは複数の足が外側に開く	151
後ろ足で体を支えられない	151
足を引きずって歩く	149、151、163、173
足を地面につかずに歩く	163、164
関節が腫れる	164、173

顎を触るとデコボコしている

お腹が張る

1本あるいは複数の足が外側に開く

足を引きずって歩く

呼吸の異常

鼻や気道から異常音が聞こえる	75
呼吸が苦しそう	78、96、160
呼吸時のズーズーという異音	97
開口呼吸	97、99、100、168
呼吸が荒くなる	100
呼吸が早くなる	102、168
呼吸困難	100、102、157、160、168
座った状態で首を伸ばし、鼻の穴を広げるようにして呼吸する	102
呼気にアセトン臭（除光液のようなにおい）	113

呼吸困難

開口呼吸

体重の異常

体重が減る／痩せる	71、75、77、78、88、90、91、92、95、107、111、131、157、170、173
成長が遅れる	88、90
体重の増加が止まる	93

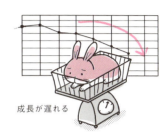
成長が遅れる

行動の変化

攻撃的になる	71
元気がない	75、78、82、84、86、88、90、91、92、95、96、100、102、104、106、107、109、110、113、121、130、131、148、157、168、170
給水ボトルを使わなくなる	75
盲腸便を食べ残す	75
じっとしている	78、82、84、86、104、163、164、168
お腹を引っ込めてうずくまる	91
疲れやすくなる	102
いつもぼんやりしている	102
授乳を嫌がる	110
繁殖能力の低下	111、157
運動失調	97、113、144、145、153、163
ふるえ	113、148
胸〜お腹の毛を抜いて巣作りをする	113、126
縄張り意識が強くなる	113
けいれん	114、148、169、170
動きがぎこちなくなる	121
かゆがる	119、122、128、130
頭を振る	127、143、144
頭を傾ける	127、143
落ち着きがなくなる	127
斜頸	97、127、144、145、148、152
後躯麻痺	148
急に興奮する	148
倒れる	148
体が旋回／回転	153
動きたがらない	102、160、163、173
人を噛む	166
尿スプレー	167
マウンティング	167
しつこくケージをかじる	167
泡を吹く	170
全身が脱力する	173

じっとしている

お腹を引っ込めてうずくまる

頭を振る

斜頸

体が旋回／回転

人を噛む

しつこくケージをかじる

dental diseases
歯の病気

- 臼歯の不正咬合　・切歯の不正咬合
- 切歯の破折　・歯根膿瘍
- そのほかの歯の病気やトラブル

molar malocclusion
臼歯の不正咬合

▶どんな病気？

　歯の噛み合わせが異常な状態を不正咬合といい、ペットのウサギには非常に多い病気のひとつです。すべての歯が生涯にわたって伸び続けるウサギでは、臼歯、切歯のどちらにも不正咬合が見られます。

　臼歯の不正咬合は先天性の場合もありますが、多くは食事内容が原因になっています。ウサギは繊維質の多いものを食べるため、臼歯は植物の繊維をすりつぶす働きをします。この働きにより、臼歯の歯冠が適切に削れます。

　ところが、簡単に噛み砕けるもの、繊維質の少ないもの、切歯でかじっただけで飲み込めてしまい、咀嚼しなくてもいいようなものばかり与えていると、臼歯の本来の働きである「すりつぶす」という動きが十分にできません。歯冠がまんべんなく削れないと、部分的にすり減ります。一部分のエナメル質が尖って棘のようになり、上顎の臼歯は頬に向かって、下顎の臼歯は舌に向かって尖り、頬の内側や舌を傷つけます（図を参照）。こうなると口の中が痛いため、ますます臼歯を使わなくなり、咬筋と側頭筋（どちらも咀嚼に関わる筋肉）を萎縮させ、顎が萎縮したり、骨密度がさらに低下するという悪循環に陥ります。

　正常な噛み合わせでも、下顎の臼歯は舌に向かって内側方向に傾いていますが、歯になる組織が障害を受けると、咬合面（上下の歯が噛み合わさる面）にかかる圧力が適正に保たれないため、ますます鋭い棘が成長します。

　また、噛み合わせが正しくても歯冠が削れないと、歯は常に作られ続けているため、歯根が伸びることにもなってしまいます（歯根膿瘍の原因のひとつ）。

臼歯に不正咬合が起こるしくみ

①ウサギが繊維の多い植物を食べるとき、下顎臼歯が左右に幅広く動きます。そのため、上下の臼歯ともに歯冠がまんべんなくすり減ります。

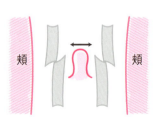

②ところが、臼歯を左右に大きく動かさなくても食べられるような繊維質の少ないものを食べていると、下顎臼歯の動く幅が狭くなります。
その結果、上下の臼歯はまんべんなくこすり合わず、上顎臼歯は頬側に、下顎臼歯は舌側に、棘状に伸びていきます。

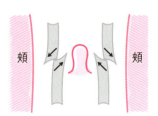

③一度、噛み合わせが合わなくなると、異常な伸び方が進行し、上顎臼歯は頬の内側を、下顎臼歯は舌を傷つけ、痛みのために食べ物を食べることができなくなっていきます。こうしたことは口の中の骨格、神経、筋肉、関節の異常に関連していきます。

原因

繊維質の不足

カルシウムとリンのバランスの不均衡

歯冠が適切に削られるためには、牧草のような繊維質の多いものをすりつぶすという水平の咀嚼の動きが重要です。

臼歯の不正咬合が起こるそのほかの原因としては、老化によって歯根がゆるんで噛み合わせが悪くなったり、歯周ポケットから歯根が細菌感染し、正常に歯が作られなくなることや、遺伝によるものがあります。小型のウサギは、相対的に顎が小さいものの歯の大きさはあまり変わらないため、先天的に歯並びが正常ではないケースがあります。小型種でなくても、先天的に顎が短い場合に歯並びの異常が見られます。

また、カルシウムの代謝異常によるケースも考えられます。

ウサギが摂取するカルシウムとリンの比率が不適当だったり、ビタミンDの欠乏が起こると、正常に骨が作られずに骨がもろくなり、顎の骨皮質（骨の外側にある組織）が薄くなります。このことから歯根がゆるんだり、歯並びが異常を起こしたりします。そのため上下の歯がきちんとこすれ合うことができなくなるのです。歯の成長段階でカルシウムが不足するなど、栄養バランスが悪かったり、紫外線に当たらずカルシウムが十分に取り込まれないと頭蓋骨が変形して成長し、不正咬合を招く可能性があります。

切歯の状態を肉眼でチェックするのはそれほど難しくありませんが、ウサギの口はとても小さいうえに、大きく開かないので、臼歯のチェックを家庭で行うのは難しいでしょう。動物病院では、耳鏡や喉頭鏡、内視鏡などを使ってチェックしたり、わずかなエナメル質の棘を確かめるために指で触ってみることもあります。またレントゲンを撮って歯の長さ、噛み合わせ、歯根の状態などをチェックします。

臼歯の不正咬合は切歯の伸びすぎにつながります。

臼歯の不正咬合は、あらゆる年齢で見られます。

▶主な症状は？

食欲がない、食べたそうなのに食べない、やわらかいものしか食べない、いったんくわえた食べ物を落とす、顎の動かし方がおかしい（下顎を左右方向に動かすのが正常）など、ものの食べ方に変化が起きます。

口の中の痛みや違和感などから、歯ぎしり、攻撃的になる、口を閉じないといったことや、よだれの増加が見られます。グルーミングが正常にできないため、よだれで口の周囲や顎・胸・前足を濡らしたり、乾いてゴワゴワになっていたり、顎の下に湿性皮膚炎が見られます。

毛を飲み込む量が多くなり食事量が減って腸内のバランスが乱れるので、便が小さくなる、量が減る、下痢をする、胃腸うっ滞を起こすなどのほか、体重が減少します。

顎を触るとデコボコしている、痛みがあるので顎に触られることを嫌がる、顎が腫れている、眼球が突出している（歯根が伸びたり歯根膿瘍のため）、歯根が鼻涙管を圧迫したり痛みから涙目になる、鼻涙管が細菌感染を起こし、白っぽい涙が出る、白っぽい鼻水が出るといった症状は、歯根が伸びることに起因します。

切歯の伸びすぎが、臼歯の不正咬合の最初の兆候である可能性もあります。

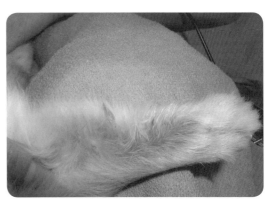

よだれを拭くため、前足の被毛にもつれができる

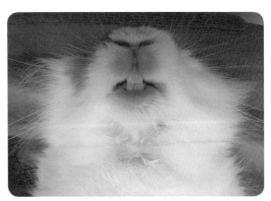

顎の下の被毛がよだれで濡れている

歯の病気 臼歯の不正咬合

症状

食欲がなくなる

ペレットの
かけらをこぼす

よだれで口の
周囲を濡らす

よだれを拭くので
前足の毛が
ゴワゴワになる

▶病院ではどんな治療をするの？

　視診やレントゲン検査、場合によってはCT検査などを行って診断します。

　不正咬合を起こしている歯の歯冠を削って整えます。口腔内全体の異常を観察するために麻酔をして行うのが一般的ですが、ウサギが神経質でなく、棘のようになっている部分をカットするだけなら無麻酔で行うケースもあります。

　歯を削ったあとは口の中に違和感があり、咀嚼する力も低下するので、ふやかしたペレットなど食べやすいものを与えるようにします。それらをしっかり食べられるようになったら、牧草など、十分な咀嚼が必要な食べ物を与えます。

　口腔内に傷がある場合には抗生物質を、痛みがあれば鎮痛剤を投与します。

　一度発症すると、定期的なトリミング（1〜2ヶ月に一度が目安。個体による）が必要です。

　歯根に感染が見られる動揺歯（ぐらぐらしている歯）は、状況と時期を判断して抜歯しなければならないでしょう。

　若いウサギの不正咬合は、老齢のウサギより根本的な原因をもっていると考えられるので、継続的な治療が必要です。

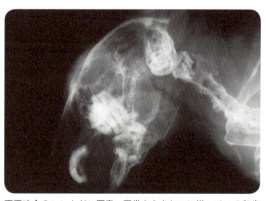

不正咬合のレントゲン写真。正常ならきれいに揃っている臼歯の歯冠はあちこちを向き、歯根は閉鎖され石灰化（カルシウム塩が沈着すること）し、歯根が眼窩に当たっている

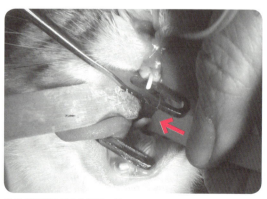

臼歯が非常に長く伸びている

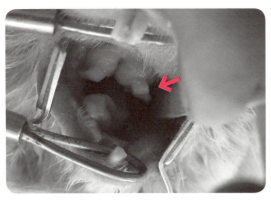
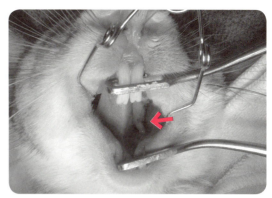
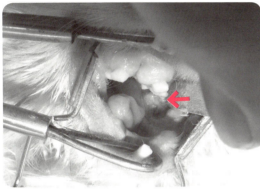
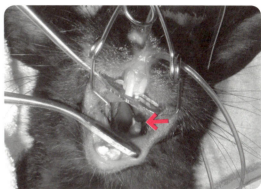

上顎の臼歯が頬に向かって伸び（写真上）、頬内側の粘膜が壊死している（写真下）

下顎の臼歯が舌に向かって棘のように伸びている

▶ どうしたら予防できるの？

　何よりも食事の管理が重要です。ペレットのみの食事では繊維質の量が低く、咀嚼回数が少ないですから、牧草のように繊維質が豊富で咀嚼回数を多く必要とするものを十分に与えます。

　歯根膿瘍にまで進行しないよう、早期発見が大切です。食事の様子や便の状態、体重の変化に気をつけます。

　先天性だと遺伝する可能性があります。不正咬合のウサギや、不正咬合になりやすい血統のウサギを繁殖に使わないようにしましょう。

　定期的に健康診断で口腔内や顎をチェックしてもらいましょう。

予防

十分な牧草を与える

> **COLUMN**
> **ウサギの歯式図**
>
> ウサギの歯は、切歯と臼歯で構成されており、全部で28本です（→詳しくは10ページ）。
>
>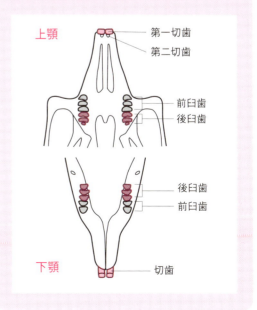

歯の病気　臼歯の不正咬合

incisor malocclusion
切歯の不正咬合

▶どんな病気？

ウサギの正常な切歯は、前から見たとき上顎の切歯が下顎の切歯に少しかぶさっている状態となっています。歯の前側だけが硬いエナメル質に覆われていて、ものを食べたり、直接上下の歯同士をこすり合わせることで歯が削れ、適切な長さを保っています。

しかし、何かの理由で噛み合わせが悪くなり、不正咬合を起こすと、上下の歯がきちんと咬合しないために歯の長さが調節できません。そのため、歯は際限なく伸び続けます（過長歯）。上顎の切歯は内側に丸まるように、下顎の切歯は外側に向かって伸びていきます。ひどくなると伸びた歯が唇や頬などに刺さることさえあります。

歯が噛み合わなければものを噛み切ることができません。また、内側に伸びた上顎切歯が口の中を傷つけることもあります。正常に歯が削れないと歯根にも影響が及び、歯根膿瘍の原因にもなります。

切歯の噛み合わせが悪くなる理由のひとつは、外部からの衝撃です。

ケージの金網をかじり続けていると、歯に不自然な力が不自然な方向から加わります。そのために歯が本来とは異なる方向に伸びてしまい、上下の歯が噛み合わなくなります。ウサギの歯ではかじれないような極端に硬いものをかじり続けたり、落下や衝突事故（ペットサークル内で、何かにびっくりして急に走り出し、サークルに激突することもあります）で顔面を打ちつけたときも同様です。

食事内容も原因となります。やわらかくて簡単に砕けるようなものだとほとんど歯を使わないで食べられるため、歯をこすり合わせる機会が減り、歯の伸びすぎを招きます。

老化によって歯根がゆるんで噛み合わせが悪くなり、歯周ポケットから歯根が細菌感染し、正常に歯が作られずに不正咬合を起こすこともあります。遺伝によって起こることも多く（先天的に下顎が上顎より長いなど）、その場合、早ければ生後3週には症状が見られます。また、歯の成長段階でカルシウムが不足するなど、栄養バランスが悪いと頭蓋骨が変形して成長し、不正咬合となる可能性があります。

臼歯の不正咬合も、切歯の不正咬合の原因になります。また、臼歯に棘状の突起ができて口の中を傷つけていると、口の中の違和感によって噛むときの不自然な口の動かし方で噛み合わせの異常を起こすことがあります。

切歯が不正咬合を起こしているかどうかは唇をめくってみればすぐにわかりますが、レントゲン検査で歯根の状態を確認することもたいへん重要です。

原因

高いところから落ちる

抱っこの失敗

ケージの金網をかじる

▶主な症状は？

口を閉じているのに歯が見えていたり、伸びすぎた歯が原因で口を閉じられなかったりします。

食欲がない、やわらかいものしか食べない、ものをうまく食べられずに口から落とす、ペレットのかけらをポロポロとこぼす、食べ物の好みが変わるなど、ものの食べ方に変化が起きます。

口の中の痛みや違和感などから、よだれが多くなる、よだれで口の周囲や顎・胸・前足を濡らしたり、乾いてゴワゴワになっていたり、顎の下に湿性皮膚炎が見られます。元気がなくなり、歯のチェックを嫌がります。

食事量が減って腸内のバランスが乱れるので、便が小さくなる、量が減る、下痢をする、胃腸うっ滞を起こすなどのほか、体重が減少します。

切歯や口を使って行うことがしにくくなるため、給水ボトルを使わなくなることがあります。毛づくろいをしなくなると、被毛が乱れます。盲腸便を食べ残したりします。

歯根が鼻涙管（→139ページ）を圧迫したり、痛みのために涙目になる、鼻涙管が細菌感染を起こし、白い涙や鼻水が出る、膿瘍、鼻や気道から異常音が聞こえるなどは、歯根が伸びることに起因します。

▶病院ではどんな治療をするの？

視診やレントゲン検査、場合によってはCT検査などを行って診断します。

伸びすぎた切歯は、動物病院で適切な長さに研磨やトリミングを行います。歯根や歯髄に負担がかからないような高速エアータービンやダイヤモンドディスク（歯科医で使う、歯を削る器具）で削ります。

よく慣れているウサギに短時間の処置ができるなら麻酔せずに行うことも可能ではありますが、警戒心がとても強いウサギでは麻酔をかけた方が精神的負担も少なく、安全です。繰り返し処置が必要な場合は、麻酔の頻度について獣医師と相談しましょう。

削るのではなく、ニッパーを使って歯を切るやり方がありますが、歯に縦方向の裂け目が入るおそれがあります。歯根膿瘍を起こす原因になったり、歯冠に力がかかりすぎて歯根を損傷し、歯の伸び方や伸びる方向に悪影響を及ぼすことがあるので注意が必要です。

歯の切り方がうまくいかずに歯髄が露出してしまうと、人間と同じように痛みがあります。水酸化カルシウムなどを用い、歯髄を守るために被覆（患部を覆う）処置を行います。

切歯の不正咬合は、一度発症すると繰り返す場合が多いので、定期的なトリミング（1ヶ月に一度が目安。個体による）が必要です。

よだれを拭くため、口の周りは濡れていなくても、前足の被毛にもつれができている

症状

ペレットのかけらをこぼす

食欲がなくなる

よだれで口の周囲を濡らす

涙目になる

状況によっては抜歯という選択肢も考えられます。

歯の異常を感じたら、できるだけ早く診てもらいましょう。

▶どうしたら予防できるの？

ケージの金網をかじる癖をつけないようにしましょう。ただしやめさせようとしておやつを与えたり、ケージから出したりしていると、ウサギは「金網をかじるといいことがある」と学習してしまいます。退屈な環境で飼っているなど、ストレスがあることで金網をかじる習慣がつくこともあるので、十分な遊びの時間を作ったり、かじって遊べる安全なおもちゃを用意するといいでしょう。

金網をかじる癖がついている場合は、ケージの内側にウサギ用の木製フェンスやわらマットを設置し、かじっても歯に負担がかからない工夫をしましょう。

また、落下事故を防ぎましょう。ウサギを抱くときには必ず座ってください。特に、抱かれることに慣れてないウサギは十分な注意が必要です。高い場所で遊ばせないようにもしましょう。

食事内容は、切歯をしっかり使って「噛み切る」という行動ができるものを与えてください。十分な繊維質を含む牧草などが、それに当たります。

先天性だと遺伝する可能性があります。不正咬合のウサギや、不正咬合になりやすい血統のウサギを繁殖に使わないようにしましょう。

予防

抱っこに慣れないうちは座って

ケージの中でも退屈させない

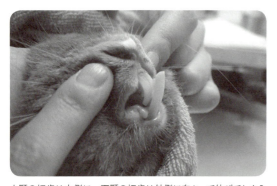
上顎の切歯は内側に、下顎の切歯は外側に向かって伸びてしまう

下顎の切歯が、鼻に達するほどに伸びてしまった

上顎切歯の後ろから、第二切歯(くさび状切歯)が見えている

上顎の歯が丸まって伸び、下顎の歯は鼻に達するまで伸びている。噛み合わせも本来とは逆になっている

fracture of incisor
切歯の破折

▶どんな病気？

切歯に外部から強い力がかかると、折れてしまうことがあります（破折）。

原因はさまざまで、人が立ったままでウサギを抱いていて落としたり、ウサギが高いところに登って転落したときや、歯の質が弱いウサギがケージの金網をかじっているときなどに起こります。

歯を折ったときの衝撃で歯根を損傷すると、歯が伸びてこなくなったり、正常な方向に伸びなくなって不正咬合に進行します。

▶主な症状は？

肉眼で歯が折れていることが確認でき、出血が見られます。

食欲がない、やわらかいものしか食べない、ものをうまく食べられずに口から落としたり、ペレットのかけらをポロポロとこぼす、食べ物の好みが変わるなど、ものの食べ方に変化が起きます。

食事量が減って腸内のバランスが乱れるので、便が小さくなる、量が減る、下痢をする、胃腸うっ滞を起こすなどのほか、体重が減少します。

口の中の痛みや違和感などから、よだれが多くなる、よだれで口の周囲や顎・胸・前足を濡らしたり、乾いてゴワゴワになっていたり、口元を気にしている様子が見られます。

▶病院ではどんな治療をするの？

落下事故で切歯を折った場合、歯以外にもケガをしている可能性がありますから、全身をよく検査して、深刻な症状を先に治療します。

歯髄が露出した場合、露出したばかりなら痛みを取り、感染しないように生活歯髄処置（歯髄を生かす）として水酸化カルシウムを充填し、セメントやレジンで歯冠修復する処置を行います。

歯髄からの細菌感染を防ぐため、抗生物質を投与することがあります。

折れた歯と噛み合うべき歯が伸びてしまいます。折れた歯の長さが正常に戻り、上下の歯をこすり合わせることができるようになるまで、定期的にトリミングする必要があります。不正咬合になってしまうと、定期的なトリミングはずっと続きます（→75ページ「切歯の不正咬合」の治療参照）。

歯根の状態や歯槽骨の損傷の程度を知るためにレントゲン検査を行い、歯槽骨の膿瘍の切除や抜歯を検討する場合もあります。

▶どうしたら予防できるの？

再発を防ぐには、なぜ歯が折れたのかを知り、その原因を取り除きましょう。

ウサギも人も抱っこに慣れていないうちは、必ず座って抱っこするようにします。慣れていても、抱いて歩くときは十分に注意し、できればキャリーケースに入れて移動するようにしたほうがいいでしょう。抱いているウサギを降ろすときは、必ず床の上に直接、抱き下ろしてください。

室内の安全対策を行います。ウサギは足場があればどんどん高いところに登ってしまうので、ウサギを部屋で遊ばせるときは十分な注意が必要です。

ケージの金網をかじる習慣をつけないようにします（→76ページ「切歯の不正咬合」の予防参照）。

原因

抱っこの失敗

ケージの金網をかじる

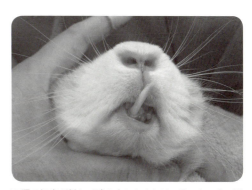

下顎の切歯が折れて噛み合わなくなり、残った1本に過長が起きている

tooth root abscess
歯根膿瘍

▶ どんな病気？

膿瘍とは、細菌感染が原因で患部が化膿し、膿がたまって腫瘤（はれもの）ができた状態をいいます。ウサギの場合、多くはパスツレラ菌（*Pasteurella multocida*）や黄色ブドウ球菌（*Staphylococcus aureus*）などの感染によって起こります。

ウサギの膿瘍は厚い膜に覆われたカプセルのような状態になっています。膿瘍は体のどこにでもできますが、特に歯根に形成される膿瘍と皮下膿瘍（→123ページ）がよく見られます。

歯根膿瘍は、上顎臼歯の歯根部である眼窩（眼球を納める骨のくぼみ）の下や、下顎臼歯の歯根部である下顎の下によく発症します。ウサギでは下顎でよく見られます。ウサギの歯槽骨の骨密度は低いため、濃い膿のカプセルが多数でき、膿をすべて取り除くのが容易ではありません。完全に取り除かなければ、またすぐに再発することが多いので、より積極的な治療が望まれます。

歯根に形成される原因の多くは、臼歯の不正咬合（→70ページ）です。繊維質が少なく、咀嚼回数が不十分な食べ物を与えていると不正咬合を起こしやすくなります。不正咬合と歯の過長にともなって歯根が伸びると、隣り合わせた歯根同士がぶつかって歯と歯の間が広がり、歯周（歯を支えている土台）から細菌が入りこみ、歯根に感染を起こしやすくなります。また、歯のトリミングのためにニッパーなどで切歯を切ると、歯に縦方向の裂け目が入り、そこから歯根に細菌感染が広がります。歯根に膿瘍ができると、その歯を作る細胞が新しく作られなくなり、歯が茶色く変色することがあります。

歯槽骨まで細菌で侵食され、さらに進行すると歯根部分に歯槽骨の脱灰（ミネラル分が溶け出す）が起きたり、骨瘤（骨にこぶが作られる）ができたりします。このように症状がひどくなってからでは治療が非常に困難です。何よりも不正咬合を起こさせない飼育管理が重要となるでしょう。

歯根膿瘍は根尖膿瘍ともいいます。また、上顎の歯根にできるものを上顎膿瘍、下顎を下顎膿瘍ともいいます。

▶ 主な症状は？

上顎の膿瘍では、膿瘍が鼻腔や鼻涙管を圧迫するため、鼻水やくしゃみ、呼吸の異常（呼吸が苦しい）、涙目、白い目ヤニの増加などが見られます。眼球が押し出されるようになるため、眼が突出することもあります。

下顎の歯根膿瘍の場合には下顎に「こぶ」ができたようになります。

痛みがあるため、元気がなくなる、食欲がなくなる、うずくまってじっとしているなどの状態が見られます。食べる量が減ることから、便が小さくなる、量が減る、体重が減るなどといったこともあります。

原因

繊維質の不足

 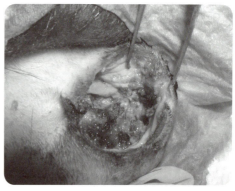

下顎にできた大きな膿瘍を取り除いたところ。伸びすぎた歯根が歯槽骨から突出している（写真右）

▶病院ではどんな治療をするの？

診断は、レントゲン検査やバイオプシー（生体組織検査→191ページ）、組織の培養検査によって行います。

膿瘍を切開します（外側から、あるいは口腔内から）。ウサギの膿瘍はカプセル状になっているので、それを取り除ければ理想的です。取り除けない場合は、切開して排膿し、生理食塩水で徹底的に洗浄します。洗浄は一日に1～2回行います。

抗生物質の投与によって再感染を予防します。投与は長期間（3週間以上）、続けます。切開した部分に抗生物質を含ませたポリメチルメタアクリル酸ビーズを埋め込むことで、抗生物質の効果を長続きさせることができます。この効果は数ヶ月にわたります。定期的に検査し、必要に応じて排膿や抗生物質の投与（再びビーズを埋め込む）を行います。

また痛みを取り除くために鎮痛剤を投与します。

状況によっては、原因となっている歯を抜歯します。

処置後は自力で食事をするのが困難な場合がほとんどなので、強制給餌（→198ページ）によって食べさせます。

ウサギの膿瘍は再発しやすいので、根気よく治療をすることが必要です。

▶どうしたら予防できるの？

不正咬合を起こさないようにします。牧草などの十分な繊維質を含む食事を与え、臼歯の咀嚼回数を増やしましょう。また、不正咬合の早期発見を心がけましょう。

下顎に大きな膿瘍ができている

顔の表面にまで大きく腫れ上がっている歯根膿瘍

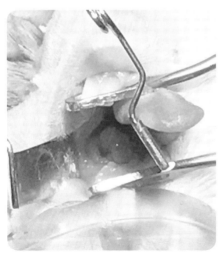

口腔内にできた肉芽腫

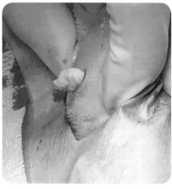

歯根膿瘍の手術の様子。切開して膿を絞り、排膿する

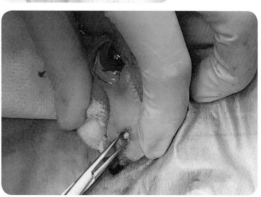

膿を取り除いた部分に抗生物質のビーズを埋め込む

そのほかの歯の病気やトラブル

▶抜歯

　不正咬合や歯の破折、歯根膿瘍の治療の一環として、抜歯する場合があります。不正咬合の場合、トリミングをずっと続けていくことができれば抜歯の必要はないのですが、頻繁にトリミングをするたびに食欲不振になり、体力を落とすようなら、問題のある歯を抜くことも選択肢のひとつになるかもしれません。

　ただし、もし上顎の歯を抜けば、それと対応する下顎の歯は伸び続けてしまいますから、その歯のトリミングも続けたり抜歯する必要があること、食事がきちんとできているかを注意深く観察し、場合によっては強制給餌を続けなくてはならないことなど、術後のケアを十分にできるかどうかを考える必要があります。獣医師とよく相談をしたうえで治療方針を決めてください。

　歯根が完全に取りきれずに残ると、歯根周囲炎や膿瘍の形成、歯槽骨炎が起こります。また複数の歯を抜歯すると、歯並びに影響が生じるので、定期的に歯の状態を確認する必要があります。

　抜歯後は、食べやすい食事を用意しましょう。処置の直後に食欲不振がある場合は、流動食を強制給餌（→198ページ）する必要もあります。落ち着いてきたら、歯の状態によってはすぐに自力で食べられるようになります。ウサギは唇を上手に使って食べ物を口の中に運び込めるので、繊維が多くて砕けやすいペレット、薄く切った野菜、短くてやわらかい牧草などを与え、食べられるものを見つけましょう。体重、便の状態（大きさや量）を注意深く観察してください。

▶歯周炎

　歯と歯肉（歯ぐき）の間の溝を「歯肉溝」といいます。歯肉溝に食べかすや歯垢が溜まって細菌が繁殖すると、歯肉が炎症を起こして歯肉炎となり、これが歯根や歯槽骨にまで及ぶと歯周炎となります。歯根膿瘍を起こす原因のひとつとも考えられます。

▶虫歯（う歯）

　口の中の細菌が酸を作り、歯をむしばむ（「う蝕」という）ことによって欠損した歯を虫歯（う歯）といいます。酸を作る材料となるのは糖質です。酸は、最初はエナメル質を溶かし、象牙質にも及びます。

　牧草にも糖質は含まれているものの、わずかな量です。おやつとして与えることのあるペット用のスナックや過度な果物の摂取が虫歯の原因となる可能性があります。ウサギの歯は常に削られ、新しい歯が作られていきますが、う蝕は、隣の臼歯と接している部分（食べかすがはさまりやすい）に起こりやすいため、症状が進行し、歯根膿瘍を引き起こすこともあります。

▶歯の表面の凸凹／歯の変色

　本来エナメル質に覆われて白くなめらかな切歯の表側が凸凹だったり横に筋が入っていることがあります。これは、石灰化（ここでは、カルシウムが歯に沈着すること）がうまくいかなかったためです。歯だけではなく全身の骨ももろい可能性があります。

　また、本来は白いはずの歯が、茶色〜灰色になることがあります。歯を作る細胞が活発に反応せず、歯が作られなくなったためです。

抜歯した臼歯。歯根がとても長いことがわかる

抜歯した切歯。手前の切歯は湾曲している

gastrointestinal diseases
消化器の病気

- 胃腸うっ滞　・腸閉塞（イレウス）
- 腸毒素血症（クロストリジウム症）
- 大腸菌症　・腸コクシジウム症
- 粘液性腸疾患　・ティザー病
- 蟯虫症（ウサギ蟯虫）　・脂肪肝
- そのほかの消化器の病気やトラブル

rabbit gastrointestinal stasis syndrome
胃腸うっ滞

▶どんな病気？

　胃腸うっ滞は、消化器官の動きが悪くなったり、停滞してしまう病気です。ウサギの病気の中では非常に多いもののひとつです。

　ウサギの消化器官は常に動いていますが、何らかの原因でその動きが妨げられると、食べたものが胃や腸に留まり、胃腸うっ滞（鬱滞）を起こします。うっ滞とは、本来ならその場所に留まらず、流れなくてはならないものが溜まってしまうことをいいます。

　胃腸うっ滞の大きな原因のひとつは、不適切な食事内容です。不十分な繊維質や、過剰なデンプン質の摂取は、消化器官の動きを悪くし、腸内でのガスの異常発酵を起こします。

　飼育環境も原因となります。ストレスによって交感神経が緊張すること、運動不足、寒さなどさまざまなことが考えられます。また、不正咬合のために痛みがあったり、十分な食事量が摂れなかったりすることも原因になります。

　腸閉塞（→84ページ）を併発していたり、消化器官の動きが停滞するためにクロストリジウム菌が増殖しやすくなったり、腸内の異常発酵のためにガスが溜まる、食事をしないために脂肪肝（→94ページ）を起こすといった、二次的な問題も起こります。

「毛球症」について

　飲み込んだ被毛が消化器官に溜まって毛球症になることが胃腸うっ滞の原因であるといわれてきました。現在ではこの考え方は見直されています（毛球症が胃腸うっ滞の原因というより、胃腸うっ滞によって引き起こされる症状のひとつとして毛球症がある）。

　ウサギは、換毛期に限らず、毛づくろいをするたびに抜けた被毛を飲み込んでいます。実際、ウサギの消化器官の中には常にこうした被毛が存在しています。この状態は正常です。次々に被毛を飲み込んでいても、牧草などの繊維質にからめとられるようにして消化器官を流れ、便とともに排泄され、大量に留まり続けることはありません。

　ただし、胃腸うっ滞を起こし、飲み込んだ抜け毛が排出されない状態になれば、どんどん溜まっていきます。

　水分摂取が不足し、脱水状態になっていると、食べたものや抜け毛のかたまりに含まれる水分量も減り、

原因

繊維質の不足

デンプン質の多給

運動不足

異物を食べる

COLUMN
RGIS（ウサギ胃腸症候群）とは

　胃腸うっ滞は、胃腸の活動が低下することをいいますが、明確な定義がありません。そのため数年前より、「RGIS」（Rabbit gastrointestinal syndrome）という用語が使われるようになってきています。日本語にすると「ウサギ胃腸症候群」となります。これは、複雑な症状と、ウサギの消化器官に影響を及ぼす病的な状態が併発するものと定義されています。

ますます消化器官の働きが悪くなります。繊維質の不足や、デンプン質の多給なども、排出されない状況を助長します。

場合によっては手術をしないと取り出せないような、食べたものと被毛などが混ざった大きなかたまりになることもあります。

外科的介入（手術をするかどうか）を必要とする時期を決めることは難しく、徹底した支持療法（症状を緩和させる治療）と治療に対する反応を見ることが大切です。

▶主な症状は？

軽度のうちは食欲がありますが、好きなものしか食べなくなり、症状が進行するにつれて食欲が低下します。食べないことや腸内細菌叢のバランスが崩れることによる排便の異常（便が小さくなる、量が少なくなる、排便されなくなる、粘膜便を排泄する、下痢など）、体重の減少が見られます。

水を飲む量が増えることもあります。

腸内で異常発酵が起こり、ガスが溜まって痛むため、元気がなくなる、背中を丸めてじっとしている、歯ぎしりをする、お腹を押すと痛がるなどもあります。

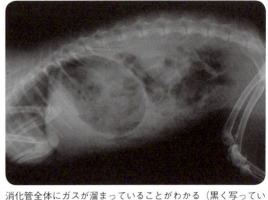

消化管全体にガスが溜まっていることがわかる（黒く写っている部分）。胃腸うっ滞のレントゲン写真

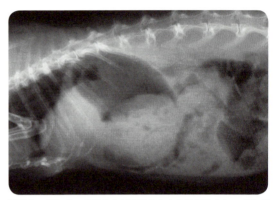

胃腸うっ滞によって胃の中に毛球のかたまりが見られ、ガスが充満。典型的な胃腸うっ滞のレントゲン写真

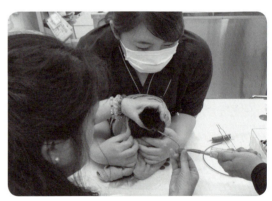

胃腸うっ滞によって溜まったガスを抜いている

COLUMN
注意したいデンプン質の多いサプリメント

サプリメントの中には、成分を固めるためにデンプン質を多く使っているものがあります。デンプン質の多給は胃腸うっ滞をはじめとした多くのウサギの消化器の病気の原因となります。「サプリメントだからすべてが体にいいもの」と決めつけず、ウサギにとって適切なものを選びましょう。

サプリメントに限らず、ウサギにデンプン質の多給は避けたい

症状

背中を丸めてじっとしている

▶病院ではどんな治療をするの？

触診や血液検査、レントゲン撮影などによって診断します。胃を触診すると練った小麦粉のような感触があったり、聴診しても腸の蠕動音が聞こえません。

消化管の動きを促進する薬を投与します。

水分が不足していると、消化器官に溜まっている食べ物のかたまりが硬くなって流れにくくなるため、補液を行います。

軽度の場合、食欲刺激剤を投与します。少しでも食事するようになれば消化器官が刺激され、蠕動運動が行なわれます。食欲を増進する効果は、ビタミンB製剤を投与することでも期待できます。

ガスが溜まり、痛みがあるときには鎮痛剤を投与します。

抗生物質は一般的に必要ありませんが、細菌の異常増殖を防ぐため、場合によっては抗生物質を投与します。クロストリジウム菌の増殖を防いで腸毒素血症を防止するため、高コレステロール血症治療剤を投与します。

異物が原因となっていて、内科的処置で改善が見られない場合は、外科手術を行うことがあります。術後に健康状態が改善しない場合も少なくありません。

強制給餌について

何も食べていない状態が続くと脂肪肝を起こすので軽度の胃腸うっ滞で、胃腸の閉塞を起こしていないときは、強制給餌を行います。

しかし、完全に閉塞を起こしているときに強制給餌を行ってはいけません。

▶どうしたら予防できるの？

十分な繊維質を含む食事を与えましょう。特に牧草は、量を限らずたっぷり与えてください。

ストレスの軽減、適度な運動、適切な温度管理などを心がけましょう。

抜け毛を大量に飲み込むのはいいことではありませんから、ブラッシングを適切に行いましょう。

予防

十分な牧草を与える

COLUMN
肝葉捻転

肝臓は、「葉」と呼ばれるいくつかの区域に分かれています。葉の数は動物によって異なり、ウサギでは6葉です。

肝葉捻転は、何らかの原因によって、葉のひとつ、あるいは複数がねじれてしまう病気です。葉にはそれぞれ血管が走行しているので、葉がねじれれば血管もねじれ、血流が止まってうっ血が起こります。

非常に強い痛みがあり、急激に食欲がなくなる、元気がなくなる、便が少なくなる、といった急性の症状が見られます。

こうした症状や、レントゲン写真の様子が胃腸うっ滞にとても似ているため、胃腸うっ滞と診断されることがありますが、胃腸うっ滞の治療では治癒しません。

診断は超音波検査や血液検査によって行い、早急に手術をしてねじれた肝臓を摘出します。

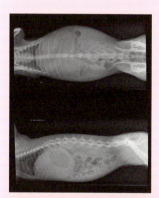
肝葉捻転のレントゲン写真。胃腸うっ滞の画像と似ている

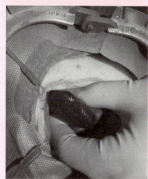
肝葉捻転の手術。肝臓がねじれているので血行が途絶えて、真っ黒に変色している

手術で切除した捻転部位

ileus
腸閉塞

▶ どんな病気？

　さまざまな理由から腸管の通過障害が起きる病気が腸閉塞です。イレウスともいいます。腸閉塞には大きく分けてふたつのタイプがあります。

　「機械的腸閉塞」は異物や腸のほかの病気によって腸管がふさがれた状態をいいます。

　食べ物ではないもの（例えばカーペットなどの化学繊維製品、ビニールなどをかじった破片。サンダルをかじることも）を飲み込んでしまい、そこに食べ物や被毛などがからまって大きくなると、腸に詰まってしまいます。腸のほかの病気によるものでは、腸捻転や腸重積（→ともに96ページ）による腸のねじれ、腸管にできた腫瘍、腸管の炎症などが原因になります。腸捻転や腸重積によるものでは症状が重度で早く進行します。放っておけば腹膜炎（→96ページ）などを起こし、死に至る危険があります。

　「機能性腸閉塞」は、ものが詰まっているわけではありませんが、胃腸うっ滞や、腸管の働きを司る神経の機能低下などによって腸管の蠕動運動がなくなり、腸管の内容物が通過できない状態になるものをいいます。

▶ 主な症状は？

　食欲が低下します。食べないことや腸内細菌叢のバランスが崩れることによる排便の異常（便が小さくなる、量が少なくなる、排便されない、毛がからまった便が出る、粘膜便を排泄する、下痢など）が見られます。

　腸内で異常発酵が起こり、ガスが溜まって痛むため、元気がなくなる、背中を丸めてじっとしている、歯ぎしりをする、お腹を押すと痛がるなどもあります。

　水分が腸管から吸収されないと脱水症状を起こします。

原因

異物を食べる

繊維質の不足

ストレスの多い環境

症状

食欲がなくなる

便が小さくなったり、少なくなる

背中を丸めてじっとしている

▶病院ではどんな治療をするの？

診察時には、レントゲン撮影によってガスの異常貯留が見られたり、ガスにより腹部が鼓腸し硬くなるので、腹筋の柔らかさがなくなることが触診でわかります。

機械的腸閉塞を起こしていることが確認されたら、早急に手術を行います。術後に健康状態が改善しない場合も少なくありません。

腸閉塞を起こしているときに、食事をさせるのは危険です。脱水を起こしている場合、水分の摂取は点滴によって行います。

ガスが溜まり、痛みがあるときには鎮痛剤を投与します。

細菌繁殖を防ぐため、場合によっては抗生剤を投与します。

▶どうしたら予防できるの？

異物を飲み込まないよう注意します。カーペットやプラスチック、ビニール、ゴムなどをかじらせないようにしてください。布製の飼育グッズは、ものをよくかじるウサギには使わないほうがいいでしょう。

胃腸うっ滞（→81ページ）を起こさないように心がけましょう。

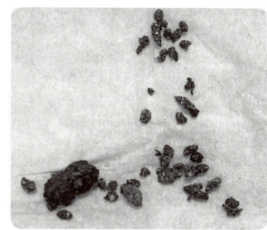

胃腸うっ滞、腸閉塞などを起こしていると便が小さく、量も少なくなることが多い。写真上は正常な便、写真下は非常に小さくなっている便

消化器の病気　腸閉塞

COLUMN　牧草の管理と栄養価

牧草は古くなってくると香りも悪くなり、葉が落ちて嗜好性も低くなり、そればかりかカビが生えたり、ダニがついてしまうこともあります。ウサギによく牧草を食べてもらうためには、よいものを購入し、きちんと保存しておきましょう。

商品の回転がよく、いつでも新しいものが売られているショップで購入しましょう。購入後の保存も大切です。直射日光が当たらず、涼しい場所で保存するのがベストです。湿気を含まないように注意してください。効きめの強い乾燥剤（カメラ用のものなど）を入れて密封保存したり、湿度が低く、快晴の日に天日干しをしてもよいでしょう。

牧草の栄養価（％）

	水分	粗タンパク質	粗脂肪	粗繊維
イネ科				
チモシー（生・1番草・出穂前）	81.7	3.2	0.7	3.4
チモシー（乾・1番草・出穂期）	14.1	8.7	2.4	28.9
オーチャードグラス（乾・1番草・出穂期）	16.3	10.9	2.8	27.9
イタリアンライグラス（乾・輸入）	9.4	5.6	1.3	29.2
スーダングラス（乾・輸入）	10.4	7.1	1.4	28.9
エンバク（乾・開花期）	18.8	10.1	3.0	28.6
マメ科				
アルファルファ（乾・1番草・開花期）	16.8	15.9	2.0	23.9
アカクローバー（乾・1番草・開花期）	17.3	12.7	2.5	23.8

（出典：『日本標準飼料成分表 2009版』より）

enterotoxemia
腸毒素血症

▶ どんな病気？

クロストリジウム菌（Clostridium spiroforme）の増殖によって起こる病気で、クロストリジウム症ともいいます。

クロストリジウム菌は、正常な腸内にも存在している細菌ですが、腸内細菌叢のバランスが乱れると異常増殖することがあります。増殖したクロストリジウム菌はエンテロトキシンという毒素を作り出し、それが血液とともに全身をめぐり、腸毒素血症を起こします。ウサギに不適当な抗生物質を投与した場合（→96ページ）や、生後5～8週頃の子ウサギによく見られます。

子ウサギが母乳を飲んでいる時期、子ウサギの腸内細菌叢は母乳から作られる抗細菌作用のある脂肪酸（ミルクオイル）で制御されています。ミルクオイルは生後4～6週で消失します。ちょうどこの頃に離乳が始まりますが、まだ胃内のpHが高いため（大人ウサギではpH1～2に対して子ウサギはpH5～6.5）、病原菌が胃で死滅せずに腸まで到達してしまいます。腸内細菌叢がまだ不安定で、免疫力も低いため、病原菌が増殖しやすい腸内環境となっているのです。

そのような時期に、急激に食べたことのない食べ物を大量に与えたり、繊維質が少なくタンパク質が多すぎる食べ物を与える、不適当な抗生物質の投与、強いストレスなどがあると腸内細菌叢が不安定となり、病原菌が増殖しやすくなります。

腸毒素血症は大人のウサギでも発症します。原因は食事内容を急激に変えること、繊維質の少ない食べ物を与えていて腸内細菌叢のバランスが不安定になることや、糖質（単糖類：果物などに多い）やデンプン質などクロストリジウム菌が毒素を作り出すときに必要な栄養素を過度に摂取することなどです。

クロストリジウム菌には多くの種類があり、ウサギへの感染が知られているもののほかに、C.difficile、C.chauvoei、C.piliforme があります。このうち C.piliforme はティザー病（→92ページ）の原因となります。

C.spiroforme は感染後48時間以内に死亡します。大腸菌属（Escherichia）のような細菌感染が同時に起こります。

▶ 主な症状は？

食欲が低下します。発熱があり、元気がなくなります。ガスが溜まるのでじっとしているなど痛みのある様子を示します。水のような下痢をし、脱水を起こします。水を飲む量が増えることがあります。子ウサギでは急激に症状が進みます。

原因

子ウサギに大人の食べ物を急に与える

子ウサギへのストレス

食べ物を急に変える

繊維質の不足

デンプン質の多給

▶病院ではどんな治療をするの？

　細菌の増殖をおさえるため、適切な抗生物質を投与します。

　下痢による脱水症状を改善するため、点滴などを行います。ガスが溜まり、痛みがあるときには鎮痛剤を投与します。

　また、腸内細菌叢のバランスをよくするため、健康なウサギの盲腸便を与える方法もあります。

　繊維質の多い食べ物を与え、コレスチラミン樹脂を投与することが、治療と予防のために行われます。止瀉剤（下痢止め）としてビスマス化合物である次サリチル酸ビスマスを使うこともあります。

▶どうしたら予防できるの？

　子ウサギのストレスを軽減し、牧草を与えることが予防に役立ちます。大人の食べ物を与え始めるときは、ごく少量ずつ、時間をかけて徐々に与えていきましょう。ペットショップから子ウサギを迎えたときも、最初のうちはショップで与えていたのと同じものを与え、徐々に切り替えていきます。切り替えに時間をかけるのは、大人のウサギでも同じです。

　糖質、デンプン質の多すぎる食べ物を与えないようにしましょう。消化管の機能を十分に働かせ、バランスのよい腸内細菌叢を維持するため、牧草を十分に与えます。

> **COLUMN**
> **若いウサギや子ウサギに多いウィルス性腸炎**
>
> 　下痢をしている若いウサギではロタウィルス、アデノウィルス、コロナウィルスなどのウィルス性腸炎を考慮する必要があります。
> 　コロナウィルスによる腸炎が生後3～8週齢の子ウサギに起こることが知られています。また、ロタウィルスは、授乳中の子ウサギや離乳したばかりの子ウサギに腸炎を引き起こします。

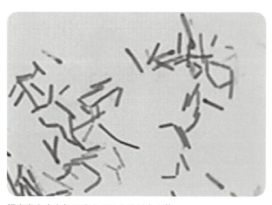

腸毒素血症を起こすクロストリジウム菌
（*Clostridium spiroforme*）

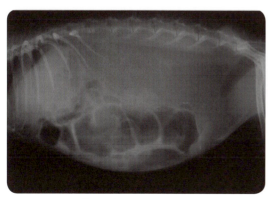

クロストリジウム菌の増殖や粘液性腸疾患を起こしている盲腸の典型的なレントゲン写真

予防

食べ物は徐々に切り替える

糖質、デンプン質の多給を避ける

十分な牧草を与える

colibacillosis
大腸菌症

▶どんな病気？

大腸菌（*Escherichia coli*）は正常な腸内にも存在している細菌ですが、その中には病原性をもつもの（病気を起こす原因になるもの）もあれば、非病原性のもの（病気の原因にならないもの）もあります。他の細菌との相互作用などで腸内細菌叢が乱れると、病原性をもつ大腸菌が増殖し、毒素を産生することもあり、急激に下痢などの症状を見せるようになります。

大腸菌症は、腸内細菌叢が安定していない離乳前（生後0～3週）と離乳期（生後3～5週）の子ウサギに多く見られ、離乳前の子ウサギでは高い死亡率をもつ病気です。大人のウサギでも、食事内容を急激に変えたり、ストレスの多い環境下、不適当な抗生物質の投与で腸内細菌叢が乱れたり、繊維質の少ない食事、デンプン質の多い食事を与えていると大腸菌が増殖しやすくなります。

便に混じって排出された病原菌が口から入ることでも感染しますが、病気を起こすほどの増殖は、腸内細菌叢の乱れによるものが多いようです。

下痢がひどいと腸重積や直腸脱（→ともに96ページ）を起こすこともあります。

▶主な症状は？

下痢を起こします。離乳前の子ウサギでは水のような下痢が見られ、肛門や生殖器周辺が黄色く染まったり、下痢便に血や粘液が混じることもあります。

元気がなくなり、食欲が低下することから体重が減少したり成長の遅れが見られます。

▶病院ではどんな治療をするの？

検便によって大腸菌が多く発見されます。

下痢による脱水症状を改善するため、点滴などを行います。

細菌の増殖をおさえるため、適切な抗生物質を投与します。

ガスが溜まり、痛みがあるときには鎮痛剤を投与します。

▶どうしたら予防できるの？

子ウサギに大人の食べ物を与え始めるときは、ごく少量ずつ、時間をかけて徐々に与えていきましょう。ペットショップから子ウサギを迎えたときも、最初のうちはショップで与えていたのと同じものを与え、徐々に切り替えていきます。切り替えに時間をかけるのは、大人のウサギでも同じです。

糖質、デンプン質の多すぎる食べ物を与えないようにしましょう。消化管の機能を十分に働かせ、バランスのよい腸内細菌叢を維持するため、牧草を十分に与えます。

排泄物の処理はこまめに行い、衛生的な環境を心がけます。

原因

離乳期の子ウサギに多い

食べ物を急に変える

症状

下痢をする

食欲がなくなる

成長の遅れ

coccidiosis
コクシジウム症（腸・肝）

▶ どんな病気？

コクシジウム原虫の感染によって起こる感染性の病気です。ウサギでは腸コクシジウム症と肝コクシジウム症が知られています。

コクシジウム原虫とは

コクシジウム原虫は単細胞の微生物の一種で、複雑な成長過程をもっています。

コクシジウム原虫が動物に寄生すると、未成熟なオーシスト（卵のようなもの）が便に混じって排出されます。オーシストの中では2～3日たつとスポロゾイドと呼ばれる胞子が作られます。胞子をもったオーシストが経口感染すると、動物の体内でオーシストからスポロゾイドが出て、何度か無性生殖を繰り返したのち、有性生殖をし、未成熟なオーシストを形成します。これが便とともに排出され、それを口にして……と感染を繰り返します。感染してからオーシストを排出するまでは2～10日間かかります。オーシストは便とともに排出されたのち、外界にあっても数ヶ月間は感染力をもち続けます。

コクシジウム原虫には多くの種類があり、ウサギにはアイメリア属（*Eimeria*）のうち11種類が腸に寄生、1種類が肝臓に寄生することが知られています。その種類によってオーシストの形や、寄生する部位、症状が異なります。オーシストは顕微鏡で確認することが可能な大きさで、ウサギに多い *Eimeria perforance* という種類では、長さ16～30μm×幅11～18μmの卵型をしています。

感染経路

便とともに排出されたコクシジウムのオーシストが食べ物や飲み水、床材などにつき、それがウサギの口から入って感染します。床材を経由して足や被毛につき、毛づくろいしたときに口に入ったり、複数で飼育していれば他のウサギに感染することもあります。また、ストレスなどで免疫力が落ちていると増殖しやすくなります。

感染力をもつ前に食べてしまうので、盲腸便を食べることによる再感染はありません。

腸コクシジウム症

腸管にコクシジウム原虫が感染して起こります。

コクシジウム原虫は健康なウサギの腸内にもいるもので、感染していても特に症状を見せないものもあれば、ひどい下痢を起こすものもあります。病原性が低くても、ストレスなどで免疫力が低下していたり、まだ寄生していないものが新たに入り込んだ場合に、免疫力の低い若齢ウサギや高齢ウサギが症状を見せることがあります。症状が出る場合には複数の種類が寄生していることが多いようです。また、コクシジウム原虫が寄生していることによって腸内細菌叢のバランスが崩れ、病原性のある細菌（たとえばクロストリジウム）が増えて下痢をすることもあります。

肝コクシジウム症

コクシジウム原虫が肝臓に感染して起こる、全身性の感染症です。

ストレスなどで免疫力が落ちていると、感染しやすくなります。感染しても無症状な場合もありますが、離乳する頃の幼弱な個体では症状が重篤になり、突然死亡することもあります。

ウサギに感染する主なコクシジウム原虫の種類と寄生部位、病原性

種類	寄生部位	病原性
Eimeria irresidua	小腸	強い
E. maguna	空腸、回腸	強い（ひどい下痢をする）
E. media	小腸、大腸	弱い
E. perforance	小腸	弱い（ウサギに多い）
E. stiedae	胆管、上皮	可変

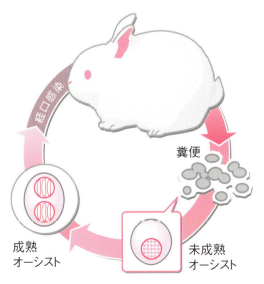

コクシジウム原虫のウサギへの感染ルート

▶主な症状は？

腸コクシジウム症

大人のウサギでは多くは無症状です。免疫力が低下して大量のオーシストを摂取すると下痢が見られます。下痢の状態はコクシジウムの種類によって、軟便、軽い下痢、水のような下痢、粘液や血液の混じった下痢などがあります。下痢のために脱水症状を起こします。下痢がひどいと腸重積（→96ページ）を起こすこともあります。食欲がなくなり、体重が減少、子ウサギだと成長が遅れます。

子ウサギだと重症になりやすく、下痢や食欲不振、元気がなくなって衰弱し、死亡することもあります。

肝コクシジウム症

食欲がなくなる、体重減少、元気がなくなる、お腹が張るといったことがあります。急死することもあります。

▶病院ではどんな治療をするの？

便の検査によってオーシストを確認します。

駆虫のため、サルファ剤を投与して治療します。コクシジウム原虫のライフサイクルを考えて投薬します。

定期的な検便と、必要があれば投薬を繰り返します。

下痢によって脱水を起こしている場合は補液を行います。

家庭では衛生的な環境を心がけ、再感染を防ぎます。

▶どうしたら予防できるの？

便をいつまでも放置しておかず、衛生的な環境を心がけましょう。感染オーシストになるには2日以上かかるので、トイレ掃除は毎日行い、汚れた床材はこまめに交換を。飲み水の汚染を防ぐために給水ボトルで水を飲ませるようにします。お皿で与えている場合は頻繁に交換しましょう。食べ物が便で汚染されないようにしてください。また、汚染された場所に生後4ヶ月未満のウサギを入れないようにします。

感染していても症状が出ない種類の原虫もあるため、気つかずに新しいウサギを迎え入れ、その便から感染する可能性があります。新たに家にウサギを迎える場合は「検疫期間」を設けましょう。すでに飼っているウサギとすぐに接触させず、離して飼い、その間に検便を含む健康状態のチェックをしておけばなお安心です。検疫期間は21日間とする文献もあります。

感染しているウサギがいる場合には、世話は健康なウサギから行うようにし、ウサギごとによく手を洗い、飼い主が病原体を運ばないよう注意しましょう。

良好な免疫状態を維持するため、適切な飼育環境で飼い、ストレスを与えないようにしましょう。

原因

床材などを経由して感染

無症状のウサギが排泄するオーシストを含む便から感染

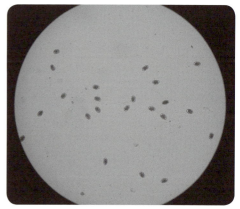

腸コクシジウムのオーシスト

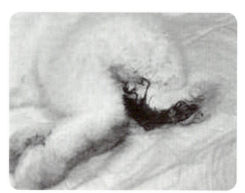

下痢便がお尻にこびりつく

mucoid enteropathy
粘液性腸疾患

▶どんな病気？

大きな盲腸をもつウサギに独特の病気です。

胃腸の運動が減り、腸内細菌叢の恒常性が保たれなくなると、粘液が過度に生産されます。その結果として盲腸の内容物が滞ってかたまりになり、閉塞した状態になります。死亡後に解剖すると、盲腸に粘土状になった食べ物のかたまりが見つかります。一般に10週齢以上のウサギに見られます。大人のウサギでは一般に、細菌性腸炎（腸毒素血症、大腸菌症、ティザー病など）が見られます。

腸内細菌叢の乱れる理由はさまざまで、糖質の多い食べ物による発酵などで盲腸内のpHが低下すること、ストレスから食欲不振になること、不適当な抗生物質を投与すること、繊維質が不足した食事を与えること、また、粘土質のトイレ砂（ベントナイト）を食べることなどが挙げられます。野生下のウサギには少なく、ストレスの多い飼育下のウサギに多いともいわれています。

食欲が落ちますが、わずかな量は食べることから歯の病気と間違えられることがあります。

初期症状には気がつきにくく、重篤な状態になりやすい病気で、残念ながら予後は非常に悪いものとされています。

▶主な症状は？

硬い便が出なくなる、未消化の繊維質を含む小さな便が出る、粘液性の下痢（粘液を排泄しないこともある）、下痢に続いて便秘をするなどの便の異常が見られます。

下痢でお尻の周囲が汚れ、下痢が続くと脱水症状を起こします。

ガスと粘液のためにお腹が膨れます。

食欲や元気がなくなる、体温が低下、毛並みの乱れ、体重の減少、水をたくさん飲む、痛みのある様子を見せる（お腹を引っ込めてうずくまる、歯ぎしりをする）といった症状も見られます。

急性だと、1～3日で死亡することもあります。

▶病院ではどんな治療をするの？

レントゲン撮影が診断に有効です。また、触診で盲腸が硬いことがわかる場合もあります。

体温低下に対応し、加温します。

下痢による脱水症状を改善するため、点滴などを行います。

食欲がないときは繊維質を多く含む水分の多い流動食を与えます。

細菌の増殖をおさえるため、適切な抗生物質を投与します。

ガスが溜まり、痛みがあるときには鎮痛剤を投与します。

なお、水分を吸収する止瀉作用（下痢止め作用）のある薬剤やオオバコは与えてはいけません。

▶どうしたら予防できるの？

子ウサギに大人の食べ物を与え始めるときは、ごく少量ずつ、時間をかけて徐々に与えていきましょう。ペットショップから子ウサギを迎えたときも、最初のうちはショップで与えていたのと同じものを与え、変更するさいには徐々に切り替えていきます。切り替えに時間をかけるのは、大人のウサギでも同じです。

消化管の機能を十分に働かせ、バランスのよい腸内細菌叢を維持するため、牧草を十分に与えます。

消化器の病気

粘液性腸疾患

症状

粘液性の下痢をする

ガスや粘液でお腹が膨れる

元気がなくなる

予防

食べ物は徐々に切り替える

十分な牧草を与える

tyzzer's disease
ティザー病

▶どんな病気？

クロストリジウム菌の一種（*Clostridium piliforme*）が原因で起きる感染症です。ウサギ以外でも、げっ歯目などほかの哺乳動物で知られています。

健康なウサギでも保菌していることは多く、高温、過密飼育などによりストレスがかかると免疫力が低下して発症しやすくなります。

保菌しているウサギの便で汚染された食べ物や水、床材などを口にしたり、汚染された床材を経由して足や被毛につき、毛づくろいにより口に入ることで感染が広がります。感染力をもつ菌は、床材や食べ物の中でも数年間は生き続けます。

離乳する時期の子ウサギに感染すると急激に症状が悪化することが多く、大人のウサギではゆっくり進行し、慢性化することがあります。

▶主な症状は？

大人のウサギでは多くが不顕性感染（症状が見られない）で、死後に肝臓や心筋が侵されていることが明らかになることが多いです。

毛並みが乱れる、元気がなくなるといった症状や、慢性的な感染をすると体重の減少が見られます。

子ウサギでは急激な食欲不振、水のような下痢をし、急死することもあります。

▶病院ではどんな治療をするの？

細菌の増殖をおさえるため、適切な抗生物質を投与します。下痢による脱水症状を改善するため、点滴などを行います。

治療しても回復しにくい病気です。

▶どうしたら予防できるの？

ストレスは発症の大きな引き金となりますから、温度管理や衛生面などに注意し、適切な飼育環境を心がけましょう。

子ウサギを購入するさいは、不衛生に過密飼育しているペットショップやブリーダーなどは避け、衛生面や健康面に気を遣っているところから迎えるようにしましょう。

原因

床材などを経由して感染

ストレスの多い環境

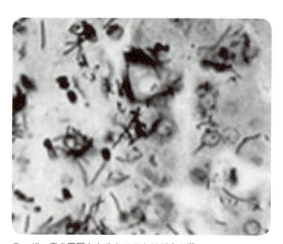

ティザー病の原因となるクロストリジウム菌
（*Clostridium piliforme*）

oxyuriasis
ウサギ蟯虫

▶どんな病気？

ウサギ蟯虫（*Passalurus ambiguus*）は線虫の一種で、ウサギの盲腸や大腸に寄生します。メスが肛門に移動して卵を生み、そこで死滅します。体長11mmほどと肉眼でもはっきりわかる大きさなので、便についた状態で排泄され、気がつきます。排泄後しばらくは動いていることがあります。多くのウサギに寄生していますが、病原性はありません。

便と一緒に排泄された虫卵を口にすることで感染します。

▶主な症状は？

症状はめったに見られません。まれに、体重の増加が止まったり肛門脱があります。

▶病院ではどんな治療をするの？

駆虫薬を投与します。

駆虫薬は成虫にしか効果がないため、虫卵は生き延びます。そのため、駆除される前に生んだ卵は孵化して成虫となり、産卵します。このライフサイクルを断ち切るためには、駆虫薬を10日〜2週間ごとに何回か繰り返す必要があります。

▶どうしたら予防できるの？

よく観察し、定期的に動物病院での糞便検査を受けてください

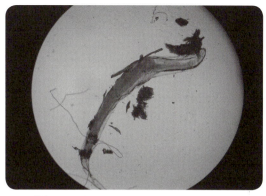

ウサギ蟯虫の顕微鏡写真

症状

蟯虫が便に付着して排泄される

無症状

便をしたらすぐに小さな容器に集めて糞便検査に

消化器の病気 ウサギ蟯虫

hepatic lipidosis
脂肪肝

▶ どんな病気？

脂肪肝は「肝リピドーシス」ともいう病気です。

食べ物の栄養素は消化器官で消化吸収され、いったん肝臓に運ばれます。肝臓は、栄養素を体内で利用できる形に作り変え、栄養素は血中を通って全身に届けられます。ところが、何らかの理由で肝臓に脂肪が溜まってしまうことがあります。肝臓細胞に中性脂肪が過剰に溜まって肝臓が腫大し、血液の循環が悪くなることから肝臓機能が衰えます。

その原因はウサギの場合、大きく分けてふたつあります。

①脂質の多い食べ物の過食によるもの

肝臓に運び込まれる脂質が過剰に増えると、その処理が間に合わず、肝臓細胞に中性脂肪が溜まってしまいます。

②絶食によるもの

脂質は肝臓に運ばれたのち、形を変えて血液中を流れていき、中性脂肪は内臓脂肪や皮下脂肪となって貯えられています。

体を維持するためのエネルギーは食事から作られるので、絶食状態が続けばエネルギーを作り出すことができません。そこで、体内にすでにある脂質をエネルギーに変えるため、脂質がいったん肝臓に集められます。このとき、処理しきれないほどの脂質が肝臓に蓄積すると、脂肪肝となります。

ウサギは不正咬合、胃腸うっ滞、ストレスやさまざまな病気が原因でものを食べなくなることがあり、そのときに脂肪肝を起こす可能性が高いといえます。補液、強制給餌など、状況に応じた方法での栄養補給を

原因

脂肪分の多いものの過食

不正咬合で食欲がない

胃腸うっ滞で食欲がない

食欲不振はストレスでも起こる

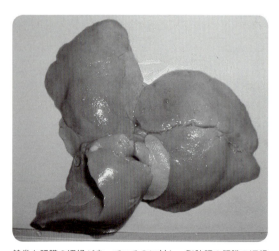

健常な肝臓の辺縁が尖っているのに対し、脂肪肝の肝臓の辺縁は丸みを帯び、色も正常な肝臓の赤褐色から黄色く退色する

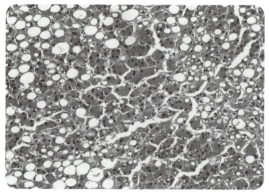

脂肪肝を発症している肝臓の組織。白い粒が脂肪滴

迅速に行わなくてはなりません。ものを食べなければ盲腸便も作られず、タンパク質やビタミンB群、ビタミンKの欠乏も招きます。

▶ **主な症状は？**

元気がなくなる、食欲不振、体重減少、上腹部が張る（鼓腸症（こちょうしょう））などの症状が見られます。脂肪肝に特有の症状はありません。

▶ **病院ではどんな治療をするの？**

血液検査、尿検査を行い、異常があったり疑わしい場合は超音波検査を行います。

脂質過剰による脂肪肝の場合は、食事中の脂質をコントロールします。

絶食による脂肪肝の場合は、エネルギーとなる糖質、ビタミン類を点滴によって投与したり、強制給餌（→198ページ）を行います。

▶ **どうしたら予防できるの？**

常に栄養バランスのよい適切な食事を与えましょう。脂質、糖質の多い食事はウサギには不適当です。

不正咬合の治療や手術など、処置後に食欲不振に陥る可能性がある場合は、すぐに強制給餌を行えるよう準備をしておきましょう。

症状

元気がなくなる

体重の減少

COLUMN 直腸脱

直腸は、腸管の中で最も肛門に近い位置にある部位です。直腸の粘膜が肛門から出てしまうのを直腸脱（ちょくちょうだつ）といいます。下痢が慢性化すると肛門括約筋（こうもんかつやくきん）（肛門を締める筋肉）がゆるみ、直腸脱を起こしやすくなります。

COLUMN ペレット選びのポイント

ペットショップに行くととてもたくさんのウサギ用ペレットが売られていて、どれを買えばいいのか迷ってしまうほどです。ウサギにはたっぷりの牧草をあげましょう、とおすすめしていますが、体の基礎を作るフードとしてペレットは大切なもの。ウサギのためによいペレットを選んであげてください。

☐原材料の欄を要チェック。チモシーかアルファルファが主原料のものを選びましょう（通常、主原料は原材料の最初に記載）。

☐成分の確認を。大人のウサギには、タンパク質12％、脂質2％、繊維質20〜25％を目安に、成長期や妊娠中、授乳中には栄養価が高めのものを選びましょう。

☐原材料、成分、賞味期限や製造日などが明記され、できるだけ添加物が使われていないものを。

☐乾燥野菜などが混ざっているミックスタイプは主食としてはおすすめできません。脂質の多いクッキータイプのフードは、おやつとしてもおすすめできません。

☐食べ物を急に変えると食べなくなったり、お腹の調子を悪くすることがあります。継続して入手できるものを選びましょう。

☐歯根への負担が少ない、発泡という工程を経ているソフトタイプがおすすめです。

そのほかの消化器の病気やトラブル

▶ **胃拡張**

胃の幽門（十二指腸につながる胃の出口）が何らかの理由で閉塞し、胃にガスや液体が溜まります。常に分泌されている唾液が食べ物とともに胃から腸へと流れていかないと、胃の中に唾液や胃液が溜まってしまいます。

胃腸うっ滞、幽門に異物が詰まる、食事のあとの胃の激しい動きなどさまざまな原因があります。胃が膨れていると肺や心臓を圧迫して呼吸が苦しくなり、過剰に空気を飲み込んでますますガスが溜まります。

お腹が膨れ、食欲や元気がなくなり、痛みのある様子を見せます。

早いうちなら消化器官のガスを取り除く薬を投薬するなどして治療します。症状が進んでいるときは口から胃にチューブを入れてガスなど胃の内容物を取り出します。

▶ **抗生物質に起因する腸炎**

治療のために投与する抗生物質の種類によっては、ウサギが下痢などを起こすことがあります。

ウサギにとって、腸内細菌叢のバランスは非常に重要ですが、抗生物質の中には、ウサギが必要とする正常な腸内細菌も死滅させたり、その抗生物質に耐性のある細菌を増殖させるものもあります。そうしたウサギに不適当な抗生物質を投与すると、元気や食欲が低下する、下痢などの症状が見られます。問題のある抗生物質を投与してすぐに具合が悪くなることもあれば、何日もしてから症状が見られることもあります。多くの場合、クロストリジウム菌が増殖し、腸毒素血症（→86ページ）を起こします。

抗生物質を適切に用いれば、ウサギが健康を取り戻し、命を守ることもできます。ウサギに詳しい動物病院で、安全性を確かめながら処方してもらいましょう。投薬を開始してからはウサギの様子をよく観察することがとても大切です。

アミノグリコシドはウサギには直接、腎臓に障害を起こす作用をもつので注意が必要です。アルベンダゾール、フェンベンダゾールとオキシベンダゾールを含むベンズイミダゾールの投与は、骨髄抑制（骨髄の働きが低下する）と死亡に関連する疑いがあります。

ウサギに抗生物質を投与するときは、腸内の善玉菌を増やす効果を求めてウサギ用の乳酸菌製剤も与えることがあります。ヨーグルトは、クロストリジウム菌の過剰増殖を招くという説が知られています。

【ウサギに対して安全性が高いとされる抗生物質】
クロラムフェニコール、ネオマイシン、テトラサイクリン、ドキシサイクリン、エンロフロキサシン、メトロニダゾール、サルファ剤、アジスロマイシンなど。

【ウサギに投与するべきではない抗生物質】
ペニシリン（経口は不可）、アンピシリン、リンコマイシン、アモキシシリン、エリスロマイシン、セファスポリン、クリンダマイシン、バンコマイシン、ストレプトマイシン、アモキシシリンとクラブラン酸の合剤など。

＊バンコマイシン、トブラマイシン、ゲンタシン、セファレキシンは、アクリルメタクリレートのビーズには用いられます。

▶ **腸捻転・腸重積**

腸閉塞の原因のひとつになる腸管の病気です。

発症したときの腸管の様子は大きく違います。腸捻転では、腸管がねじれた状態になっています。一方、腸重積では、腸の一部が腸の中に入り込み、重なった状態になるものをいいます。手術によって治療します。

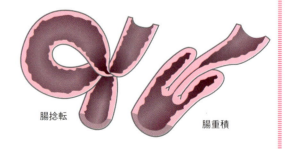

腸捻転　　　　　　　　腸重積

▶ **腹膜炎**

腹膜とは、内臓の表面を覆って、内臓を保護する膜のことです。腸閉塞などの内臓の病気が原因で、膿などが腹腔に広がると、腹膜炎を起こします。

respiratory diseases
呼吸器の病気

・スナッフル
・パスツレラ感染症
・肺炎
・そのほかの呼吸器の病気やトラブル

snuffle
スナッフル（鼻性呼吸）

▶どんな病気？

スナッフルはウサギにおいてよく見られ、慢性鼻炎、鼻性呼吸、閉塞性鼻呼吸ともいいます。致命的な肺炎と上部気道（鼻～喉頭）の病気につながることがあります。鼻腔から発生する細菌性の鼻炎は、重症化すると副鼻腔、目、気管、肺、耳道へと波及し、くしゃみや上部気道の異音、鼻性呼吸、慢性鼻炎、副鼻腔炎、中耳炎、斜頚が起こります。ウサギの場合、最もよく見られる病原菌は、パスツレラ菌（Pasteurella multocida）と気管支敗血症菌（＝ボルデテラ菌 Bordetella bronchiseptica）です。その他には黄色ブドウ球菌（Staphylococcus aureus）、緑膿菌（Pseudomonas aeruginosa）やマイコプラズマ属（Mycoplasma）、モラクセラ属（Moraxella）も呼吸の異常を伴う病原菌です。

他に異物が鼻に入ったこと、不正咬合や歯根膿瘍などの歯の病気などが起因することもあります。

感染による場合、病原菌を保菌していても発症しないこともあります。幼弱だったり、老齢だったり、ストレスなどで発症します。また、不衛生で風通しの悪い不適切な飼育環境や過密飼育をしていると症状が悪化しやすくなります。

▶主な症状は？

くしゃみ、鼻水が典型的な症状です。鼻水は、初期はさらさらしたものですが、症状の進行とともに白～淡黄色の粘り気のある鼻水、膿のような鼻水へと変化します。鼻水が出るために、鼻の周囲が汚れたり、鼻水を前足で拭くので前足（人でいうと親指の側面にあたる部分）の被毛がゴワゴワになったりします。

鼻涙管が詰まるため涙が過剰に出ます。パスツレラ菌に感染した場合は白っぽい目ヤニが大量に出ます。結膜炎、角膜炎を起こすことがあります。

咳や、上部気道がふさがるために呼吸時にズーズーという異音が聞こえたりします。上部呼吸器や肺に感染が進んで、口を開けて呼吸するようになっていると（開口呼吸）、重篤な症状ですので、急死することもありえますので、早めに治療しましょう。

▶病院ではどんな治療をするの？

鼻腔や副鼻腔の状態を詳しく確認するために、頭部CT検査を行うことがあります。

細菌感染によるものでは、培養同定（細菌を培養して、その種類を調べること）した結果に基づき治療をします。

▶どうしたら予防できるの？

明らかに感染しているウサギと他のウサギを接触させないようにします。

飼育環境と食事を整えましょう。温度の急激な変化を避け、高温多湿にならず、すきま風の吹き込まない安静を保てる静かな場所で飼うこと、また、排泄物の掃除はこまめに行い、衛生的にしましょう。換気をよくし、空気がこもらないようにしてください。

軽度だと思っていても症状が進行することがあります。悪化する前に診察を受けましょう。

予防

換気のよい衛生的な環境

pasteurellosis
パスツレラ感染症

▶どんな病気？

　パスツレラ菌の感染によって起こる病気で、ウサギに非常に多いものです。

　パスツレラ菌はウサギの鼻腔、副鼻腔（鼻腔の周囲の骨にある空洞）に60〜70％の割合で常在している菌で、ウサギが健康で免疫力が高ければ発症しませんが（不顕性感染という）、ストレスなどで免疫力が低下していると発症します。

　さまざまなことが発症のきっかけになります。気温の急変や、すきま風が吹き込む場所での飼育が原因であることも多いです。不衛生な環境だとアンモニア濃度が上昇し、呼吸器の病気を起こしやすくなりますし、くしゃみや鼻水に混じって体外に出た細菌は、湿っぽい環境下ではすぐに死滅せずに生存し、再感染したり、他のウサギに感染します。

　ほかにも、同居動物の存在、換気の悪さ、不適切な食事、高齢や妊娠などによって免疫力が低下していることなどがあります。これらはすべてウサギにストレスを与え、パスツレラ感染症を発症しやすい状態を作ります。

　感染は粘膜を介して起こります。感染経路は、保菌しているウサギからの飛沫感染（鼻汁など）や、直接触れることによる接触感染（膿などから）、また、保菌している母ウサギが出産するときに、子ウサギが産道粘膜から感染したり、授乳のときに感染します。交尾による感染もあります。

　パスツレラ菌にはいろいろなタイプ（血清型、株）があり、軽いものもあれば、とても強い病原性をもつタイプもあります。

　気管を通って肺へ（肺炎）、鼻涙管を通って目へ（涙嚢炎）、耳管を通って中耳や内耳あるいは脳へ（中耳炎、内耳炎、神経性の症状）、血管を通って心臓や生殖器、皮下へと全身に感染が広がる可能性があります。

　体を舐めてグルーミングすることで、傷への感染（皮下膿瘍）が起きることがあります。パスツレラ菌は歯根膿瘍の原因菌にもなります。

　このパスツレラ菌は、イヌやネコももっていて、噛まれたり引っかかれたりすることによって感染する、よく知られた病原菌です。人に感染する可能性もある共通感染症です。免疫不全の状態にある人では、蜂窩織炎や敗血症を起こします。

▶主な症状は？

　初期には鼻水、くしゃみ（スナッフル→97ページ）。鼻涙管が詰まって目ヤニが出る、涙目、結膜炎など目

原因

すきま風が吹き込む

不衛生な環境

ストレスの多い環境

保菌しているウサギからの感染

に症状が見られます。進行すると鼻水が黄色っぽくネバネバしたものになります。

鼻水を拭くので前足（人でいうと親指の側面にあたる部分）の被毛がゴワゴワになったり、涙によって目の周囲に湿性皮膚炎ができることがあります。

鼻の周りがかさぶたのようになります（トレポネーマの症状でもある→125ページ）。鼻が詰まって嗅覚が弱くなったり、呼吸しながら食べるのがつらいために食欲が落ちることがあります。

内耳が感染すると斜頸や眼振、運動失調が、感染する場所によって肺炎、膿瘍（皮下や内臓、生殖器など）が見られます。上部呼吸器（鼻、鼻腔、咽頭、気管）や肺に感染が進んで開口呼吸をするようになっていると、重篤な症状です。

▶病院ではどんな治療をするの？

菌の種類を特定するために、鼻汁や膿を培養し、適した抗生物質を投与するのが基本ですが、鼻の奥から検体を採取するのは難しいこともあります。

炎症の程度や全身状態を調べるため、血液検査を行います。

慢性的な上部呼吸器の感染があるときは、鼻甲介（表面が粘膜で覆われた鼻の中にあるひだ）や下顎骨に感染していることがあるので、頸部や胸部、進行したものでは頭部のレントゲン検査が重要です。

鼻涙管の洗浄、ネブライザーでの吸入など、症状に応じた治療を行います。

細菌の毒性の強さや、ウサギの免疫力の状態、治療方法などにより、治療後の回復状態はさまざまです。鼻腔や副鼻腔など深い部分に起きた感染や膿瘍は、最もコントロールしづらく、感染のコントロールを目的とする治療が生涯続く場合もあります。

▶どうしたら予防できるの？

明らかに感染しているウサギと他のウサギを接触させないようにします。

飼育環境と不適切な食事を改善しましょう。温度の急激な変化を避け、高温多湿にならず、すきま風が吹き込まない場所で飼うこと、また、排泄物の掃除はこまめに行い、衛生的にしましょう。換気をよくし、湿気がこもらないようにしてください。

軽度だと思っていても症状が進行することがあります。悪化する前に診察を受けましょう。

呼吸器の病気　パスツレラ感染症

| 症状 |

くしゃみが出る

涙目になる

| 予防 |

換気のよい衛生的な環境

感染しているウサギと離す

pneumonia
肺炎

▶ どんな病気？

細菌感染によって肺に炎症が起こります。

パスツレラ菌が原因になることが多いですが、黄色ブドウ球菌、気管支敗血症菌（ボルデテラ菌）など、さまざまな細菌が肺に感染して起こります。

肺炎になると、肺でのガス交換（酸素を取り込み、二酸化炭素を排出する）機能が低下するため、呼吸困難などが起こります。

病原菌に感染しても、ウサギの免疫力が高ければ肺炎に至るほど進行しませんが、免疫力が落ちていたり、ほかの病気がある、ストレスが大きい、不適切な飼育環境（衛生状態や栄養状態が悪い、湿度と温度管理ができていない）などがあると悪化します。

急激に悪化して死亡することもあれば、特に症状がなく、慢性疾患に推移することもあります。

子宮がんや乳腺がんが肺に転移して、肺炎を引き起こすこともあります。

▶ 主な症状は？

無症状のこともよくあります。

元気がなくなり、食欲も落ちます。呼吸が荒くなりますが、呼吸困難になるのは重篤な状態です。

健康なウサギでも呼吸は早いものですが、肺炎を起こしていると呼吸をするときに胸部が大きく動きます。

▶ 病院ではどんな治療をするの？

聴診器で呼吸の音を聴いたり、レントゲン撮影を行って診断します。ただし呼吸が苦しいウサギを無理に保定することは危険なので、無理をしないような診察が行われます。

抗生物質や気管支拡張剤などの投与、補液や強制給餌（→ 198 ページ）、ネブライザーでの酸素吸入などを行います。

肺炎にまで進行していると治療が容易ではありません。

▶ どうしたら予防できるの？

飼育環境を整えましょう。温度の急激な変化を避け、高温多湿にならず、すきま風の吹き込まない場所で飼うこと、また、排泄物の掃除はこまめに行い、衛生的にしましょう。換気をよくし、空気がこもらないようにしてください。

そのほかの呼吸器の病気やトラブル

▶ 呼吸困難

重度のパスツレラ感染症（→ 98 ページ）や肺炎、腫瘍の肺転移、心臓の病気などの原因で、呼吸困難が見られます。たくさん運動をして疲れて息苦しいようなときは、ウサギは横になって呼吸を落ち着かせますが、呼吸困難になっているときは横にならず、座った状態で首を伸ばし、鼻の穴を広げるようにして呼吸します。通常、ウサギは呼吸を鼻でだけしますが、呼吸困難な状態が進行すると、口を開けて呼吸するようになります（開口呼吸）。

開張肢や下半身の麻痺などのために体を支えられず、息苦しい姿勢になってしまっていることもあります。呼吸困難が見られるときに考えられ

る病気には、パスツレラ症、カリシウイルスの感染（ウィルス性出血性疾患）、熱中症、心臓病、鼻炎、気管の閉塞、胸水、転移性の病気、肺の病気などがあります。ストレスも呼吸困難の原因となります。

▶ 誤嚥性肺炎

食べたり飲んだりしたものが、食道ではなく誤って気管に入ってしまうことを誤嚥といいます。そのときに口の中にある細菌が肺に入って起きる肺炎が誤嚥性肺炎です。

ウサギで起こることは多くはありませんが、強制給餌（→ 198 ページ）を行うさいには十分な注意が必要です。

heart diseases
心臓の病気

- 心筋症
- そのほかの心臓の病気やトラブル

cardiomyopathy
心筋症

▶どんな病気？

心臓は一定のリズムで収縮と弛緩を繰り返しながら、ポンプのように全身に血液を送り届けています。心臓の壁を構成する心筋の働きによって、収縮するときに心臓内の血液を動脈に送り出し、弛緩するときに静脈から血液を受け取ります。

心筋症は、心臓の筋肉である心筋の働きが衰えることによって起きる病気です。特に異常が起こりやすいのは、心臓の4つの部屋（右心房・右心室・左心房・左心室）のうち、全身に血液を送り出している左心室です。

心筋症には拡張型、肥大型、拘束型という種類があります。拡張型心筋症は、特に心室の壁が薄く伸び、心臓内部の空間が大きくなる病気です。その結果、左心室の壁が伸びて血液をうまく送り出せなくなり、うっ血性心不全を起こします。左心室の血液を送り出す力は、心臓の壁が薄く伸びるほど弱まるので、心筋の伸びの程度で重症度が決まってきます。突然死の発生もまれではありません。肥大型心筋症も同じように心不全症状が出ますので心エコー（超音波）検査が有用です。

心筋症は高齢になると増える病気です。遺伝的な要素もあるようです。高カルシウム血症、細菌感染も原因のひとつといわれています。

心筋症などの心臓の病気は、胸水や肺水腫の原因にもなります。

胸水：胸膜腔（後述のふたつの胸膜にはさまれた空間）にはわずかな胸水が存在していて、呼吸をするさいに肺と胸壁との間の抵抗を減らす「潤滑油」として働いています。胸水は、壁側胸膜（肋骨と横隔膜の内側をおおう膜）から産生され臓側胸膜（肺をおおう膜）から吸収されていますが、吸収が減少したり産生が増加したりした場合には、胸水貯留（胸に水がたまった状態）になります。

肺水腫：心臓の病気による肺水腫では、肺の中での血液のやりとりがうまくいかず、血液の液体成分が血管からしみ出て肺に溜まります。気づかないうちに発症し、飼い主が症状に気づいたときにはかなり進行している場合も少なくありません。

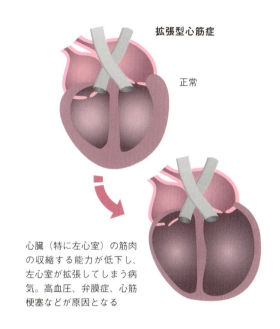

拡張型心筋症

正常

心臓（特に左心室）の筋肉の収縮する能力が低下し、左心室が拡張してしまう病気。高血圧、弁膜症、心筋梗塞などが原因となる

症状

疲れやすく、動きがにぶくなる

呼吸困難

▶主な症状は？

無症状なこともよくあります。

食欲や元気がなくなります。疲れやすくなったり、いつもぼんやりしているような、動きの少ない状態になります。呼吸が早くなります。横になれず座ったままの状態で首を伸ばし、鼻の穴を広げるようにして呼吸します。

進行すると呼吸困難を起こします。

▶病院ではどんな治療をするの？

聴診やレントゲン検査、心電図検査、超音波検査などで診断します。

完治させることのできない病気ですが、進行を緩やかにし、症状を和らげる治療を行います。

胸水などがあるときは、利尿剤を投与して水分の排泄を促したり、針を差して水を抜きます。

強心剤、降圧剤などを投与します。呼吸困難があれば酸素吸入も行います。

呼吸状態の悪いウサギは、診察や検査を受けることで状態を悪くすることがあるので、検査のリスクなどについては獣医師の説明をよく聞いてください。

▶どうしたら予防できるの？

予防策はありません。ストレスの少ない環境で、適切な飼育管理を行うことと、早期発見を心がけましょう。

そのほかの心臓の病気やトラブル

▶弁膜症

弁膜とは、心臓内の心室や心房の間にある4つの出入り口のことです。高齢になると弁膜が厚くなったり固くなるなどして、血流が変化し、心臓の働きに問題が生じます。弁の閉じ方が不完全だと閉鎖不全を起こし、そのために血液が逆流する病気が弁膜症です。閉鎖不全を起こしている弁膜によって、大動脈弁狭窄症、僧帽弁閉鎖不全症、三尖弁閉鎖不全症などがあります。

病気が進行するまで無症状のこともあります。疲れやすい、食欲がないといった症状や、進行すると肺水腫、呼吸困難、心不全を起こします。

呼吸困難があるときは酸素吸入を行います。胸水がたまっているときは利尿剤を投与します。血圧を下げる薬を投与することもあります。

▶大動脈の石灰化

大動脈の血管壁にカルシウムが沈着することです。レントゲン検査で見つかることがあります。心臓の病気や発作、慢性腎不全があるときに起こります。ウサギの場合、慢性腎不全を起こしていることが多く、エンセファリトゾーン症との関連もあります。

ウサギのカルシウム代謝は特殊なため（14ページ）、腎不全が進行しているとカルシウムやリンの排泄障害が起こり、いろいろな組織、特に大動脈に石灰化が起きることがあるのです。

▶そのほかの病気

ウサギに生じる心疾患は、心筋症、弁膜症のほか、不整脈、感染性心筋炎、動脈硬化、先天性心臓奇形の心室中隔欠損などが、報告されています。

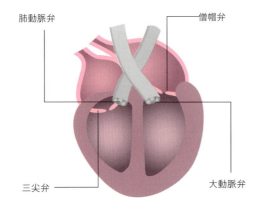

肺動脈弁／僧帽弁／三尖弁／大動脈弁

urologic diseases
泌尿器の病気

- 尿石症　・膀胱炎
- 高カルシウム尿症
- 腎不全（急性・慢性）
- そのほかの泌尿器の病気やトラブル

urolithiasis
尿石症

▶ どんな病気？

　尿石症は、尿路（腎臓、尿管、膀胱、尿道）に結石ができる病気です。ウサギの場合、膀胱結石が多く見られます。オスは尿道が長く、詰まりやすいため、オスのほうが重度になりやすい病気です。

　結石はミネラル分がかたまりになったものですが、ウサギでは炭酸カルシウムが成分になっていることが多く、まれにストルバイト（リン酸マグネシウムアンモニウム）の結石も見られます。また、結石は、泥状の沈殿物として存在することもあり、レントゲン撮影をすると膀胱全体が白く写ります。

　ウサギのカルシウム代謝は特殊です（→ 14 ページ）。一般には、過剰なカルシウム摂取が結石の成分となるというのが尿石症の原因のひとつですが、はっきりしたことはよくわかっていません。

　水を飲む量が少なすぎて排尿量が減ることも原因となります。水を飲む量が少ない理由のひとつは給水ボトルの問題です。そもそも飲み方がわかっていない、設置位置や飲み口の形状がウサギに合っていない、不正咬合などがあってうまく飲めないなどが考えられます。また、落ち着かない環境のために水を飲む回数や量が減ることもあります。

　排尿の量が少ないと、本来なら自然と排出されるような小さな結石や泥状の沈殿物が排出されません。次第に大きくなれば尿路を閉塞しやすくなります。また、トイレが落ち着かない位置にあったり、狭い、不衛生なことも排尿を阻害する要因となります。

　遺伝的に結石ができやすい個体もいます。

　また、尿石症と膀胱炎には関連性があります。結石が作られるには、何かその中心となるもの（核）が必要です。膀胱炎などによって尿路が炎症を起こし、脱落した組織などが核となって結石が作られることもありますし、結石が膀胱内を傷つけて炎症を起こし、膀胱炎を引き起こすこともあります。

　尿路に結石が詰まり、尿が出ない状態が続くと尿毒症を起こします。

　エンセファリトゾーン症が尿石症の原因になることもあります。

原因

過剰な
カルシウム摂取

飲水量の
不足

症状

血尿

痛みのために
背中を丸める

トイレを失敗
するようになる

▶主な症状は？

尿量が少なくなる、出なくなる、血尿など尿に異常が見られます。

何度も排尿する、何度もトイレに行ったり、排尿姿勢を取るが尿が出ずにいきんでいる、排尿時の姿勢がいつもと違う、痛みのため排尿時に鳴く、きちんと覚えていたトイレを失敗するなど、排尿時の様子も変化します。

じわじわと尿が出て会陰部を濡らすため、尿やけができます（じめじめして被毛が汚れる）。痛みがあれば、背中を丸めてじっとしていたり、歯ぎしりをする、食欲不振、元気がなくなるなどの症状も見られます。

▶病院ではどんな治療をするの？

尿検査、血液検査を行います。膀胱炎を併発していることがあるので、慢性の膀胱炎による腎臓疾患がないか、血中のカルシウム濃度が濃くなっていないかを調べます。

レントゲン検査、超音波検査で診断をします。その状況によっては尿道にカテーテルを挿入したり、膀胱を圧迫して排尿を促すことがあります。

結石があっても小さかったり、泥状の沈殿物が見られても軽度な場合は、利尿剤や補液（経口投与、皮下注射、または点滴）、水分が多くカルシウムの少ない葉もの野菜などを与え、自然な排出を促します。

結石が尿路をふさいでいるときは、手術によって摘出することがあります。

細菌感染を防ぐため、抗生物質を投与します。

痛みを取り、尿道括約筋をリラックスさせ、排尿しやすくなるように鎮痛剤を用いることがあります。

▶どうしたら予防できるの？

十分な飲み水を与えましょう。給水ボトルは使いやすいか、きちんと飲めているかを確認してください。

トイレが使いやすいかも点検しましょう。

カルシウムが過剰な食べ物の多給、カルシウムを含むサプリメントの添加は行わないようにしましょう。カルシウムは骨や歯の構成成分となる大切な栄養素なので、極端に減らすべきではありませんが、通常の食事で十分に補給できています。わざわざ添加してまで与える必要はありません。

ビタミンCには膀胱の壁に細菌が付着するのを防ぐ効果があるといわれます。ビタミンCの多い野菜類を与えるのもいいでしょう。

肥満のウサギに多いともいわれるので、バランスのよい適切な食事と尿排泄を促進する運動が大切です。

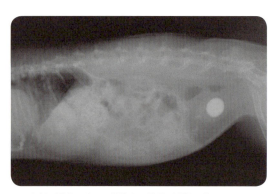

レントゲン写真によって膀胱内の結石が確認できる

直径1cmほどの結石を自然排出したウサギ。顔の前にあるのが結石

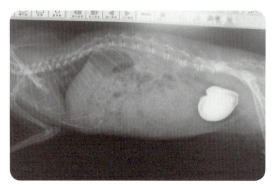

膀胱いっぱいに映っている結石と、周囲のカルシウム尿

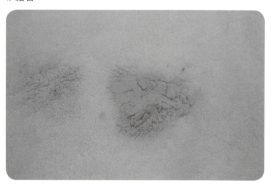

排泄された砂状の沈殿物

cystitis
膀胱炎

▶どんな病気？

膀胱が細菌感染し、炎症を起こす病気です。原因となる菌は、緑膿菌（*Pseudomonas aeruginosa*）や大腸菌（*Escherichia coli*）などです。不衛生な飼育環境（特にトイレ）は感染リスクが高まります。膀胱炎が膀胱結石の原因となったり、膀胱結石が膀胱内を傷つけて細菌感染を起こし、膀胱炎の誘因となることもあります。排尿は、膀胱に一定量の尿が溜まらないと行われませんが、飲み水が不足していると濃縮尿になって、尿の産生が少なくなり、細菌が増殖しやすくなります。

血尿は膀胱炎のときによく見られる症状ですが、ウサギの場合、赤い尿の原因が必ずしも血であるとは限りません（→14ページ）。尿検査で血液が混じっているかどうか判断することができます。市販の尿試験紙を使えば自宅でも調べられますが、正確を期すのであれば動物病院で尿検査をしてもらいましょう。

病院では、自然に排尿しないときには、検査にカテーテルを用いて採尿します。ウサギへのストレスを軽減するため、家で採尿してきてもよいでしょう。トイレ容器に、裏返した新品のペットシーツ（つるつるしていて尿が染み込まない）を敷き、排尿したらすぐ、スポイトや弁当用の醤油入れなどで吸い取りましょう。

検査のためには新鮮な尿が必要です。すぐに持っていくことが基本ですが、それが無理なときは冷暗所で保管してください。尿が濃いときは水分を多めに与え、あまりドロドロしていない尿も持参するとよいでしょう。

▶主な症状は？

血尿、膿のような尿、尿のアンモニア臭が強くなるなど、尿に異常が見られます。

排尿時の様子も変わり、何度も少しずつ排尿したり、排尿時の姿勢がいつもと違う、トイレに行っても尿量が少ない、いきんでいる様子が見られることがあります。できるだけ早期発見が予防に大切です。

▶病院ではどんな治療をするの？

尿検査を行い、尿培養により細菌の有無を調べます。

抗生物質や必要に応じて鎮痛剤、利尿剤を投与します。尿の量を増やすため、補液をします。

尿石症がある場合は、その治療として外科的摘出手術も行うことがあります。

▶どうしたら予防できるの？

十分な飲み水を与えましょう。給水ボトルは使いやすいか、きちんと飲めているかを確認してください。

トイレを含めた飼育環境を衛生的に保ちます。

ストレスによって免疫力が低下しないよう、快適な環境を心がけましょう。

症状

血尿

尿が出にくく、痛みがある

尿のアンモニア臭が強い

膀胱の細菌感染によって排泄される膿尿

hypercalciuria
高カルシウム尿症

▶ どんな病気？

膀胱内にカルシウムが泥状の沈殿物として大量に存在し、白く濃い尿や、ペースト状の尿をします。

ウサギの尿にカルシウム分が多く含まれること自体は正常ですが（ウサギの特殊なカルシウム代謝については14ページを参照）、膀胱内に溜め込んでいると結石などの原因となったり、泥状の沈殿物になってしまうと尿道に痛みがあったり、慢性的な膀胱炎になりやすかったりします。

膀胱内に溜め込んでしまう理由には、トイレが落ち着かない、体に痛みがあって動きたがらない、濃い尿が陰部周辺を汚して炎症を起こし、排尿時に痛みがあるので排尿したがらないといったことがあります。

食事中のリンを制限すると高カルシウム尿をすることが多いともいわれます。

▶ 主な症状は？

泥のような尿をしますが、沈殿物は膀胱内に留まり、排泄される尿は正常なこともあります。

尿が出にくそう、しばしばトイレに行くなど、排尿時の行動（背中を丸めた姿勢や歯ぎしりなど）に変化があります。会陰部に尿やけが見られます。

痛みがあると、食欲や元気がなくなります。

▶ 病院ではどんな治療をするの？

レントゲン検査では膀胱が白く写ります。

膀胱内の泥状の沈殿物を排出するため、補液をするなどして排尿を促します。圧迫排尿、尿道カテーテルを使った排尿と膀胱洗浄を行うことがあります。状態によっては手術で排出します。

細菌感染していることがあるため、必要に応じて抗生物質を投与します。

▶ どうしたら予防できるの？

十分な飲み水を与えましょう。給水ボトルは使いやすいか、きちんと飲めているかを確認してください。

トイレが使いやすいかも点検しましょう。

カルシウムが過剰な食べ物の多給、カルシウムを含むサプリメントの添加は行わないようにしましょう。カルシウムは骨や歯の構成成分となる大切な栄養素なので、極端に減らすべきではありませんが、通常の食事で十分に補給できています。わざわざ添加してまで与える必要はありません。

肥満のウサギに多いともいわれるので、バランスのよい適切な食事と適度な運動が大切です。

症状

濃い尿が会陰部を汚し、尿やけや炎症を起こす

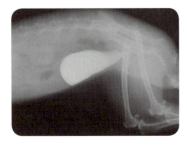

膀胱内に泥状のカルシウムが写っている

予防

きれいな飲み水をいつも十分に

適度な運動も大切

renal failure
腎不全（急性・慢性）

▶ どんな病気？

腎臓の主要な働きのひとつは、体内を循環した血液を濾過するというものです。不要な水分や老廃物は尿として排泄され、必要な物質は血液中に戻されて再利用されます。

しかし腎臓の機能が衰えると濾過装置としての機能が低下し、老廃物が排泄されずに体内に留まるようになってしまいます。体内の水分量の調整や、血液中の電解質（ナトリウム、カリウムなど）の調整も十分にできなくなります。そのためにさまざまな症状が発症するものが腎不全です。

腎不全には急性腎不全と慢性腎不全があります。慢性の腎不全は高齢のウサギに起こりやすいものです。

急性腎不全

急激に症状が進行します。

ショック、極度のストレスけいれん発作、心不全（心臓疾患によって血液が十分に循環しない）、外傷、熱中症などにより腎臓への血流が減ったり、敗血症など腎臓に運び込まれた毒性物質が腎尿細管へ直接ダメージを与えたり、結石などが尿の流れを妨げ尿路閉塞を起こすなどの理由から、急性の腎不全になります。多くの場合、急性腎障害の原因は特定することができません。

片側の腎臓に損傷（腎結石による閉塞など）が起きても、残っている正常な腎臓が機能を肩代わりするため、通常は腎機能に関する臨床検査でもほぼ正常な結果が出ることがあり、そのため急性腎障害は検出されないこともあります。

慢性腎不全

時間をかけてゆるやかに症状が進行します。

細菌の感染、継続的な高タンパク質の摂取、カルシウム・ビタミンDの過剰摂取、老化、エンセファリトゾーン症、糖尿病、腫瘍などが原因です。急性腎不全が完全に治らないまま慢性に移行することもあります。発症していても症状はわかりにくく、はっきりと症状が見られるようになったときには腎不全は重度に進行しています。

▶ 主な症状は？

急性腎不全

急速に元気がなくなり、食欲不振になります。血尿が見られ、末期では無尿になります。

慢性腎不全

多尿多飲になります。元気がなくなり、食欲不振になります。全身の状態が徐々に悪くなり、貧血、痩せてくるといった症状が見られます。

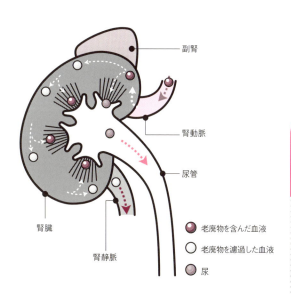

尿石症（急性腎不全）

高タンパクな食べ物の過食（慢性腎不全）

▶病院ではどんな治療をするの？

体重、体温を測定し、触診により腎臓の形態や皮膚の脱水の状態を診ます。

次に血液検査を行い、赤血球数、白血球数と基本的な検査項目（通常、BUN［血液尿素窒素］）、血清クレアチニン、ALT（アルカリフォスファターゼ）、ALP（アラニンアミノトランスフェラーゼ）のほかに血糖、ヘマトクリット、総タンパク、リン、カルシウム、ナトリウム、カリウムなどの電解質数値に異常がないかどうか、エンセファリトゾーン症の抗体価はどうかを確認します。

尿検査やレントゲン検査、超音波検査も行い、腎臓の形態や進行状況を診断します。膿尿、タンパク尿、血尿は急性腎不全でよく見られます。

腎臓の機能を低下させる原因となっている病気があればその治療を行いますが、腎不全は進行性の病気ですから輸液、栄養的支持による対症療法を行います。

感染症がある場合は、抗生物質の長期投与を行います。腎嚢胞（腎臓に液体のつまった袋ができる）や尿管結石による閉塞、腫瘍は手術も考慮にいれます。

▶どうしたら予防できるの？

病状が進行するまではっきりとした症状が出ないことが多いので、健康診断の一環として定期的な血液検査を行い、早期発見を心がけましょう。

栄養バランスのよい食事と十分な量の飲み水を与えましょう。給水ボトルからうまく水が飲めず、飲水量が足りないために腎臓に負担がかかっているケースが多く見受けられます。

症状

多飲多尿
（慢性腎不全）

そのほかの泌尿器の病気やトラブル

▶メスの血尿

メスの場合、膣の途中に尿道口が合流していて、出口はひとつになっています。そのため、尿に血が混じっていた場合に、それが膀胱からなのか子宮からなのか、わかりにくいことがありますから注意が必要です（→ 109ページ）

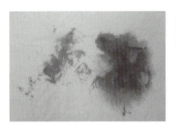

血尿。泌尿器疾患や生殖器疾患が考えられる

▶一時的な乏尿

尿の量が減ることを乏尿（ぼうにょう）といいます。

ウサギは、ストレスや緊張によってアドレナリンホルモンが分泌されることで、腎臓の血液量が減って一時的に乏尿になることがあります。

移動時にキャリーバッグに入っているときにはまったく排便、排尿をしないというウサギもいます。一時的なものなら心配はありません。

できるだけ移動時間は短くし、日頃からキャリーに慣らしておくなどしましょう。日常的なストレスの軽減も心がけます。

▶尿の失禁

通常、ウサギの排尿も人と同じで「出すとき」「出さないとき」がはっきり分かれていて、じわじわと常に尿が出ていることはありませんが、意思に反して出てしまうことがあります。

尿石症（にょうせきしょう）や膀胱炎（ぼうこうえん）、高カルシウム尿症などのウサギは、しばしば尿が漏れていたり、そのために陰部が尿やけを起こし、湿性皮膚炎（しっせいひふえん）になったりします。

脊椎の骨折など中枢神経を損傷したことによる膀胱の麻痺が起きているときにも見られます。

特に病気がなくても、高齢ウサギで見られることもあります。

reproductive system disease
生殖器の病気

- 子宮内膜炎、子宮蓄膿症
- 乳腺炎　・精巣炎
- 避妊去勢手術について
- 妊娠と出産にまつわるトラブル
- そのほかの生殖器の病気やトラブル

endometritis
子宮内膜炎

▶どんな病気？

メス特有の病気です。

子宮内膜（子宮の内側を覆う粘膜組織）が過形成を起こし、炎症を起こす病気を子宮内膜炎といいます。過形成とは、細胞の増殖が過剰に起きることです。原因となる菌として多く見られるのは、パスツレラ菌（*Pasteurella multocida*）、黄色ブドウ球菌（*Staphylococcus aureus*）などです。パスツレラ菌はウサギにスナッフルなどの呼吸器症状を起こすことがよく知られていますが、パスツレラ菌が血流に乗って移動し、生殖器に感染することもあります。

感染によって子宮内に膿が溜まったものを子宮蓄膿症といいます。

いずれも繁殖経験の有無とは関係なく発症し、高齢になるとホルモンバランスの変化により、発症の可能性が高まります。メスのウサギは生殖器系疾患が多いので、予防的な避妊手術を検討することも必要です。

また、子宮腺癌（157ページ）が起きる前段階として子宮内膜炎が起きることもあるので、定期的な検査を行いましょう。

▶主な症状は？

血尿や膣からの少量の分泌物（膿や血液）が見られます。尿に血が混じっている場合、膣からの出血なら、血がまとまって排尿の最後に押し出されるので、尿に部分的に血が混ざります。

食欲がなくなる、元気がなくなる、お腹が膨れるといった症状も見られます。

▶病院ではどんな治療をするの？

触診とレントゲン検査、超音波検査で診断します。

子宮内膜炎は、抗生物質の投与を行います。

子宮蓄膿症は、早期発見を心がけて卵巣摘出手術を行います。

▶どうしたら予防できるの？

最も有効な予防策は、避妊手術をすることです。

症状

膣からの分泌物

血尿

mastitis
乳腺炎

▶どんな病気？

乳腺炎はウサギによく見られます。乳腺が炎症を起こす病気で、非感染性の嚢胞性乳腺炎と感染性の乳腺炎があります。

嚢胞性乳腺炎

3歳以上で、避妊してないメスに見られることが多く、繁殖経験のないウサギにも発症します。乳腺に嚢胞（水膨れのようなものです）ができて腫れ、分泌物が溜まります。ひとつか複数の乳腺に見られます。

しばらくすると治ってしまうこともありますが、子宮の過形成（細胞の増殖が通常よりも進むこと）や子宮腺癌に伴うエストロゲン過剰やプロラクチンを分泌している下垂体性ホルモン（下垂体腫瘍）が乳管の機械的閉塞（物理的に詰まること）と関係しているともいわれます。

感染性の乳腺炎

授乳中のメスや、偽妊娠しているメスに見られます。乳腺や乳頭が床材などで傷ついたり、ほかのウサギからの攻撃によって乳頭を損傷し、細菌感染すると乳腺が炎症を起こして膿瘍になります。主な原因菌は黄色ブドウ球菌ですが、レンサ球菌属（Streptococcus）も原因菌となります。不衛生な環境や、偽妊娠することも感染しやすい要因です。重症では死に至る場合もあります。

▶主な症状は？

嚢胞性乳腺炎

全身性の症状は見られません。

乳腺が固く膨れる、黄色ブドウ球菌の感染の場合はα溶血毒という毒性物質が脈管（血液を運ぶ管）の壊死を引き起こし、乳腺が青っぽい色になる（チアノーゼ）、乳頭から透明～黒っぽい水状、血液状の乳汁が見られるなどの症状があります。

感染性の乳腺炎

子育て中だと、授乳を嫌がるようになります。

元気がなくなる、発熱、食欲がなくなる、水をよく飲むようになるといった症状や、乳腺が腫れて固くなったり、乳腺が青っぽい色になります（チアノーゼ）。

▶病院ではどんな治療をするの？

嚢胞性の乳腺炎

最も効果のある治療は、乳腺の除去手術や子宮卵巣摘出手術です。手術をしない場合は定期的に検査を受けるようにします。

感染性の乳腺炎

発熱している場合は適切な抗生物質を投与します。

痛みがある場合は、鎮痛剤を投与したり、患部に湿布（※）をします。感染がひどければ患部を切開排膿、切除することもあります。

※湿布について

ここでいう湿布とは、タオルを用いて行うものです。

患部に痛みがある場合、急性のものには冷湿布、慢性のものには温湿布を行うとよいでしょう（1日に2～3回）。発熱した患部から熱を取ったり、冷えた患部を温めるだけでも痛みは和らぎます。

冷湿布は常温の水で濡らして絞ったタオルを、温湿布は熱めのお風呂くらいのお湯で濡らして絞ったタオルを、ビニール袋に入れてから患部に当ててください。濡れたタオルを直接使って被毛を濡らすと、体温を奪ってしまいます。

▶どうしたら予防できるの？

嚢胞性乳腺炎

最も有効な予防策は、避妊手術をすることです。

感染性の乳腺炎

ウサギにケガをさせない床材、清潔な環境を用意しましょう。

ウサギが子育て中の場合、こまめな掃除が難しいこともあります。高温多湿にならないように、乾燥を心がけることで、細菌の繁殖をできるだけ避けましょう。

症状

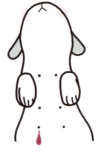
乳頭から黒っぽい乳汁が出る
（嚢胞性乳腺炎）

水をよく飲む
（感染性の乳腺炎）

orchitis
精巣炎

▶どんな病気？

オス特有の病気です。

精巣が細菌感染を起こします。細菌はパスツレラ菌が多く、黄色ブドウ球菌も見られます。体の別の部位に感染したパスツレラ菌が血流を通って移動して感染したり、ケガから感染することもあります。

性成熟したウサギの精巣は大きくなりますが、それは正常な状態です。精巣炎（せいそうえん）を起こしている場合、左右の大きさや色が違ったり、熱感をもつことがあります。

▶主な症状は？

食欲がなくなる、体重が減る、発熱、精巣が腫れる（左右の状態が違う）などの症状が見られます。繁殖に使っているウサギでは、繁殖能力が低下します。

▶病院ではどんな治療をするの？

抗生物質を投与し、状態の安定化を計ってから去勢手術を行います。

▶どうしたら予防できるの？

予防的な去勢手術は、精巣炎のほか、精巣腫瘍（せいそうしゅよう）などを防ぐことができます。

すのこや巣箱、尖った牧草など、精巣を傷つけるようなものを排除し、飼育環境を清潔にしてください。

精巣に膿瘍ができている

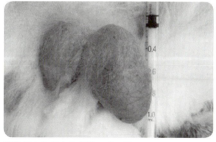
精巣が左右で大きく違っている

症状

左右の精巣の大きさが違っている

食欲がない

予防

去勢手術を受ける

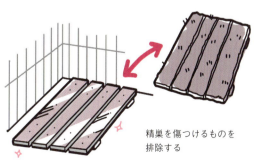
精巣を傷つけるものを排除する

泌尿器の病気 — 精巣炎

避妊去勢手術について

ウサギの生殖器系疾患は、多くの場合、避妊去勢手術をすることによって予防できます。また、問題行動の解決につながる場合もあります。そのため、手術を勧める獣医師も増えています。手術することによってどんな利点があるのか、どんなリスクがあるのかを理解し、獣医師とよく相談して決めましょう。

▶避妊去勢手術の利点：オスの場合

- 精巣炎、精巣腫瘍などの生殖器系疾患を防ぐことができます。
- 去勢したほうが長生きする傾向にあります。
- 尿のスプレーが減り、トイレのしつけがしやすくなります。
- 縄張りの主張が減ります。
- 攻撃行動が減ります。
- 複数飼育の場合、ケンカを防ぐことができます。
- 早めに去勢した場合、他のウサギに対して寛容になります。
- 人に対する交尾行動が減ります。

▶避妊去勢手術の利点：メスの場合

- 妊娠を望まないなら、それを避けることができます。
- 子宮腺癌、乳腺炎などの生殖器系疾患を防ぎます。
- 縄張りの主張が減ります。
- 攻撃行動が減ります。
- 偽妊娠が起こらなくなります。
- トイレのしつけがしやすくなります。
- 複数飼育の場合、ケンカを防ぐことができます。

▶あらかじめ知っておきたい注意点

ウサギの避妊去勢手術をしてもらえる動物病院や豊富な経験をもつ獣医師も増えてきました。また、適切な全身麻酔薬や前麻酔薬が使われ、鎮痛処置などが施されるようになり、麻酔管理も安全になっています。

とはいえ、手術ですからリスクはゼロではありません。全身状態の悪いウサギを手術することは危険ですから、手術に耐えられる体力があるかどうか十分な検査も必要です。獣医師によく話を聞き、納得したうえで手術を行うようにしましょう。手術後の家庭でのケアも大切になります（手術前の検査や手術後のケアについては193〜194ページ参照）。

繁殖に向けるエネルギー要求量が減るため、手術前と同じエネルギー量を摂取していると太りやすくなることがあります。むやみに食事の量を減らすべきではありませんが、体重の推移、体格の変化にも目を向ける必要があります。

また、オスは去勢手術をしても5〜6週間ほどは副生殖腺（精子を作る場所のひとつ）に精子が残っているので、メスを妊娠させる可能性があります。その間はメスと一緒にしないよう気をつけます。

▶どんな手術をするのか

オスの場合は、陰嚢を切開して精巣を取り除きます。陰嚢は体外にある部位なので、開腹をするメスに比べると侵襲（体を傷つける）の度合いが低く、多くの場合、入院せずにその日のうちに帰れます。手術のさい、鼠径輪という部位が大きく開いたままなので鼠径輪の閉鎖を必ず行います。

メスの場合は開腹手術を行います。年齢や状況によって卵巣のみ摘出する場合と、卵巣と子宮を全摘出する場合があります。動物病院やウサギの術後の体調によって異なりますが、2〜3日入院します。

▶避妊去勢手術を受ける年齢

性成熟を過ぎたら手術が可能です。

理想的にはメスは生後6〜8ヶ月くらいで、オスは生後6ヶ月以降に尿道の成長が十分に進んでからがよく、1歳までに行うのが理想とされています。

問題行動の回避のために避妊去勢手術をするという場合、習慣として身についてしまってからの手術だと、問題行動が残ることもあります。

オスの場合

尿のスプレーが減る

人への交尾行動が減る

メスの場合

子宮腺癌などの生殖器疾患を防げる

攻撃行動が減る

妊娠と出産にまつわるトラブル

▶妊娠中毒

まれに妊娠後期や出産後、偽妊娠中に起こる病気です。病名に「中毒」とついていますが、中毒による病気ではありません。

原因ははっきりしていませんが、発症しやすいのは肥満のウサギや、妊娠後期に採食量が減ったり、低カロリーの食事を食べているウサギ、急激な食事内容の変更によって絶食状態になっているウサギなどです。飼育環境の急変や不適切な室温などによるストレスも発症のきっかけとなり、冬場に多く発症するともいわれています。ホルモンバランスや代謝の不均衡、遺伝性の場合もあります。

絶食が続くと、脂肪肝（→94ページ）を起こします。食べているように見えても、お腹の中で胎仔が成長すればそのぶん胃腸が圧迫され、食べ物の入る容量が減少します。そのために必要な栄養を摂取することができなくなるのです。

無症状なこともありますが、症状は食欲や元気がなくなったり、まれに呼気（吐き出す息）にアセトン臭（除光液のようなにおい）がします。低体温、呼吸困難、運動失調などの神経症状、ふるえ、昏睡に陥ったり、突然死が起こります。肥満、毛球症、運動不足、飢餓や食欲不振があると脂肪酸が急速に上昇し、代謝性ケトアシドーシス（ケトン体という物質が増える）や循環浮腫という状態を引き起こすような酸性状態になります。尿中の炭酸カルシウム結晶が溶け、透明な尿になります。尿検査や血液検査をすると、尿の異常（酸性尿、タンパク尿、ケトン尿）や高カリウム血症、ケトン血症、低カルシウム血症などが見られることがあります。

重症では効果的な治療方法はなく、口から飲ませる以外の方法でブドウ糖を与えることを目的とする補液などの対症療法を行います。

妊娠しているウサギの適切な飼育管理を行いましょう。妊娠後期に栄養不足にならないよう、栄養価の高い食事を与えるようにします。

▶偽妊娠

本当は妊娠していないのに、まるで妊娠したかのような状態になることです。ウサギの場合、胸～お腹の毛を抜いて巣作りをする、乳腺が張って実際に母乳が出る、縄張り意識が強くなるなどの行動が見られます。このような状態が16～18日間ほど続きます。年に何度もする個体もいます。高齢になると偽妊娠による乳腺の異形成（正常な細胞とは異なる細胞ができる）が見られます。

交尾をしたが成功しなかった、去勢したオスとの交尾、別のメスにマウンティングされたなど、交尾のような行為をすることが偽妊娠のきっかけとなります。偽妊娠の状態は自然と収まりますし、病気ではないので治療の必要はありません。高齢になると偽妊娠による乳腺の異形成（正常な細胞とは異なる細胞ができる）が見られます。

ただし、あまりにも頻繁に繰り返すようなら、避妊手術を検討するといいでしょう。これにより、ウサギに非常に多い子宮腺癌も予防されます。

原因

肥満のウサギ　　絶食状態になっているウサギ

症状

元気がない

神経症状を見せる

予防

栄養バランスのよいエサを与える

妊娠中には栄養価の高いエサを与える

偽妊娠に見られる行動

巣作りのために自分の毛をむしる

▶難産

ウサギではあまり起こりません。

妊娠中にストレスの多い環境下に置かれたり、太りすぎや、大型の胎仔が1頭のみだったり、胎仔の数が少なくて育ちすぎているときに見られることがあります。小型種のメスと中～大型種のオスを交配すると、胎仔が大きくて難産になることもあります。生殖に関わる器官の奇形（骨盤が小さい、産道が狭い）、陣痛が弱い、子宮の収縮が弱いなどが原因でも起こります。

難産になると、けいれん、腹圧の上昇（お腹に力が入る）、膣から分泌物が出る（血のようなもの、緑がかった茶色のもの）といった症状が見られます。難産になったら様子を見ずに、すぐに動物病院に連れていってください。異常な大きさや形の胎仔、異常な位置にあることが診断された場合には、帝王切開が母ウサギと赤ちゃんウサギにとっての唯一の救命措置となります。

難産を避けるためには、肥満の個体やまだ体ができあがっていない若すぎるウサギを繁殖させないようにし、また、落ち着いた環境を作るよう心がけましょう。

ウサギの出産に備えるためにも、妊娠の兆候を知っておくといいでしょう。妊娠しているウサギは気難しくなります。また、ブドウくらいの大きさの胎仔は、妊娠10日目前後に確認することができます。穴掘り行動をしたり、胸の毛を抜いたり牧草を口にくわえて運ぶなどの巣作り行動もみられます。妊娠期間の最終週になると、胎仔が動いているのが母ウサギの脇腹を見ているとわかることがあります。

▶子宮外妊娠

本来、受精卵は子宮内に着床しますが、受精卵が腹腔に出てしまったり、子宮破裂があったときに起こります。胎仔は育たずに死んでミイラ化し、腹部の触診でかたまりがあることがわかります。

▶流産、胎仔の吸収

出産日を待たずに流産したり、胎仔が死亡し、胎仔が吸収されることがあります。流産や胎仔の死亡が起こりやすい時期は胎盤の形状が変化する妊娠13日目頃、胎仔が育って大きくなり、形状が変化する20～23日目頃です。

原因は、遺伝、過密飼育や騒音などのストレスや、お腹を強くぶつけたり、全身性の病気の発症などが考えられます。また、ビタミンE、ビタミンA、タンパク質の欠乏、ビタミンAの過剰も流産を招くおそれがあります。

死亡した胎仔が子宮内に残ったままになっていると子宮炎を起こすこともあるので、出産予定があったが生まれなかったという場合には、動物病院で診察を受けましょう。

▶妊娠しにくい

避妊手術をしておらず、交尾もしているのに、なかなか妊娠しない場合があります。個体の問題、栄養の問題、飼育環境の問題、子宮疾患（子宮内膜炎）などが原因です。個体の問題としては、年をとりすぎている、若すぎる、全身性の病気がある、繁殖を繰り返している、栄養の問題としては、ビタミンE、ビタミンA、タンパク質の欠乏、ビタミンAの過剰、飼育環境の問題としては過密飼育、騒音、暑さ、環境の急変などによるストレスなどが考えられます。繁殖させたいと考えている場合は、これらの点に注意を払うようにしてください。

▶早すぎる離乳

子ウサギは、最初の3週間は母乳を飲みます。特に最初の数日間の母乳には病気から守るための高いレベルの抗体が含まれています。3週間を過ぎると、アルファルファとペレットを少しずつ食べはじめます。通常、品種にもよりますが、母乳から8週齢までに離

難産の原因

太っているウサギ

落ち着かない環境での出産

妊娠しにくい原因

高齢すぎるウサギ、若すぎるウサギ

栄養面での問題

乳します。早期に、急に母子を引き離してしまうと、まだ未成熟な子ウサギの腸内では、腸内細菌叢のバランスが悪くなります。細菌叢のバランスが悪くなってから数日〜1週間たつと、ストレスに起因する下痢が起こることがあります。母ウサギが子育てをしないような場合を除いては、離乳までの時期を母ウサギと一緒に過ごさせてストレスのない安定した精神状態のウサギにしましょう。

▶育児放棄

生まれた子どもを育てようとしないことがあります。多くの場合、巣箱がない、騒音、人が巣箱の中を覗きこんだりするので落ち着かない、人が子どもに素手で触ってにおいがついたなどの不適切な飼育環境が原因となります。母ウサギは、安心して子どもを育てられないような環境でリスクを背負って子育てをするよりも、次の機会に賭けようと判断するのです。

また、子どもを食べてしまうことがあります（子食い）。

死産だった場合や、奇形の子ども、衰弱して育たないかもしれない子ども、または母ウサギが神経質なうえに初産だった場合、食べ物や飲み水が足りない場合などに起こります。

育児放棄をした場合、運がよければ人工哺乳で育てることが可能ですが、まずはそのようなことにならないよう、安心できる環境作りを心がけましょう。

▶繁殖に向かないウサギ

ウサギを繁殖させるなら、心身ともに健康なウサギを選びましょう。

若すぎても高齢でも、繁殖には向いていません。性成熟さえすれば子どもを作る能力は備わりますが、まだ心と体が大人になっていません。しっかりと成長してから繁殖させるようにしてください。繁殖年齢の上限はメス3歳まで、オス4歳までとされますが、年齢を重ねてからの初産は母体への負担が大きいので、行うべきではないでしょう。

太りすぎ、痩せすぎ、繁殖させたばかり、遺伝性疾患をもっている、何度も子育てに失敗する、神経質すぎる、攻撃的すぎる個体も繁殖には向いていません。

育児放棄の原因

巣箱がなく、落ち着いて育児できない

人が子ウサギを触り、人のにおいが付く

そのほかの生殖器の病気やトラブル

▶卵巣の病気

卵巣にパスツレラ菌の感染による膿瘍や腫瘍が見られることがあります。卵巣摘出手術によって治療します。また、卵胞嚢腫、嚢胞形成、石灰化、卵巣腺腫、卵巣壊死といった病気があります。

▶停留精巣

普通、精巣（睾丸）は生後3〜4カ月は腹腔から陰嚢に降りてきますが、生後16週になっても降りてこないものを停留精巣といいます。片方だけのことも両方のこともあります。遺伝性と考えられていて、交尾行動は行っても精子が作られる能力が低いようです。ほかの動物では停留精巣は腫瘍になりやすいといわれています。メスのウサギに見られる子宮がんのように多い腫瘍はありませんが、停留精巣の腫瘍は起こりえます。

緊張しているときに精巣が腹腔に引っ込んでいるだけのこともあります。

★ウサギの生殖器の病気として多い子宮がんなどの腫瘍は154ページ〜「腫瘍」で説明しています。

COLUMN 子ウサギの人工哺乳

母ウサギが子ウサギを育てようとしないなら、人が手を貸さなくてはなりません。ひとつの方法は他の母ウサギに預けること、もうひとつの方法は人工哺乳することです。

▶ 人工哺乳に切りかえるタイミング

ウサギの授乳時間は1回4〜5分、1日に1〜2回だけとたいへん短いものです。そのため、普通に授乳しているのに「育児放棄してしまったのでは？」と思うこともあります。焦って子ウサギを触り、本当に育児放棄させないよう注意してください。母乳を飲んでいる子ウサギは毎日成長し、皮膚には張りがあります。

母乳を飲んでいない子ウサギは落ち着きがなくなり巣を這い回ります。また、脱水状態となるため皮膚がしわしわになり、つまんでもすぐに元に戻りません（念のため子ウサギを触るときは、使い捨てゴム手袋などの清潔な手袋をして人のにおいをつけないようにしましょう）。このような状態になっている子ウサギには人が手を貸し、生かす努力をしてほしいと思います。

切りかえるタイミング
子ウサギが落ち着きがない

皮膚をつまんでもすぐ元に戻らない

▶ 他のウサギに子育てさせる方法

子育て中のウサギが他にいれば、代理母として子育てさせてみる選択肢があります。においには敏感ですから、そのまま子ウサギを巣に置かないでください。代理母ウサギのにおいがついた巣材を子ウサギの体にこすりつけ、巣の底のほうに子ウサギたちと一緒に置いてみてください。運がよければ母乳を与え、育ててくれます。

子育て中のウサギがいなかったり、育てるのを拒絶する場合は、人工哺乳を行ってください。

▶ 人工哺乳を行う

人工哺乳で動物を育てるのは、簡単なことではありません。母ウサギが育てた時期が短ければ短いほど、残念な結果となる可能性も高いのです。しかし、人工哺乳することで助かる命もあります。衛生に対する細心の注意を払いながら、力を尽くしてください。

＊温度管理

子育て中のウサギの巣は、母ウサギが胸の毛を抜いて作った巣材で内張りされていて暖かです。生後14日目までは何匹もの子ウサギたちが寄り添っているため、お互いの体温で暖かな環境になっています。また、子ウサギの体には褐色脂肪が貯蔵されていて、その代謝によっても熱を作り出しています。人工哺乳で育てるさいにも、暖かな巣箱が必要です。

巣箱の中には柔らかい牧草やフリースを巣材として敷き詰めます。もし手に入るなら、ウサギの毛を内張りすると保温能力が高まります。

加温にはペットヒーターを使いますが、ヒーターの上に直接子ウサギを乗せないようにしてください。低温やけどや脱水を起こしてしまいますし、ヒーターから離れたときに急激に体が冷えてしまいます。ペットヒーターはシートタイプで面積の広いものが使いやすいでしょう。巣箱の下に敷いて使用し、ペットヒーターの熱で暖まった巣材が子ウサギの体を暖めると考えてください。

ウサギの体温が39℃くらいあることを考え、巣箱の中の温度は高くする必要があります。成長とともに体温を維持する機能も高まりますから、温度は徐々に低くしていきます。出産後すぐに人工哺乳を始めた場合は、1日目は35℃、4〜5日目は32℃、9日目からは29℃を目安とします。

＊ミルクの準備

牛乳ではなく、ペット用のものを用意します。粉末のヤギミルクがよく使われています。ネコ用ミルクもいいでしょう。整腸作用や感染予防の作用があるアシドフィルス菌※を添加するとよいでしょう（※乳酸菌の一種。ペット用サプリメントとして市販されています）。

汚染を避けるためミルクはそのつど作ることをおすすめします。ミルクの温度は、ウサギの体温である39℃くらいを目安にします。

＊ミルクの与え方

ミルクは、哺乳瓶（子ネコ用の小さいものなど）や針なしシリンジなどを利用するとよいでしょう。1日に2回、飲みたがるだけ飲ませます。表は1日に与えるミルクの総量の目安です。一度に飲める量が少なければ、

回数を増やしましょう。

哺乳瓶を使えばウサギは自然な吸飲動作で飲むことができます。そのとき子ウサギの喉頭が閉じるので、誤嚥性肺炎を起こす心配は減少します。しかし低体温では吸引力もなく消化もできません。誤嚥性肺炎を防ぐためにも、必ず身体が暖かい状態で哺乳を開始してください。

シリンジを使う場合はより慎重さが必要です。ミルクが気道に入ってしまうとたいへん危険ですから、少しずつ含ませるようにし、十分に注意しながら飲ませてください。

ミルクを飲ませたあとは、ぬるま湯に浸した綿などで口の回りを拭いてあげます。

ウサギを持つ人の手が冷たいとウサギの体も冷えてしまいます。ウサギの体を布でくるむようにするとよいでしょう。

＊排泄のさせ方

本来は母ウサギが子ウサギの陰部や肛門を舐めて刺激して排泄させます。人はその代わりに、ミルクを飲ませたあとにぬるま湯にひたして絞った綿などで下腹部を優しくさすり、排泄を促します。自分で排泄できるようになるまで続けます。

＊体重測定

人工哺乳をしている間は、毎日体重を計り、記録しておきましょう。子ウサギの体重は毎日増加していきます。もし増加しない場合、ミルクに卵黄を加えるとよい場合があります。

＊離乳

生後2〜3週頃からは食べ物にも興味をもち、ペレットや牧草などをかじるようになってきます。ものを食べることを覚えるのも大切ですが、離乳を始める5〜6週頃までは十分なミルクを与えてください。その頃になったら、徐々にペレット（食べやすいように砕いたり、少量のお湯やミルクでふやかす）や柔らかい牧草を食べさせるようにします。

腸内細菌叢のバランスが崩れやすい時期なので、食事の内容を変えるときにはごく少量ずつ（早期離乳は死亡率が増加します）便の様子を見ながら行ってください。消化管のラクターゼ（乳糖分解酵素）は25〜35日で少なくなってきますから、21日目からの離乳より4〜5週間の離乳が好ましいとされています。

生後3日目の子ウサギ

子ウサギに与えるミルクの量

下記は1回の量。これを1日2回与える。

新生児	2.5cc
1 週齢	6〜7cc
2 週齢	12〜13cc
3 週〜6 週齢	15ccまで

シリンジで哺乳する場合、誤嚥しないよう少しずつ含ませるようにする

子ウサギの世話

下腹部をさすって排泄を促す

こまめに体重を計る

＊ウサギの繁殖生理データ

◎性成熟：小型種は生後4〜5ヶ月、中型種4〜6ヶ月、大型種5〜8ヶ月

◎排卵：交尾刺激排卵。交尾後9〜13時間で排卵し、受精すると排卵から7日で子宮内に着床、妊娠が成立

◎繁殖シーズン：飼育下では一年中可能。野生下では春（冬の終わりから夏の終わりまで）。オスは気温が高いと精子生成能力が減少し、受精能力が低下

◎発情周期：明確な発情周期はないが、7〜10日間の許容期と1〜2日の休止期とが周期的に繰り返される

◎妊娠期間：平均31〜32日（29〜35日）

◎産子数：6〜8匹。小型種は少なく、大型種は多い。繁殖経験の豊かさ、日照時間の長さは産子数を増やし、加齢とともに産子数は減る

＊子ウサギの成長

◎誕生：体重30〜80ｇ（品種、産子数による）。晩成性で、生まれたときに目は開いておらず、毛も生えていない。同じウサギの仲間でも、ノウサギは早成性（誕生したときには目が開いていて、毛も生えている）

◎授乳：一日に1〜2度、4〜5分ほどの短時間に、子ウサギは体重の20％もの母乳を飲む。乳汁成分はタンパク質10.4％、脂質12.2％、糖分が1.8％。高栄養で免疫物質を含む初乳は最初の2〜3日間に分泌。その後生後3週までの間に、多いと一日200〜250mlの母乳を分泌

◎成長の目安

生後4日：全身に産毛が生える／生後7日：耳の穴が開く／生後8日頃に母の便を食べる／生後10日：目が開く／生後3週：大人と同じものを食べるようになる／生後30日：臼歯が抜け落ち、生後40日頃までに永久歯に生え変わる／生後5〜6週：そろそろ離乳を始める時期／生後8週：独り立ちできる

117

skin diseases
皮膚の病気

- 湿性皮膚炎
- 皮膚糸状菌症
- トレポネーマ症
- ソアホック
- 皮下膿瘍
- そのほかの皮膚の病気やトラブル

moist dermatitis
湿性皮膚炎

▶ どんな病気？

何らかの原因で皮膚が湿っぽい状態となって細菌感染を起こす病気で、細菌性皮膚炎の一種です。一時的に湿っぽくなってもすぐに乾けば問題は起こりにくいのですが、湿っぽくなることが繰り返される、いつも湿っている、湿度が高く乾燥しにくいなどの状態になっていると、湿性皮膚炎が起こりやすくなります。

原因となる菌は黄色ブドウ球菌（*Staphylococcus aureus*）や緑膿菌（*Pseudomonas aeruginosa*）などで、黄色ブドウ球菌は皮下膿瘍や乳腺炎、ソアホックなどの原因にもなります。緑膿菌に感染すると、その色素によって被毛が緑色に染まることがあります（ブルーファー病と呼ばれる）。

ケージ内の掃除が行き届いていない不衛生な環境や高温多湿な環境、ストレスの多い環境も湿性皮膚炎を起こしやすくする要因です。ストレスは免疫力を低下させ、細菌の増殖を助けます。

湿性皮膚炎が起こりやすい部位と原因を以下に記します。特に多いのは、涙や唾液、尿によるものです。

顎、喉、胸にかけて

不正咬合などによるよだれで顎の下が濡れます。

大人のメスは喉から胸にかけて肉垂が発達します。たっぷりとした皮膚がひだ状になっており、ひだの隙間は湿っぽくなりやすい場所です。

給水ボトルの不具合で、水を飲むときに水が垂れることがあります。

足の裏や腹部

排泄物の掃除をこまめにしていないなど、ケージの床が不衛生でいつもじめじめしていると、特に肥満のウサギでは体重の重みで足の裏や腹部など、床に接している部分に不自然な圧力がかかり、炎症を引き起こします。

体に麻痺や運動失調があるときには、体がきちんと起こせないため、体に汚れがつきやすくなります。

目の下

不正咬合、目や鼻の病気などによって涙が多いと、目の下がいつも濡れた状態になります。

下腹部

結石などの泌尿器疾患が原因で尿漏れをしていたり、下半身麻痺で排尿のコントロールができないと、下腹部がいつも湿った状態になり、いわゆる「尿やけ」を起こします。

慢性的な下痢をしていると、肛門周囲がいつもじめじめした状態になります。

体に痛みがあると、毛づくろいがうまくできずに下腹部も汚れます。

麻痺や肥満などで盲腸便が食べられず、肛門の周りに付着し、下腹部が不衛生になります。

原因

肉垂のひだは湿っぽくなりやすい

不衛生な環境

涙が多いと眼の下がいつも湿っている

排尿コントロールができない尿漏れ

肥満

太りすぎていると、肉垂が過度になったり、他の部位でも皮膚のたるみが多くなり、その分、皮膚のひだが増え、湿っぽくなります。毛づくろいがうまくできないことも皮膚の衛生面を保てない一因となります。

▶主な症状は？

皮膚が赤くなったり、潰瘍（かいよう）（皮膚の深い部分にまで及ぶただれ）ができます。患部の被毛がからまる、脱毛、皮膚からの分泌物が見られたり、かゆみがあることもあります。

▶病院ではどんな治療をするの？

飼育環境の改善が重要で、ウサギの体を湿らせる原因となっているものを取り除きます（不正咬合の治療など）。

患部を洗浄、乾燥させます。膿がたまっていたら膿を出します。必要であれば抗生物質を投与します。

▶どうしたら予防できるの？

乾燥し、衛生的な環境を整え、体を濡らしたり湿っぽくさせる病気の予防を心がけます。太らせすぎないようにしましょう。

予防

衛生的な環境

適切な食事を与えて太らせすぎない

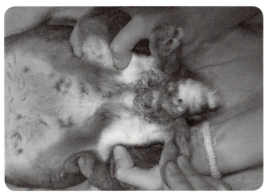

尿道口の周囲がただれ、湿性皮膚炎を起こしている

尿漏れにより、睾丸に起こった湿性皮膚炎

尾に脱毛が見られる

褥瘡（しょくそう）（床ずれ）による湿性皮膚炎

pododermatitis
ソアホック

▶どんな病気？

足の裏の皮膚が固くタコのようになったり、炎症を起こす病気です。飛節びらん、足底皮膚炎、潰瘍性足底皮膚炎などとも呼ばれます。「ソア (sore)」は「痛む」、「ホック (hock)」は「かかと」という意味です。

ウサギの足の裏には肉球がなく、厚い被毛が皮膚を保護しています。しかし、足の裏に大きな負荷がかかって血行が悪くなると、ソアホックを起こしやすくなります。

ウサギは歩いているときには指先に重心がかかりますが、じっとしているときにはかかとと中足骨（かかとから指の付け根にかけての部分）に重心がかかるので、不活発な状態だと、かかとにかかる負荷が大きくなります。

主に後ろ足のかかと（片方あるいは両方）に発症し、まれに前足の裏にも発症します

最初は小さな脱毛から始まりますが、膿が溜まって膿瘍になり、厚いかさぶたが作られ、化膿し、症状が進行して炎症が骨にまで進んでしまうと、骨髄炎、関節滑膜炎や敗血症を起こすなど深刻なものになっていきます。

感染の原因菌は、多くは黄色ブドウ球菌、パスツレラ菌（Pasteurella multocida）です。

原因は、以下のようなものです。

ウサギの体に関連する状況
* 体重が重い（大型種、太りすぎ）。
* 先天的に足の裏の被毛が薄い（レッキスやミニレッキスのようにもともと足の裏の被毛が薄い品種や、遺伝的なもの）。
* 性格。スタンピングを過剰にしたり、急な方向転換をする。
* 老齢になると多かれ少なかれソアホックが見られることも多い。老齢で肥満の個体、体調が悪くて動けない個体はなりやすい。
* 爪の伸びすぎ（丸まって伸びていく爪によってつま先が浮き、かかと近くの一部分に体重がかかる）。

飼育環境に関連する状況
* 不衛生な環境。ケージの床に排泄物が放置され、いつも湿っている（フカフカしているはずの被毛が濡れ、緩衝材の役割をしない）。
* 不適切な床。金網などケージの床が硬すぎたり、粗い床。マツやスギなど刺激性がある床材。
* 活動の制限。不適切な床の狭いケージの中でいつもじっとしているような状態。

原因

太りすぎ

爪の伸びすぎ

足裏の被毛が薄い

狭いケージでじっとしている

▶主な症状は？

脱毛、皮膚が炎症を起こして赤くなる、脱毛したところが固くタコのようになる、びらん（皮膚の浅い部分のただれ）、潰瘍と症状が進行します。

最初は痛みもなく無症状ですが、進行すると深部にまで炎症がおよび、足の裏が痛いために体重をかけないようにしていたり、足の裏を気にする、動きがぎこちなくなるなどの症状が見られます。痛みのために食欲や元気がなくなります。

▶病院ではどんな治療をするの？

小さな脱毛で、細菌感染していなければ治療の必要はありません。症状をよく観察し、症状が進行しないよう環境を整えましょう。

症状が進行すると、レントゲン撮影、血液検査、培養検査が必要です。

患部を洗って消毒、乾燥させ、適切な抗生物質を投与します。

痛みがある場合は鎮痛剤を投与します。

必要に応じて包帯をします。

骨膜炎を起こすほど進行した場合は、患部を切除したり、抗生物質入りの生理食塩水で患部を毎日洗います。その後に長期の感染コントロールのために、抗生物質をしみ込ませた治療用ビーズを入れることもあります。

足の裏を床につけずに生活することはできません。ソアホックは治療に時間がかかるだけでなく、重症化すると治療困難になります。

治るまでケージレスト（狭いケージで飼い、動きを制限する）を行います。また、飼育環境を適切なものにします。柔らかい床材を敷き、衛生的に保ちます。

▶どうしたら予防できるの？

太らせすぎないようにし、適切な時期に爪切りを行いましょう。

適度な運動の機会を設けましょう。ケージ掃除はこまめに行い、衛生的な飼育環境を心がけます。足の裏への当たりが柔らかい床材を使いましょう。

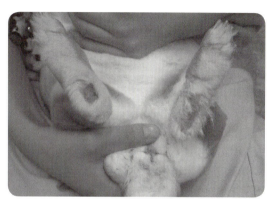

かかとにソアホックを起こしている

ソアホックに加え、尾の周囲は湿性皮膚炎を起こしている

予防

爪の伸びすぎを防ぐ

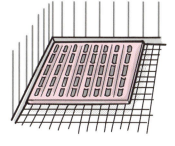

足の裏に優しい床材を使う

COLUMN　ウサギに見られる細菌

黄色ブドウ球菌、パスツレラ菌、緑膿菌のほかに、レンサ球菌属（*Streptococcus*）、クレブシエラ属（*Klebsiella*）、プロテウス属（*Proteus*）、リステリア属（*Listeria*）、放線菌属（*Actinomyses*）、アクチノバチルス属（*Actinobacillus*）などがあります。治療にあたっては培養結果により、適した治療が行われます。

dermatophytosis
皮膚糸状菌症

▶どんな病気？

皮膚に感染するカビ（真菌）によって起こる皮膚の病気です。真菌症ともいいます。

皮膚糸状菌症を起こす真菌は約40種類あるといわれており、いずれもミクロスポム属（Microsporum）とトリコフィトン属（Trichophyton）の真菌です。これらは動物への寄生性が強く、人にも感染します。症状は皮膚の一点から始まり、炎症の激しい部分が円を描くように同心円状に広がることから輪癬（リングワーム）とも呼ばれます。動物に関係する真菌は、毛瘡白癬菌（Trichophyton mentagrophytes）、犬小胞子菌（Microsporum canis）、石膏状小胞子菌（Microsporum gypseum）です。特にウサギは毛瘡白癬菌の感染が多く見られます。

皮膚に真菌が存在している個体は多いものですが、健康で免疫力が高い状態なら、特に問題は起きません。ところが、不衛生な環境、不適切な温度や湿度、過密飼育、栄養バランスの偏り、ストレスなどが原因で免疫力が低下すると、感染し増殖します。免疫力が弱い子ウサギや高齢のウサギ、他の病気を併発すると発症しやすくなります。

症状が見られるのは頭や顔、鼻先、耳、前足などが多いですが、ほかの場所にも発症します。ウサギは前足で顔や耳のグルーミングをするので、前足にだけ増殖していたものがグルーミングをしたときに鼻先にうつったり、顔に増殖していたものが前足にうつるなどして広がることがあります。

人にも感染する共通感染症です。

▶主な症状は？

典型的な症状は、丸く乾燥した脱毛です。丸くないこともあります。ふけやかさぶたが見られたり、かゆがることもあります。

▶病院ではどんな治療をするの？

患部の毛を顕微鏡で見たり、培養して、原因となっている菌を調べます。

たいていの場合は症状から「皮膚糸状菌症ではないか」ということが想定されるので、菌の種類を調べるのと並行して治療も進め、抗真菌剤を投与します。

重症の皮膚糸状菌症では、最低3〜4ヶ月の治療が必要な場合もあります。

皮膚や被毛が不衛生な状態になっていれば改善します。必要があれば薬浴を行います。

▶どうしたら予防できるの？

健康状態を良好に保ち、隠れた病気を見つけストレスのない飼育環境を心がけましょう。

発症している動物と接触させないようにします。多頭飼育していて発症した個体がいる場合は、そのウサギの世話は最後にするようにし、感染の拡大を防ぎましょう。

原因

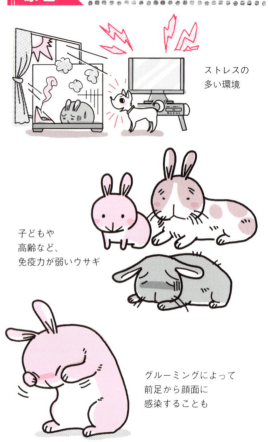

ストレスの多い環境

子どもや高齢など、免疫力が弱いウサギ

グルーミングによって前足から顔面に感染することも

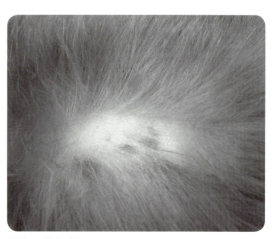

乾燥した脱毛が見られる

subcutaneous abscess
皮下膿瘍

▶どんな病気?

膿瘍とは、細菌感染によって膿が溜まってできた「腫れもの」「できもの」のことです。ウサギに多い歯根膿瘍(→78ページ)をはじめ、全身のさまざまな場所にできる可能性があります。

皮下膿瘍もウサギではよく見られます。他のウサギとケンカをしたり、ウサギが暮らす環境に存在する細菌が、とがったものなどで皮膚にできた傷から感染し、皮膚の下で増殖、膿が溜まって膿瘍が作られます。ストレスがあると、発症する可能性が高まります。ウサギの膿はクリーム状で濃く、白いものが多く見られます。細菌性皮膚炎から皮下膿瘍に進行することもあります。

膿瘍の原因となる細菌には、黄色ブドウ球菌、パスツレラ菌、緑膿菌などがあります。多くの膿瘍は、ブドウ球菌属または嫌気生物(酸素を必要としない細菌)によるものです。パスツレラ菌というとパスツレラ感染症がよく知られていますが、皮下膿瘍を起こすこともあるのです。

免疫力が低下していたり、高齢になると発症しやすくなります。ウサギの膿瘍は、一度治っても再発しやすいものですが、症状が進む前に早期発見できるよう、ブラッシングや健康チェックのときは体を隅々まで触り、膿瘍ができていないかも確認しましょう。

▶主な症状は?

皮膚が腫れます。症状が進むと痛みのために食欲がなくなることもあります。

▶病院ではどんな治療をするの?

一見、皮膚にできた腫瘍にも見えるので、その区別をするため、腫れているところに針を刺して細胞診を行います。

ウサギの膿は液状ではなく、カッテージチーズのような膿がカプセル状になっているので、その膿の塊ごと摘出するか、患部を切開して膿を排出し、洗浄します。

抗生物質を長期投与するか、抗生物質をしみ込ませた治療用ビーズを患部に入れることもあります。

▶どうしたら予防できるの?

ウサギがケガをしない環境を作りましょう。体を引っかけるような場所がないかなどを確認します。また、相性の悪いウサギ同士を同居させないようにします。

原因

ウサギ同士のケンカ

自分の爪で皮膚を傷つける

前足の裏にできた皮下膿瘍

胸部にできた皮下膿瘍

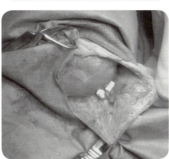
患部に抗生物質をしみ込ませたビーズを埋め込む

▶膿瘍の治療の一例

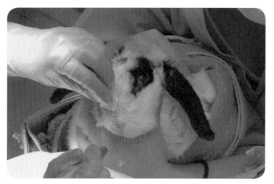

実際に膿瘍の治療はどのように行われるのか、レーザーメスを用いた一例をご紹介します。

1．鼻の上にできている膿瘍を処置します

2．患部に部分麻酔を施します

3．レーザーで膿がたまっているところに穴を開けます

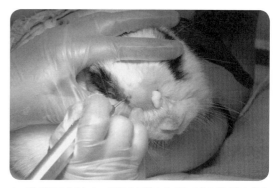

4．膿が出てきました。周囲を圧迫しながらできるだけ膿を排出します

5．膿を排出後、よく洗浄します

6．排膿と洗浄を終えました。患部の腫れがひきました。

7．顎の下にも膿瘍がありましたが、きれいに治っています

treponema
トレポネーマ症

▶ どんな病気？

ウサギ梅毒ともいいます。トレポネーマ菌（*Treponema paraluiscuniculi*）の感染によって起こる病気です。トレポネーマ菌は、一般的な細菌とは構造などが異なるスピロヘータという種類の細菌の一種です。人では性感染症のひとつとして梅毒が有名ですが、人の梅毒とは菌の種類が違い、人と動物の共通感染症ではありません。

トレポネーマは、感染しているウサギとの交尾や、直接接触することによって感染します。出産時や授乳時に、母から子への感染も起こります。培養は3〜6週間かかります。

症状は顔面や生殖器に特徴的に表れます。セルフグルーミングをするさいに口から会陰部に、またその逆に感染が広がります。寒さやストレスがあると発症しやすくなります。

▶ 主な症状は？

無症状のこともあります。

主な症状は、生殖器の皮膚が赤くなる、水ぶくれができるといった皮膚の異変で、次いで進行すると顔面（顎、唇、鼻の周囲、目の周囲、耳）にかさぶたができます。かゆがることはありません。

鼻にかさぶたができているとクシャミが見られることがあります。

リンパ節が腫れることもあります。

元気がなくなるなどの全身症状は見られません。

▶ 病院ではどんな治療をするの？

組織検査、血清学的検査や暗視野顕微鏡検査という方法で、症状の出ている部分の皮膚をこすり取って診断し、抗生物質を投与します。

▶ どうしたら予防できるの？

トレポネーマに感染しているウサギと接触させたり、交尾させたりしないようにしましょう。繁殖させる場合は事前に抗体検査を行い、感染していないかを確認します。

原因

交尾による感染

授乳で感染する

症状

顔面にかさぶたができる

鼻の下にかさぶたができている

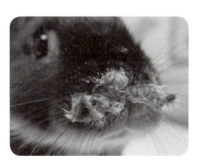

顔面にできたかさぶた

生殖器が赤くなり、腫れる

皮膚の病気 トレポネーマ症

そのほかの皮膚の病気やトラブル

▶脱毛

ウサギには、ここまでに説明したような皮膚の病気による脱毛に限らず、さまざまな理由による脱毛が見られます。

被毛の成長には、成長期・移行期・休止期・成長期…というサイクル（毛周期）があります。脱毛をともなう病気の治療をしても、それがちょうど被毛の休止期にあたるなら、被毛の成長期までは生えてこないこともあります。獣医師とも相談しながら気長に様子を見ることも必要です。

飼育環境

複数のウサギを一緒に飼っている場合、優位な個体が下位の個体の脇腹の毛をむしることがあります。自分でむしったのではなく、ほかのウサギにむしられている場合は、口の届かない場所（おでこや首の周囲、背中、お尻、脇腹など）に脱毛が見られます。

体に対して小さすぎる巣箱の入口など、継続的に同じ場所が擦れていると、その部分の毛が切れてしまうことがあります。

腹部の脱毛症ではアレルギーの可能性もあります。

ストレスによる自咬症（165ページ）があります。退屈さの発散のために自咬をしたりしつこく体を舐めて脱毛することがあります。

食事内容

必須アミノ酸のリジン、メチオニンは、被毛のケラチンを構成しています。リジンやメチオニンが少ない穀類をたくさん与えていると、被毛の発育不全が起こります。

生得的なもの

ウサギは妊娠すると、暖かな巣を作るために自分の胸や腹部の被毛をむしります。この行動は、偽妊娠でも起こります。

遺伝

遺伝的に被毛が薄く、脱毛したように見えることがあります。

換毛によるもの

ウサギでは、毛周期の休止期から成長期への移行期に、皮膚がやや厚くなり、その部分の毛が早く発育します。そのため換毛期には脱毛している部分と毛が生えている部分がまだら状になることがあります。「アイランドスキン」と呼ばれます。病気ではありません。アンゴラやロップイヤーなどで見られるといわれます。

原因

優位な個体が下位の個体の毛をむしる

ストレスによって自咬する

必須アミノ酸の不足

巣作りのために自分でむしっている

遺伝的に被毛が薄い

会陰部の湿性皮膚炎（細菌感染）による脱毛

★ダニ、ノミなどの外部寄生虫は127〜131ページを参照してください。

external parasites
外部寄生虫

- 耳ダニ症
- ウサギツメダニ症
- ノミ ・マダニ ・シラミ
- そのほかの外部寄生虫

ear mite disease
耳ダニ症

▶どんな病気？

耳ダニ症は、キュウセンヒゼンダニ科に属する疥癬ダニの一属、ウサギキュウセンヒゼンダニ（*Psoroptes cuniculi*）が、耳の表皮の深部に寄生して起こる病気です。このダニが耳介や耳の入口に寄生すると、ダニやダニの糞、はがれた皮膚からにじみ出た血液成分などで厚いかさぶたが作られ、かさぶたの下の皮膚は湿ってただれ、炎症を起こします。

最初は、外耳道（耳の穴の入口から鼓膜まで）にふけっぽいかさぶたのようなものができ、ウサギは耳をかゆがります。痛みをともなうこともあります。後ろ足で耳を掻いたり、落ち着きがなく頭を振ります。

症状が進むと、かさぶた状のものが耳介にも厚く広がります。その重みで立っている耳が下がってくることがあるほどです。炎症は体幹（四肢以外の胴体）にも広がり、脱毛、かゆみ、ふけが見られます。

まれに、もっと症状が進行すると、中耳（鼓膜から奥。蝸牛器官や三半規管などがある内耳の手前まで）にも二次的に細菌感染を起こして炎症が波及します。外耳炎、中耳炎から内耳や脳に炎症が及ぶと、斜頸を発症します。

耳ダニが寄生しているウサギとの接触によって感染します。また、ストレスなどにより免疫力が低下していると、増殖しやすくなります。

成虫のサイズはメス0.40～0.75mm、オス0.37～0.5mmです。ウサギキュウセンヒゼンダニのライフサイクル（生活環：生まれてから次世代を生み出すまで）は3週間です。このダニはウサギの体を離れても生きているので、ウサギの治療と同時に飼育環境を衛生的にすることも必要です。

▶主な症状は？

耳の内側に厚いかさぶた（薄茶色～黒褐色）ができます。

耳からいやなにおいがしたり、かゆがる、頭を振る、感染している側の耳を倒したり、頭を傾ける、落ち着きがなくなるなどの症状も見られます。かゆいために後ろ足で掻き、耳に傷ができることもあります。

▶病院ではどんな治療をするの？

耳ダニが寄生すると特異的な症状が見られるので肉眼で診断できることもありますが、かさぶた部分を取って顕微鏡検査をすると、ダニを見つけることができます。

病院では駆虫剤を2週おきに3～4回繰り返し投与します。ノミ駆除剤も効果的とされています。

ウサギを多頭飼育している場合は、家にいるすべてのウサギを同時に治療し、感染が広がらないよう衛生的な環境を心がけます。

かさぶたは自然に取れます。無理に取ろうとすると大変痛いので、無理に取る必要はありません。

▶どうしたら予防できるの？

耳ダニをもつウサギと接触させないのはもちろん、ウサギが集まる場所に行くときも注意しましょう。

ウサギの耳掃除を日常的に行う必要はありませんが、汚れがないかどうかのチェックは行いましょう。

原因

耳ダニが寄生しているウサギとの接触

症状

耳の内側が汚れている

耳にかゆみがあるので頭を振る

斜頸症状を見せる

外耳道にかさぶたが見られる

cheyletiellosis
ウサギツメダニ症

▶ どんな病気?

ダニは動物の種類によって決まった種類が寄生します。ウサギには、耳ダニ(ウサギキュウセンヒゼンダニ)のほか、被毛にウサギツメダニ(*Cheyletiella parasitivorax*)、ズツキダニ(*Listrophorus gibbus*)が寄生します。ズツキダニは寄生しても症状を示すことはまれです。ここではウサギツメダニについて説明します。

ウサギツメダニは多くの場合、頭部から背中、臀部(でんぶ)に寄生し、ウサギは軽い症状を見せるか、特に症状を示さないこともあります。

床材からや、ウサギツメダニが寄生している動物と接することで感染します。子ウサギや高齢、病気、ストレスなどで免疫力が低下していると増殖し、症状を見せます。

成虫のサイズは、メス 0.35 ～ 0.50mm、オス約 0.40mm です。ウサギツメダニのライフサイクルは 35 日です。

ほかの動物にも感染します。人と動物の共通感染症で、かゆみを伴う赤い丘疹(きゅうしん)ができます。

▶ 主な症状は?

無症状なこともあります。

白っぽいふけが見られます。薄毛や脱毛になり、皮膚が赤くなる、かさぶたができる、かゆがるなどの症状があります。

▶ 病院ではどんな治療をするの?

寄生している部位の皮膚片や毛をセロハンテープで取って顕微鏡で見て、ダニの種類を特定します。寄生している数が多いと、肉眼で見えることもあります。

基本的にウサギキュウセンヒゼンダニと同じ治療をします(駆虫剤の投与)。

治療と並行して飼育環境を衛生的にし、ウサギが集まる場所に行ったあとは被毛の状態に注意しましょう。

▶ どうしたら予防できるの?

寄生している動物とは接触させないようにします。

ストレスのない環境を作りましょう。

ウサギツメダニは、宿主の体を離れても長く生存することができます。衛生的な環境を心がけましょう。

| 症状 |

かゆみがあり、ふけが出る

薄毛になる

ダニの寄生によるふけ

ダニの寄生による脱毛

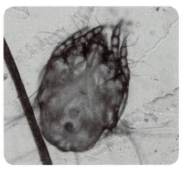

虫卵をもっているダニ

flea
ノミ

▶どんな病気？

ウサギには、ネコノミ（*Ctenocephalides felis*）とイヌノミ（*Ctenocephalides canis*）が寄生します。イヌやネコなどとの接触があったり、イヌやネコと生活空間が重なっている場合や、特に夏場、屋外を散歩させるときに寄生する可能性があります。ウサギノミ（*Cediopsylla simplex*）も存在しますが、寄生はまれです。

比較的感染の多いネコノミは、成虫の大きさはオス1.2～1.8mm、メス1.6～2.0mm。卵・幼虫・前蛹・蛹・成虫という5期が一生で、ライフサイクルは2～3週間です。成虫になると動物の体から離れることはあまりありませんが、卵は落下し、孵化し、成虫の血液の混じった糞などを食べて成長します。そのため、ウサギ自体へのアプローチに並行して、衛生的な飼育環境を維持する必要があります。

▶主な症状は？

無症状ですが、軽いかゆみ、二次的に細菌性皮膚炎になるなどさまざまです。重度の場合には貧血や死亡することもあります。

▶病院ではどんな治療をするの？

ノミとノミの排泄物は肉眼で見ることができるので、ノミ取りぐしで被毛をすけば、通常は簡単に診断できます。

駆虫剤を一定期間、投与します。8週齢以上のウサギに最も安全で効果的な薬剤はイミダクロプリド製剤（商品名「アドバンテージ プラス」）で、3～4週間ごとに使用します。セラメクチン製剤（商品名「レボリューション」）もウサギに使用できますが、ウサギの体内での代謝が早いため、効果的なノミ制御のためには7日ごとに使用する必要があります。

治療と並行して、住まいの掃除を十分に行い、ノミの卵が孵化しないようにします。

▶どうしたら予防できるの？

ノミが寄生している動物と接触させないようにします。ウサギ以外に、屋外に散歩に出る動物を飼っているなら、その動物のノミ駆除も同時に行いましょう。

ノミが寄生しているときはノミの糞が見られる

COLUMN 外部寄生虫の駆除剤

外部寄生虫の駆除剤は、イヌネコ用をインターネット通販で入手することが可能ですが、ウサギに投与してはいけない種類もあります（商品名「フロントライン」）。独自の判断で使用するのはたいへん危険です。必ず動物病院で診察を受け、処方してもらいましょう。

COLUMN 外部寄生虫の治療

外部寄生虫の治療は、その寄生虫のライフサイクルを考えて行う必要があります。駆虫剤は成虫には効きますが、卵には効果がなく、死滅させることができません。そのため、一度駆虫をして成虫がいなくなっても、卵が孵化すればまた成虫が増えてしまいます。卵を産む前の成虫が駆除できるまで、繰り返し駆虫が必要なのです。

原因

イヌやネコから寄生する

tick
マダニ

▶どんな病気？

マダニは野外に生息しているダニで、マダニ科に属するマダニの総称です。

草むらなどに生息しているため、屋外に散歩につれていき、草むらに入っていったときに寄生される可能性があります。

吸血性があり、普通は4mmくらいの大きさですが、吸血すると豆粒大に大きくなります。

皮膚炎を起こしたり、たくさん寄生すると貧血を起こすことがあります。

▶主な症状は？

顔に寄生することが多いでしょう。吸血して大きくなったマダニがついています。

▶病院ではどんな治療をするの？

マダニを取り除きますが、マダニの口には返しがついていて、皮膚にしっかりと食いついています。そのため、無理にむしり取ると、皮膚に取りついている口が皮膚に残ってしまいます。動物病院で処置してもらいましょう。

▶どうしたら予防できるの？

マダニのいるような屋外の草むらには連れていかないようにしましょう。屋外に連れていったあとは体のチェックをし、寄生の確認をしてください。

マダニは草むらに潜んでいるので、連れていかないように

lice
シラミ

▶どんな病気？

シラミは、動物の種類ごとに異なる種が寄生し、ウサギにはウサギジラミ（*Haemodipsus ventricosis*）という種類が寄生します。背中や脇腹によく寄生し、被毛を取って顕微鏡で見ると確認することができます。

成虫の大きさはオス約1.0mm、メス約1.5mmで、卵は被毛に産みつけられたあと7日で孵化し、ライフサイクルは30日です。シラミは、宿主に寄生した状態で一生を過ごし、宿主から取り除けば1日以内に死んでしまいます。

シラミが寄生しているウサギと接したり、床材を経由して寄生することもあります。

若いウサギや高齢、病気などで免疫力が低下していると寄生されやすく、また症状も重くなる傾向にあります。

▶主な症状は？

かゆみがあり、脱毛が見られます。寄生がひどいとふけ、かさぶた、元気がなくなる、貧血を起こすなどの症状があります。

原因

シラミが寄生している
ウサギからの寄生

免疫力が低い若いウサギや
高齢のウサギは寄生されやすい

▶病院ではどんな治療をするの？

殺虫薬や、そのほかの外部寄生虫駆虫薬を外用薬として使用します。

駆虫剤を一定期間、投与します。シラミのライフサイクルを考え、週に一度、3回繰り返します。

▶どうしたら予防できるの？

シラミが寄生しているウサギと接触させないようにします。衛生的な環境を心がけましょう。

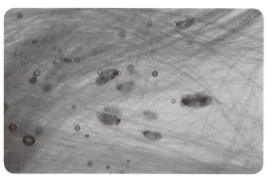

シラミは被毛を検査すると確認できる

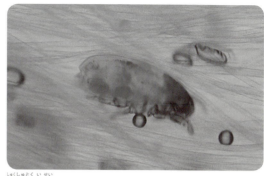

宿主特異性があり、ウサギに寄生するのはウサギジラミ

そのほかの外部寄生虫

▶ハエウジ症

夏のシーズンにウサギヒフバエ属（*Cuterebra*）に属するハエの幼虫が寄生することによって起こる病気です。ハエの幼虫が皮膚の下に寄生して、3～5週間かけて体長30mmまでに成長します。

特にお腹側の頚部、脇の下、鼠径部など、湿っぽくなりがちな場所、湿性皮膚炎を起こしていたり、尿漏れや下痢などによって鼠径部が不衛生な状態、肥満や後駆麻痺などでグルーミングができない状況、不正咬合、肥満などや傷口があると、寄生されやすい傾向にあります。

室内飼育のウサギでは寄生の可能性は少ないですが、特に夏場、屋外に暮らすウサギに見られ、屋外に散歩に連れていく機会が多い場合は注意が必要です。

皮下に寄生するため、皮膚が盛り上がります。数多く寄生されると局部の重度の皮膚炎や壊死、体重減少、衰弱などが見られます。後駆麻痺などウサギが自由に動けないような病気の末期に発症すると、死亡することがあります。

皮膚の壊死部を切除し、幼虫を根気よく取りのぞく麻酔下の外科的処置が必要になります。このとき、幼虫を取り除くために皮膚を絞ったり、ピンセットで幼虫を引き抜くときに幼虫がちぎれる

と、アナフィラキシー反応が起きたり、慢性の感染症になるおそれがあるので、注意深く処置が行われます。虫体をていねいに取り除いた後、洗浄、消毒、鎮痛薬、抗生物質を投与します。

治療するとともに、乾燥した衛生的な環境を作ります。

湿性皮膚炎や完治していない外傷があるウサギは散歩は控えたほうがいいでしょう。

肥満を防ぐなど、健康状態を維持します。

原因

屋外、肥満だと寄生されやすい

湿性皮膚炎を起こしていると寄生されやすい

ophthalmic diseases
目の病気

- 結膜炎
- 角膜潰瘍
- 涙嚢炎
- ぶどう膜炎
- 白内障
- 鼻涙管閉塞
- そのほかの目の病気やトラブル

conjunctivitis
結膜炎

▶どんな病気？

結膜とは、まぶたの裏側と眼球との間にある粘膜で、下の眼瞼（眼の縁）を反転したときに見える場所です。結膜に何らかの原因で炎症が起きる病気を結膜炎といいます。

パスツレラ菌（*Pasteurella multocida*）や黄色ブドウ球菌（*Staphylococcus aureus*）などの感染によるものが見られます。

ウサギによく見られる呼吸器系疾患にスナッフル（→97ページ）があり、パスツレラ菌が原因となることが多いのですが、これが鼻涙管を経由して感染を起こします。パスツレラ菌は、ウサギのさまざまな病気で多数のトラブルの原因となります。

結膜円蓋（まぶたの奥）は、正常でも細菌叢の生息する場所となっています。そのため黄色ブドウ球菌などの感染症も起こりやすく、また、トレポネーマ症（→125ページ）、ポックスウィルス感染症なども結膜炎の原因になります。

歯に原因があることもあります。上顎臼歯に歯根膿瘍があると、眼窩を刺激するため痛みがあり、鼻涙管閉塞（→138ページ）が起きて結膜炎になりやすくなります。

牧草やウッドチップのくず、ほこりなどが目に入ったり、ウッドチップ（針葉樹）からの揮発性物質、消毒剤、排泄物の刺激臭（不十分なトイレの掃除、狭く、閉鎖された飼育環境ではアンモニア濃度が濃くなる）など、飼育環境に問題がある場合も結膜炎を起こしやすくなります。

ウサギは目に違和感があると目をこすり、悪化させるので注意が必要です。

▶主な症状は？

結膜や目の縁が充血して赤くなります。涙目、流涙があります。感染性だと膿んだような粘り気のある目ヤニ、刺激性だと水っぽい目ヤニが出たり、緑がかった白い分泌物が見られます。まぶたが腫れる、まぶしそうな目つきをする、目ヤニで上下のまぶたが貼りついてしまう、目の下が湿っぽくなったり脱毛するなどの症状があり、痛がったり、かゆがったりすることもあります。鼻水、努力性呼吸（自然な呼吸ではなく、一生懸命に呼吸する）、軽度の発熱などの呼吸器の病気の症状が見られます。

原因

パスツレラ菌の感染（スナッフルから波及）

ウッドチップのくずが目に入る

屋外でほこりが目に入る

歯根膿瘍によって鼻涙管が閉塞

目に違和感があるとこすって悪化させる

不衛生なトイレによる糞尿の刺激臭

▶病院ではどんな治療をするの？

　原因を調べるため、目ヤニを取って細菌の検査（細菌培養）をします。

　洗浄液で目をていねいに洗浄し、眼軟膏や点眼薬を投与します。ウサギの皮膚はデリケートなので、目のまわりに流れた洗浄液は蒸留水で洗い流します。全身的に抗生物質を投与することもあります。

　パスツレラ症や歯根の問題から結膜炎を起こしている場合、鼻涙管の洗浄を行います。鼻涙管の洗浄は定期的に継続することもあります。

　治療と並行して飼育方法と飼育環境を見直すことがとても大切です。

　老齢ウサギのマイボーム腺（まぶたの縁にある皮脂腺）の開口部の閉塞や眼瞼内反症などの眼瞼異常がある場合は、切開をしたり手術をする必要があります。

▶どうしたら予防できるの？

　トイレの掃除をこまめに行い、衛生的な環境を心がけ、くずの多い牧草やウッドチップ、針葉樹のウッドチップを使わないようにします。目にゴミが入るのを避けるため、風の強い日の屋外散歩は控えましょう。

　消毒剤などの刺激性物質をウサギの周囲で用いないようにします。

　結膜炎の原因となる病気を早期発見するため、口の動かし方や流涙、顎の下の毛のもつれなどの小さな変化を見逃がさないようにし、病気があれば早期治療を行います。

結膜炎を起こし、流涙しているウサギ（上）、結膜がパスツレラ菌に感染している（下）

COLUMN 目の構造

　ウサギの目の特徴に、第3眼瞼（瞬膜）の存在があります。角膜（目の表面）を覆って保護し、涙液を提供します。睡眠中は角膜全体を覆います。まばたきの回数は1時間に10〜20回と少ないのも特徴です。

　涙は、左右にひとつずつある涙腺（下まぶた裏側の目頭側にある）、ハーダー腺（下部眼窩の中央）、第3眼瞼腺、眼窩静脈叢で作られます。

❶結膜　❷角膜　❸瞳孔　❹虹彩　❺上直筋　❻硝子体　❼網膜　❽視神経　❾強膜　❿下直筋　⓫水晶体　⓬毛様体小体　⓭毛様体

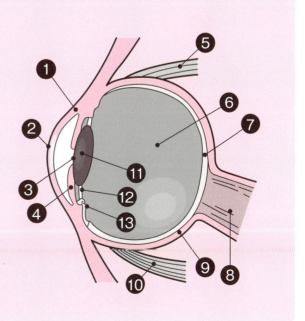

keratitis
角膜潰瘍

▶どんな病気？

　眼球の前方にあって、光を集めて屈折させるレンズの役割を果たしているのが角膜です。目の最も表面にあるため、さまざまな原因で傷つき、そのために炎症を起こす病気が角膜炎です。

　角膜潰瘍は、外傷、擦過傷や、重度の炎症が深部にまで広がるなどして、角膜の組織が欠損するもので、ウサギの目の病気の中ではとても多く見られます。

　牧草などの異物や床材のくずやほこりが目に入ることや、同居動物とのケンカによる外傷、顔のグルーミングなどで偶発的に爪で目を傷つけることなどが原因となります。

　他の病気から二次的に起こるものでは、涙嚢炎（→136ページ）などで、涙が正常に排出されず、角膜の表面が感染した目ヤニで覆われること、緑内障（→141ページ）、眼窩膿瘍、歯根膿瘍、呼吸器不全などによる眼球突出、エンセファリトゾーン症による視神経疾患などが原因となります。また、目の病気による痛みや刺激があると、しきりに目をこすり、傷つけ、感染を広げることになります。

▶主な症状は？

　涙目、流涙や目ヤニが見られます。まぶたのけいれん、結膜の充血、瞳孔が狭くなる、白いもやもやしたものが目の中に見える、角膜の白濁などの症状があります。痛みがあるため、目の周囲を触られるのを嫌がったり、明るいほうを見るときに目をしょぼしょぼさせてまぶしそうにすることもあります。

▶病院ではどんな治療をするの？

　フルオレセイン染色液を結膜嚢（まぶたの下の袋状の部分）に付けた後、精製水で洗い、コバルトフィルターという光源を使って観察します。角膜に傷があると、その部分が黄緑色に見えます。また、眼底鏡やスリット検査で眼内を観察するなどの検査を行います（→192ページ）。

　抗生物質や角膜障害治療薬の点眼薬を投与します。

　治療と並行して、外傷を起こしそうな飼育環境を改善します。

原因	症状

原因：ウッドチップのくずが目に入る／ケンカによる外傷／セルフグルーミングのとき、爪で傷つける

症状：涙目になっている／角膜が白濁する／明るいほうを見るときまぶしそうにする

▶どうしたら予防できるの？

くずの多い牧草やウッドチップを使わないようにする、目にゴミが入るのを避けるため、風の強い日には外に連れていくのを控える、爪が伸びすぎていたら爪切りをするなど、目を傷つけることのない環境を心がけてください。また、相性の悪いウサギ同士の接触には十分に注意します。

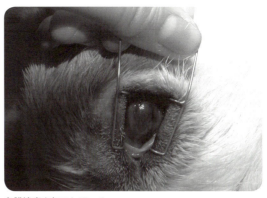

角膜潰瘍を起こしている

風の強い日は外出を控える

前眼房の膿瘍。角膜の組織が欠損している

COLUMN 自己フィブリン糊を使った角膜潰瘍の最新治療

ウサギに多い目の病気である角膜潰瘍。抗生物質や角膜障害治療薬などの点眼薬を用いて治療するのが一般的ですが、最近、自己フィブリン糊を用いた角膜疾患治療が麻布大学の印牧信行教授のもとで進められています。

フィブリノゲンというタンパク質の一種に、トロンビンという酵素が作用すると、「フィブリン」という血液を凝固させる働きをもつタンパク質に変化します。これが「フィブリン糊」という生体接着剤で、人では止血や傷ついた臓器の接着などに使われています。「自己フィブリン糊」とは、自分の血液を利用してこの接着剤を作るものです。

治療対象のウサギから採血した血液（血漿）から取り出した濃縮フィブリノゲン液と、トロンビンとカルシウム混合液とを点眼します。すると角膜の上にフィブリンの膜が作られ、傷ついた角膜が修復されていくというものです。

角膜が深くまで傷ついた場合でも改善が期待されます。自分の血液が原料となっているのでアレルギーなどの拒絶反応は起こらず、また、未知の感染症のリスクもありません。

角膜上に形成されたフィブリン糊には、角膜表面を健全化させる成分が被覆フィブリン以外に含まれている可能性があるとのことです。

dacryocystitis
涙嚢炎

▶どんな病気？

涙嚢は、涙腺でできた涙を溜めておく場所のことです（→139ページの図）。涙を吸引して鼻涙管に送るポンプの役目をします。

パスツレラ菌などの感染によって、涙嚢が炎症を起こす病気です。不正咬合や鼻涙管閉塞も原因となります。

目の表面は常に涙で覆われていますが、涙嚢炎によって感染した場合、結膜炎や角膜炎を起こすことがあります。

治るのに時間がかかる病気です。

▶主な症状は？

ねばりけがある膿状の目ヤニがたくさん出ます。

▶病院ではどんな治療をするの？

膿の培養検査などで診断し、抗生物質を投与します。鼻涙管閉塞があれば、その治療を行い、抗生物質や生理食塩水で涙嚢を繰り返し洗浄します。

▶どうしたら予防できるの？

パスツレラ症、不正咬合、鼻涙管閉塞などを起こさないようにしましょう（それぞれのページを参照してください）。

uveitis
ぶどう膜炎

▶どんな病気？

ぶどう膜は、眼球全体を包んでいる組織をいい、脈絡膜、毛様体、虹彩からなっています。血管が豊富な組織です。ぶどう膜炎は、これらの組織に炎症が起こる病気です。

パスツレラ菌の感染が多いですが、エンセファリトゾーン症（→147ページ）の感染によるエンセファリトゾーン原虫が誘発する破嚢性（水晶体を包む膜が破れる）のぶどう膜炎も発症の原因のひとつです。外傷、角膜炎や角膜潰瘍なども原因となります。

▶主な症状は？

結膜や角膜の充血、涙や目ヤニが多いといった症状が見られます。

症状が進行すると、目の中に白っぽいものやモヤのようなものが見られます。まぶしがる、まぶたのけいれん、痛みなどの症状もあります。

▶病院ではどんな治療をするの？

目の検査を行って診断します。

細菌感染があれば抗生物質を投与します。ステロイド剤や散瞳薬を用いた治療も行なわれます。

急性だと痛みがあり食欲不振になるので、鎮痛剤を投与します。

ほかの病気が原因となっていれば、その病気の治療を行います。

▶どうしたら予防できるの？

パスツレラ感染症や外傷を起こさないよう注意します。

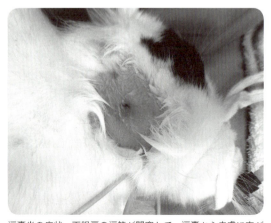

涙嚢炎の症状。下眼房の涙管が閉塞して、涙嚢から皮膚に穴が開いた

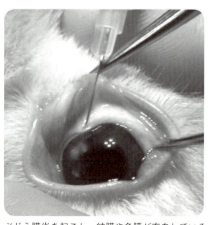

ぶどう膜炎を起こし、結膜や角膜が充血している

cataract
白内障

▶どんな病気？

　ものを見るときにピントを合わせる役割をしているのが水晶体で、凸レンズのような形をしています。目の水晶体のタンパク質が過酸化脂質によって酸化することで水晶体が白く濁り、視力が低下する病気が白内障です。過酸化脂質とは、脂質が活性酸素（体内で酸素が変化してもので、細胞を傷つけるといわれる）によって酸化されてできるもので、組織の障害や老化を引き起こします。

　白内障はさまざまな原因で起こります。活性酸素のひとつであるフリーラジカルや、活性酸素による酸化ストレスが関わっていると考えられています。先天性（まれですが出生したときには起きていて、進行性ではない）、エンセファリトゾーン原虫やパスツレラ症によるもの、加齢、遺伝、糖尿病（2型糖尿病といわれるタイプが多い）などの代謝性の病気、薬剤、放射線、食事などの栄養性、薬、太陽光、頭部の外傷も原因として挙げられます。外傷性によるものでは通常、水晶体がずれる、破裂、眼球に穴が開くといったことが起こります。ぶどう膜炎（→136ページ）など、ほかの病気が原因で引き起こされる場合もあります。一度、白濁するともとには戻りません。

　高齢になると多く見られますが、若いウサギにも発症します。2歳未満の若いウサギでは、エンセファリトゾーン症から起きるぶどう膜炎が見られます。ニュージーランド種では遺伝性だと知られています。

　住まいのレイアウトを変更せず、徐々に視力が低下していくなら、目が見えなくなってもうまく暮らしていけるようですが、早期に治療を行えば進行を遅らせることが可能です。早めに診察を受けましょう。

▶主な症状は？

　最初は一部が白濁しているだけですが、症状が進むと白濁が進行します。そのままにしておくと、眼圧が高まって視野が狭くなる緑内障（→141ページ）になる可能性があります。

水晶体が白濁、目が白く見えるのが白内障の典型例

老齢性の白内障

白内障からぶどう膜炎を起こしてしまった

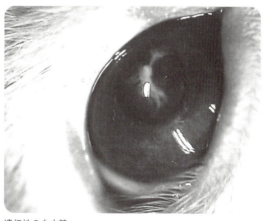

遺伝性の白内障

▶病院ではどんな治療をするの？

ぶどう膜炎などがあって手術できない場合は、非ステロイド性やステロイド性の抗炎症性点眼薬（ピレノキシン製剤やグルタチオン製剤）を投与して進行を遅らせます。点眼薬の使用はあくまで白内障の進行を遅らせることが目的です。

水晶体の白濁を取り除く超音波吸引手術を行うこともあります。

▶どうしたら予防できるの？

加齢による白内障は徐々に進行しますから、視力低下に対応できるよう、環境を早めに整えます。

遺伝性と思われる白内障を発症している個体は、繁殖させないようにしてください。

外傷性の白内障を防ぐため、ケガをさせない飼育管理を心がけましょう。

白内障がぶどう膜炎に移行しないように定期的に目のチェックを受ける事が大切な予防になります。早期に発見し、水晶体の酸化を防ぐために抗酸化作用のある物質を与えます。

予防

安全な環境を整える

遺伝性白内障のウサギを繁殖させない

COLUMN　ウサギの健康と病気いまむかし①

日本でウサギが一般に飼われるようになるのは明治時代になってからです。明治初年や大正、昭和と何度かウサギブームも起こり、ウサギの飼育書も発行されました（必ずしもペットとしての飼育に限りませんが）。当時知られていたウサギの病気と健康について見てみましょう。

○『牧畜要論　初編　兎の部』（明治６年、履亭主人）より、飼育上の注意点
・餌は水分を含まない穀類がよい。
・セリ、タチジャコウ（タイム）、蓍草（ノコギリソウ、ヤロー）のような、よい香りのする草を与えれば健康になる。
・肉、酸っぱいもの、辛いものは与えてはいけない。誤って与えるとすぐ死んでしまう。
・湿気を嫌うので、箱や床敷きは、日によく当て、嫌なにおいがしないようにする。

○『兎そだて草』（明治25年、田村貢）より、病気と治療法について
下痢：軽度のときは樫の葉を与えると半日か２日で治る。重症のときは、葛の葉を煎じて草と混ぜて与える。焼きみょうばんを与えてもいい。この症状は伝染するので、病気のウサギは別の箱に移す。清潔にしておくこと。

そもそもウサギは、病気になった初期に夜露にあてれば、たいがいは治るものだ。また、１ヶ月に１〜２回、夜露にあてるようにすると病気にかかりにくくなる。

（146ページに続く）

nasolacrimal duct obstruction
鼻涙管閉塞

▶ どんな病気?

鼻涙管が細菌感染などによって炎症を起こして詰まる症状を鼻涙管閉塞といいます。

鼻涙管は、目と鼻をつなぐ管のことで、下まぶたの裏側に開いた小さな穴（涙点）から始まり、鼻の穴の奥へとつながっています。涙腺で作られた涙は目の表面を潤し、外から侵入してくる菌や異物などを洗い流したり、角膜へ酸素や栄養を届ける働きをしています。その涙は役割を終えると鼻涙管を通って鼻の奥へ流れていきます。

ところが、鼻涙管が何かの理由で詰まると、涙が排出されないため、いつも涙目になっていたり、涙を流したり、目ヤニが出ていたりします。鼻涙管や涙嚢（→136ページ）が細菌感染を起こしていれば、白い濁った涙となります。目の下の毛はいつも濡れて、涙やけを起こしたり、脱毛します。

鼻涙管は、涙点と、上顎切歯の歯根の近くを通る部分で狭くなっているため、これらの場所で閉塞が起こりやすいといわれています。

鼻涙管の細菌感染によって結膜炎になったり、逆に結膜炎から鼻涙管の炎症が起こることもあります。結膜炎や鼻涙管の炎症が続くと、鼻涙管は狭くなり、鼻涙管閉塞が起こります。パスツレラ菌や黄色ブドウ球菌、ポックスウィルスなどが原因菌となります。

上顎の切歯、臼歯の歯根は鼻涙管の近くに存在するため、細菌感染がなくても、不正咬合によって鼻涙管閉塞が起こることもよくあります。

刺激物（タバコ、芳香剤やアロマオイル、消臭剤など）がないかどうか、持続的に涙が出ているかどうかを確認し、涙が過剰に作られているようなら、異物、まつげの異常、角膜潰瘍、緑内障、ぶどう膜炎などの目の病気が疑われます。不正咬合があるときは痛みを伴いますし、神経疾患による眼瞼内反（逆さまつげ）が原因になることもあります。

鼻涙管閉塞はウサギに多いものですが、流涙、目ヤニ、充血などの症状は、鼻涙管閉塞以外の病気でも見られるものです。鼻涙管閉塞が起きているときには、隠れた病気がある可能性も考えます。

▶ 主な症状は?

涙目、流涙や目ヤニが見られます。流涙が続くと涙やけ（目頭近くにできる脱毛や皮膚の炎症）が起こります。顔のグルーミングをするときに涙や目ヤニで前足が汚れ、被毛がガビガビになることもあります。細菌感染していると、ねばりけのある白っぽい目ヤニが出ます。

歯や目の病気で詰まりやすい鼻涙管。洗浄が必要な場合もある（→140ページ）

鼻涙管の入り口は、まぶたの裏側にある

▶病院ではどんな治療をするの？

涙の量を検査するシルマー涙液検査（→192ページ）を行い、異物が入っていないか、まつげの異常はないか、不正咬合など歯の病気や呼吸器の病気はないか、角膜潰瘍はないか、鼻涙管開存試験（鼻涙管が詰まっていないかどうかの検査）、鼻涙管洗浄による排泄物の確認などを行い、診断します。

閉塞を改善するには、鼻涙管洗浄を行います。涙点から生理食塩水を流し込み、鼻涙管に詰まっている膿を鼻から排出させます。一般的には局所麻酔（点眼するタイプの麻酔）を用いて行います。閉塞を繰り返すことも多いので、洗浄を周期的に繰り返し行う必要もあります。

閉塞している原因を取り除いたり病気の治療をし、細菌感染がある場合は、抗生物質を投与します。

▶どうしたら予防できるの？

結膜炎や不正咬合を予防しましょう。

原因

涙目になっている

刺激物による影響

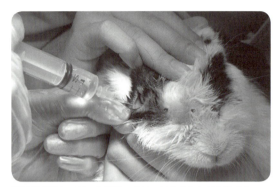
鼻涙管が詰まっている場合、カテーテルを入れて洗浄する

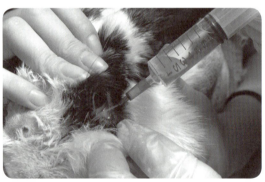
詰まっていなければ洗浄液はそのまま鼻から出る。一部はのどの奥から口に入るので、ウサギは口をもぐもぐさせる

そのほかの目の病気やトラブル

▶結膜過長症

角膜閉塞症、偽翼状片などとも呼ばれます。

結膜が異常に伸びて角膜を覆う結膜過長症は、若いオスの小型種に多く見られ、先天性のものもあります。原因はよくわかっていません。視野が狭くなるので、ものが見えにくくなります。

治療は、角膜を覆っている増生した結膜と角膜を完全に分離、外科的に切除した後、洗眼し、結膜の増生をおさえる点眼薬を投与します。再発しやすい病気です。手術の後には免疫抑制剤およびステロイド系抗炎症薬を数週間、投与します。再発を繰り返すと慢性化することがあります。結膜の再増殖を最小限におさえるため、生涯にわたって注意する必要があります。

▶眼窩膿瘍

眼窩(眼球を納める骨のくぼみ)に膿瘍ができます。

多くの場合、臼歯の不正咬合が原因なので、その治療が大切です。上顎の歯根と眼窩は隣接しているため、不正咬合によって上顎の歯根部に炎症を起こすと、眼窩に膿瘍ができます。それが眼球を押し出すために、目が突出したり、まぶたが閉じられなくなります。強い痛みもあります。抗生物質を用いることによって進行をおさえます。手術で排膿します。悪化して角膜損傷や全眼球炎(眼球内に起きる炎症)を起こした場合は、眼球摘出も検討する必要があります。

▶緑内障

眼球の中を満たしている液体である房水が適正に排出されず、そのために眼圧が上昇して、目が突出し、最終的には視力を失う病気です。ニュージーランドホワイトの遺伝性疾患として知られているほか、ぶどう膜炎が原因で起こることもあります。緑内障は、残念ながら完治することは困難です。

痛みがあるため、涙目や目が赤くなります。

眼圧の測定を行います。眼圧を下げる点眼薬(炭酸脱水酵素阻害薬や、房水産生抑制作用のある薬剤)を用いて治療します。ほかの病気によるものなら、その病気の治療を行います。

結膜の過長

眼窩膿瘍

そのほかの目の病気やトラブル

▶眼瞼内反症

ウサギでは先天的な眼瞼（まぶた）の内反が見られます。

眼瞼が内側に反転しているためにまつげが眼球に当たる、いわゆる「逆さまつげ」の状態です。涙や目ヤニが多くなります。角膜潰瘍の原因にもなります。

一時的な対処として、当たっているまつげを抜いたり、まぶたを一部縫合したり、切除する手術を行うこともあります。

眼瞼炎

▶流涙症

涙が過剰に作られたり、鼻涙管閉塞などによって涙が正常に排出されず、涙が目からあふれてしまう病気です。ウサギで多いのは、不正咬合からくるものです。結膜炎や角膜潰瘍などがあるときには、涙の量が多くなります。

いつも目の下が濡れているので毛がもつれる、抜ける、ガサガサになるなどの症状が見られます。湿性皮膚炎を起こすこともあります。

涙が多くなる原因となっている病気を治療したり、感染を防ぐために抗生物質の眼軟膏を投与するなどします。

涙液過剰のため右の内眼角に炎症が起きた

▶眼球摘出

治療が困難で、強い痛みがあるなどウサギの生活の質を大きくそこなうような目の病気があるときは、眼球摘出が選択肢となることがあります。

飼育環境を以前と変えないようにすることで、視力を失っても生活していくことはできますから、メリットとデメリットについて、獣医師とよく相談しながら決めるとよいでしょう。

▶瞬膜の過形成

ウサギの目には、目頭に瞬膜（第三眼瞼）があり、目を閉じるときに角膜を保護しています。まれに目を開けているときに瞬膜が見えていることがありますが、一時的なものなら異常ではありません。ただし、瞬膜の過形成や炎症、膿瘍などを起こして瞬膜が腫れ、戻らなくなることもあります。状況によっては瞬膜を切開して膿を出して治療します。

瞬膜が大きく腫れ上がっている

ear disease
耳の病気

・外耳炎　・中耳炎　・内耳炎
・そのほかの耳の病気やトラブル

external otitis
外耳炎

▶どんな病気？

外耳とは、耳介から鼓膜までの場所のことをいいます（耳の構造図→144ページ）。外耳炎は、ここに細菌や真菌などが感染し、炎症が起きる病気です。

ウサギは耳を後ろ足で掻いたり、前足でこすって手入れをしますが、爪が伸びすぎていると耳を傷つけます。こうした傷から細菌感染が起こります。湿度の高い、湿っぽい環境は、細菌の増殖を促し、感染を広めやすくします。

原因となる細菌にはパスツレラ菌（*Pasteurella multocida*）、黄色ブドウ球菌（*Staphylococcus aureus*）、緑膿菌（*Pseudomonas aeruginosa*）、大腸菌（*Escherichia coli*）、リステリア菌（*Listeria monocytogenes*）などがあります。

耳ダニ（→127ページ）も外耳炎の一種です。

外耳炎の治療をせずに放っておくと、中耳炎、内耳炎に進行します。外耳炎を起こしていることに気づいたら早急に治療を始めましょう。ロップイヤー種は、わざわざ耳をひっくり返さないと耳の内側が見えず、耳の異変に気がつきにくいため、特にこまめなチェックが必要です。

耳の内側は皮膚が薄く、傷つきやすい場所です。日常のケアとして耳掃除を行う必要はありません。耳掃除が必要な場合は獣医師の指導を受けてください。

▶主な症状は？

耳をかゆがったり、かゆみのために頭を振ったりします。外耳炎になっているほうの耳を倒していたり、頭を傾けることもあります。耳の中（外耳道）が赤くなっている、腫れる、いやなにおいがする、変色した分泌物（耳だれ）が出る、膿が出る、耳を触るといやがるといった症状も見られます。

▶病院ではどんな治療をするの？

軽度なら耳の中の汚れを綿棒などでていねいにぬぐいとり、点耳薬を使いますが、進行していることが多いので、浸出液（炎症によってしみ出した体液）を培養検査し、原因となっている菌を調べます。先に抗生物質の経口投与をして炎症を引かせて、麻酔下で耳の中をきれいに洗浄します。

外耳炎の原因を除去し（耳ダニの治療、伸びすぎた爪を切るなど）、温度や湿度などの飼育環境を改善します。

▶どうしたら予防できるの？

ウサギの爪をチェックし、伸びすぎていたら切るようにしてください。

ウサギに適した温度、湿度で飼育しましょう。

原因

耳ダニに感染している

耳を傷つけ、そこから細菌感染する

不衛生な環境

ロップイヤー種は耳の異変に気付きにくい

耳管閉塞のため、耳管の洗浄を行っている

otitis media
中耳炎

▶ どんな病気？

鼓膜から内耳までを中耳といいます。中耳が細菌感染を起こす病気が中耳炎です。その原因となる細菌はパスツレラ菌が多く、他には黄色ブドウ球菌、緑膿菌、気管支敗血症菌（ボルデテラ菌 *Bordetella bronchiseptica*）、大腸菌などの感染も起こります。

外耳炎から中耳に炎症が及ぶこともあります。耳管は鼻の奥とつながっているため、鼻炎を起こしていると、耳管を通じて中耳に細菌感染が広がります。また、膿が溜まりすぎると鼓膜が破裂して外耳にも炎症が及んだり、内耳炎に進行することもあります。早期発見し、治療することが大切です。

頭をひどく振ったり耳を掻いているのに、耳ダニなどの外部寄生虫が見つからない場合、中耳炎を起こしている可能性もあります。

▶ 主な症状は？

多くは無症状です。症状がある場合は、頭を振る、耳を掻く、膿状の浸出液が出るなどが見られます。

神経の障害によって顔面の麻痺が起きたり、斜頸や運動失調が見られることがあります。

▶ 病院ではどんな治療をするの？

レントゲン検査やCT検査を行い、感染を確認します。浸出液を培養検査して原因菌を特定し、それに基づいて、抗生物質や抗炎症剤を投与します。

膿が溜まっている場合、洗浄したり、手術することもあります。

▶ どうしたら予防できるの？

外耳炎、鼻炎などが見られたときには、すみやかに治療を行いましょう。

適切な飼育を行うことによって免疫力を高いレベルで維持することも大切です。

原因

外耳炎を起こしている

鼻炎から中耳に感染が広がる

COLUMN 耳の構造

ウサギの耳は大きな耳介が特徴です。その内部構造は人と同じように、外耳、中耳、内耳という3つの部分に分かれています。耳道（耳の穴）は垂直に降りたあと、鼓膜に向かってほぼ水平に伸びています（水平耳道は短い）。この部分に耳垢などがたまりやすい傾向にあります。鼓膜までが外耳です。鼓膜から内部が中耳で、鼓室という空洞があります。ここにある3つの耳小骨（ツチ骨・アブミ骨・キヌタ骨）を介して音を内耳に伝えています。内耳では、蝸牛という器官が音を脳に伝え、三半規管が平衡感覚を司っています。

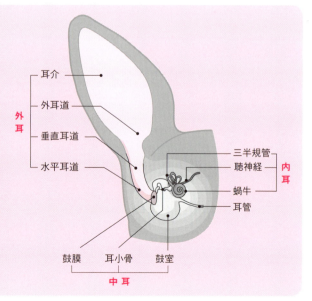

labyrinthitis
内耳炎

▶どんな病気？

内耳は、中耳の奥に位置し、三半規管や蝸牛といった器官のある場所です。ここが細菌感染を起こす病気が内耳炎です。

ウサギでは斜頸（→152ページ）が見られることは少なくありませんが、その原因の多くは内耳炎です。

多くの場合、パスツレラ菌が原因菌です。口や鼻から入ったパスツレラ菌は、耳管を通って中耳に感染し、中耳から内耳へと感染が及びます。歯根膿瘍（→78ページ）の原因菌が中耳や内耳に及んだり、外耳炎から中耳、内耳へと進行することもあります。内耳炎は、脳炎や髄膜炎に進行する可能性もあります。

耳ダニ症（→127ページ）を放置し、内耳にまで感染がおよぶと、難聴の危険があります。

▶主な症状は？

平衡感覚の異常から、斜頸、運動失調、眼振が見られることもあります。

体の自由がきかなくなると食欲がなくなるなども起こります。

▶病院ではどんな治療をするの？

レントゲン検査やCT検査を行い、感染を確認します。抗生物質や抗炎症剤を投与します。

膿がたまっている場合、手術（鼓膜切開など）を行い、排膿する場合があります。

▶どうしたら予防できるの？

中耳炎や外耳炎、鼻炎などが見られたときには、速やかに治療を行いましょう。

適切な飼育を行うことによって免疫力を高いレベルで維持することも大切です。

原因

鼻炎から中耳を通って内耳に感染が広がる

歯根膿瘍の原因菌が波及する

症状

斜頸

神経症状を見せる

予防

鼻炎や外耳炎、中耳炎の予防のため健康診断を

適切な飼育環境で飼い、免疫力のレベルを高める

そのほかの耳の病気やトラブル

▶耳垢の蓄積

ウサギには、ろう状の耳垢が溜まることがあります。ロップイヤー種は耳が垂れているため通気性が悪く、耳垢が溜まりやすいともいわれます。耳垢がひどくなれば外耳炎などの温床にもなります。

耳垢が溜まっている場合、家庭で耳掃除を行うと、耳の内部を傷つけるおそれもあります。耳の病気がないかを診てもらい、耳の手入れ方法を正しく教わるためにも、動物病院に連れていくことをおすすめします。

▶耳のケガ

ほかのウサギや動物に噛まれたり、尖ったものに引っかけたりし、耳介の一部が切れてしまうことがあります。小さな傷でも耳を振るため、圧迫止血で血が止まりにくいので、細菌感染を防ぐためにも動物病院で診察を受けるといいでしょう。

▶耳血腫

血液が溜まって耳介が腫れあがる病気です。外耳炎などでかゆがっていると毛細血管を傷つけ、耳介の内部で出血が起きて腫れます。内容物を吸引しても再発を繰り返す場合は、外科手術で腫れた耳介を切開し、中に溜まった血液などを完全に除去した後で、皮膚と軟骨を縫合して、再び血液などが溜まらないようにします。原因となっている病気があれば治療しましょう。

COLUMN　ウサギの健康と病気いまむかし②

○『兎の飼ひ方』（大正9年、河南休男）より、飼育上の注意と病気の種類

・繁殖させるオス、メスはいずれも生後8ヶ月過ぎてから。体ができあがってから繁殖させること。
・エサは朝夕の2回。ウサギは早晩から10時頃までは活発で、正午頃になると不活発になり、眠り、日暮れになると活発になる。
・梅雨時は室内が湿っぽくならないよう、特に注意する。ウサギは最も湿気を嫌がる。ウサギが病気になる原因は、エサが第一で、次に管理の不行届きにあるといってもよい。
・病気について。感冒（「よだれ」と記載がありますが以下の症状から見るとスナッフルか）：せきをし、鼻水、倦怠、食欲不振。他に下痢、便秘、食欲減退、鼓腸症、疥癬、脱毛症、踵部の腫物、痙攣、麻痺。

○『こんな有利な兎の飼ひ方と売り方』（昭和9年、瀬尾肇）

・イエウサギに水を与えれば死んでしまうなどというのは非常識もはなはだしいことである。毎日、一定時間、給水しなくてはならない。

なお、これらはあくまでも獣医療の発達していなかった時代のこと。的を射た記述もありますが、病気の治療は現代のお医者さまにお任せしましょう。

neurogenic diseases
神経性の病気・症状

- エンセファリトゾーン症
- 後躯麻痺 ・開張肢
- そのほかの神経性の病気やトラブル

encephalitozoon
エンセファリトゾーン症

▶どんな病気？

　エンセファリトゾーン原虫（*Encephalitozoon cuniculi*）が、脳や腎臓に寄生することで起こります。ウサギに限らず、イヌやネコ、げっ歯目、人への感染も知られていますが、わかっていないことも多い病気です。

　主な感染経路には、経口感染と胎盤感染の2種類があります。

　動物の体内に入ったエンセファリトゾーン原虫は、感染力をもつ「芽胞(がほう)」という成長段階で尿中に排泄されます。それが口から入ると、感染が成立します。免疫力が低下していると、感染しやすくなります。

　母子間では、妊娠中に胎盤を経由して感染することがあります。授乳期間に、母から子への感染もあります。

　感染率は高く、感染することの多い臓器は腎臓で、それに次いで中枢神経や目が侵されます。目では水晶体に寄生するので、ぶどう膜炎（→136ページ）や白内障（→137ページ）を発症します。

　何らかのストレス、気圧の変化、病気などがあると発症しやすくなりますが、感染しても発症しない「不顕性感染」が多いのがこの病気の特徴です。すべてのウサギの約40％が潜在的に感染しているといわれます。そのため、発症していなくても抗体検査をすると陽性という結果が出ます。このことが治療方針に混乱をきたす場合があります。

　たとえば、「斜頚(しゃけい)」は内耳炎とエンセファリトゾーン症に共通する症状ですが、本当は内耳炎のために斜頚が起きているので内耳炎の治療をしなくてはいけないのに、エンセファリトゾーン症の陽性反応に引きずられ、優先すべき治療が後回しになってしまうようなケースです。

　本当にエンセファリトゾーン症を発症しているかどうかを調べる「確定診断」は、その個体が死亡したあとで、感染した組織の病理検査をしてみてはじめてわかります。

　神経症状によって食事がしにくかったり、水が飲めなかったりする、また、ものにぶつかったりすることもあるので、看護が非常に大切になります。

原因

尿を経由して感染する

母子間では胎盤感染や授乳中に感染する

ストレスがあると発症しやすい

▶ 主な症状は?

多くの場合、無症状です。

しかし斜頸、後駆麻痺、けいれん、振戦(ふるえ)、急に興奮する、倒れるといった神経症状が見られることがあります。体のコントロールが難しくなるため、食欲不振や元気がないといった症状もあります。

▶ 病院ではどんな治療をするの?

血液を採取し、抗体検査を行います。

すでに斜頸などの神経症状が出ている場合、抗体検査の結果が出るまでには時間がかかるので、エンセファリトゾーン症と仮定して駆虫薬を、内耳炎と仮定して抗生物質を投与し、並行して治療を進めます。抗体検査によって抗体価が高ければ、エンセファリトゾーン症の可能性が高いので、駆虫剤の投与を続けます。判断しにくい検査結果であれば、2〜3週間ほどしてから再び抗体検査を行います。

エンセファリトゾーン症による脳の炎症をおさえるためにステロイド剤を用いることがあります。

▶ どうしたら予防できるの?

母子感染は回避することができませんが、尿からの感染を防ぐため、トイレの掃除はこまめに行い、つねに衛生的な環境を心がけましょう。

COLUMN 斜頸のウサギの看護体験-1

高野佳代子さんの愛兎、ルークくん(6歳9ヶ月)が斜頸になったのは5歳半のときでした。それまでは、寝るときとお留守番のときはケージ、家に人がいるときはリビングで過ごす生活でしたが、斜頸を発症してからはルークくんが安全に暮らせるよう、症状や回復具合に応じて環境を変えていったといいます。その様子をお聞きしました。

発症当初は眼振と激しいローリングがありました。思うように歩くことができず転んだり、体をぶつけることが危険だと感じ、ケージの柵を取り外してクッションを敷き詰めたり、リビングのカーペットの上で、ルークくんの周りを取り巻くようにクッションを置いていました。この頃は、一日3〜5回に分けて、水で練った流動食を1mlのシリンジで80本ほどあげていました。一日のうち3〜4時間はかかっていたそうです。

少し動けるようになってくると、自分で水を飲むこともできるようになったので、ケージの屋根だけを外して周囲(金網の内側)をクッションで囲み、ローリングしたときに足が金網に引っかからないようにしていました。顔が高く上がるとローリングを起こしやすかったため、給水ボトルはかなり低い位置に取り付けていたそうです。(151ページに続く)

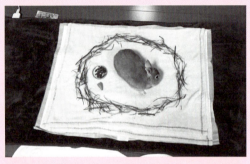

斜頸になった初日。ホットカーペットの上にバスタオルを敷き、どう動いても牧草を食べられるように。くるくる回る(旋回)だけでバスタオルから出てしまうことはありませんでした

発症から2〜3日目にローリングしはじめたので、カーペットから落ちてしまわないよう、周囲をクッションで取り囲みました

平たいお皿や、縁に丸みのある瓶の蓋を食器代わりに。食べ物を床に直接置かないと食べられませんでした

状態が少し安定してからはケージ内へ。周囲をクッションで囲んでいます

paralysis of hind limb
後躯麻痺

▶どんな病気？

腰から後ろをうまく動かせなくなる症状を、後躯麻痺といいます。

何かの原因により脊椎を損傷し（骨折や脱臼）、脊髄を傷つけることによって起こります。脊椎はいわゆる背骨のことです。ウサギでは第1腰椎や第7腰椎（一番後ろの腰椎）を骨折することが多いようです。脊椎の内部には脊髄という中枢神経が通っているため、脊椎を傷つけるとさまざまな神経症状が起こります。

脊椎を損傷する原因には、何かに驚いてパニック状態になり暴れること、抱っこを失敗したり高い場所から落ちること、ケージやキャリーの中で激しく暴れること、老齢性のもの、細菌や原虫の感染によって神経が侵されるものなどがあります。

後躯麻痺になると後ろ足が動かず、自由に動き回れないことから、床ずれを起こしたり、排泄物で下腹部が汚れ、湿性皮膚炎を起こしやすくなります。後ろ足でセルフグルーミングができないので毛並みが悪くなり、さまざまな皮膚病になりやすくなります。耳のセルフグルーミングもできないので、耳にも汚れが溜まりやすくなります。

また、膀胱を司る神経が麻痺すると、排尿障害（排尿困難や尿失禁）が起こります。

▶主な症状は？

損傷箇所やダメージの程度によって、後ろ足が動かない、後ろ足を引きずるなどがあります。後躯麻痺と併発する症状や病気には、排尿障害、湿性皮膚炎などがあります。

原因

抱っこの失敗

高いところから飛び降りる

症状

排尿困難になる

会陰部が湿って湿性皮膚炎になる

▶病院ではどんな治療をするの？

ケガをした直後は、絶対安静です。軽度で、すぐに治療を開始することができれば治る可能性もあります。重度の脊椎損傷による後駆麻痺では予後不良（見通しがよくないこと）です。飼い主による手厚い介護が必要です。

足を傷つけないよう、やわらかな床材で保護し、排泄物の掃除をこまめにして、湿っぽくならないように注意します。ブラッシングや耳掃除をし、皮膚疾患を予防します。

排尿が困難な場合は、圧迫排尿（→201ページ）の必要があります。

▶どうしたら予防できるの？

ウサギにケガをさせない飼育管理を行いましょう。あわせて抱っこにも慣らしましょう。また目新しい場所でパニックにならないよう、動物病院へ行くことなどを通じて社会化を行いましょう。

ウサギを抱くときは、落とさないように注意してください。慣れていないうちは立ったまま抱いたりせず、座って抱きましょう。また、高い場所から飛び降りたときにケガをすることがあります。危険な場所がないかどうか飼育環境に注意してください。

splay leg
開張肢

▶どんな病気？

四肢を体の中心に近づけて正常な位置に維持することができず、外側に（右足は右側に、左足は左側に）開いてしまう病気です。

1本の足だけに発症することもあれば、四肢すべてに起こることもあります。発症しやすいのは後ろ足です。1本だけに発症しており、軽度であれば日常生活に支障がないこともありますが、重度だと歩くことができません。

多くは遺伝性で、脊柱や骨盤の発達異常や、股関節脱臼、神経障害などが原因として考えられます。発症していることに、小さいうちに気がつくことが多いものです。

四肢で体を支えることができないので、食事がしにくかったり、水を飲みにくかったりします。また、足を引きずって移動するので、ものにひっかけてケガをしやすくなります。排泄物で下半身を汚したり、そのせいで湿性皮膚炎などを起こしやすくなります。

予防

慣れないうちは座って抱っこする

高いところに乗らないよう環境に注意する

症状

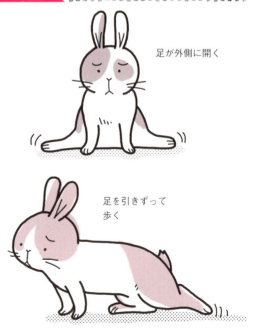

足が外側に開く

足を引きずって歩く

後駆麻痺を起こしていても、看護によって生活の質を高めることができる

▶主な症状は？

1本あるいは複数の足が外側に開いてしまいます。後ろ足で体を支えられず、足を引きずって歩きます。

▶病院ではどんな治療をするの？

完治させることは困難です。

二次的な疾患を防ぐため、日頃の看護が大切になります。採食量が少なければ強制給餌が必要になります。足を傷つけないよう、柔らかな床材で保護し、排泄物の掃除をこまめにして、湿っぽくならないように注意します。ゆっくりとストレッチをしてあげることで、症状の悪化を防ぎ、正常な足への負担を軽減します。

▶どうしたら予防できるの？

開張肢（かいちょうし）のウサギや、血縁に開張肢のウサギがいる個体は、繁殖させないでください。

治療

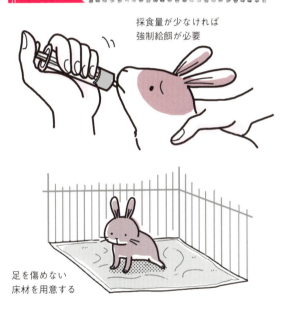

採食量が少なければ強制給餌が必要

足を傷めない床材を用意する

左右の後ろ足が開いている

COLUMN
斜頸のウサギの看護体験 - 2

（148ページからの続き）

エンセファリトゾーン症特有の眼振や激しいローリングも治り、かかりつけの獣医師より「首の傾きは自宅でのリハビリでも大丈夫」といわれ、病院での治療は3ヶ月ほどで終了しました。

現在はもっと動けるようになり、ケージでは狭くなったため、リビングで飼い、できるだけ自由に動ける環境にしています。体をよく動かすようになってからか、斜頸の角度も改善されてきたとか。自分で毛づくろいもでき、よく動くことがリハビリにもなっているようです。高野さんも、首のマッサージをしてあげているそうです。

発症したときは厳しいと感じるほどの重い症状で、治療にも時間がかかったのだとか。しかし、獣医師も高野さんも諦めませんでした。高野さんは毎日のように病院に通い、仕事をしているなかでも食事や投薬の時間を作り出し、ルークくんも徐々によくなっていったのです。症状や治療への反応から見て、おそらくエンセファリトゾーン症ではないかとの診断で、治療を行ったそうです。

「前よりとっても甘えん坊になり、より愛おしく思えることは、ケガの巧妙というか、病気の巧妙かもしれません」と高野さん。斜頸を発症するウサギは多いですが、症状の出方はさまざまで、命を落としてしまうことも多くあります。そのウサギの状態に合わせて環境を変えていくことが大切だと教えていただきました。

元気になってよく動くようになってからは、ラグマットの周囲に細長く折り畳んだ毛布で壁を作って。ローリングでケガをしないよう食器もタオルで囲んでいます

そのほかの神経性の病気やトラブル

▶ 斜頸

首をかしげているように頭部が傾く症状をいいます。「斜頸」という病気があるわけではありません。

斜頸を起こす原因には、大きく分けると末梢性（脳、脊髄以外の神経が侵されて起こる）と中枢性（脳の中枢機能が侵されて起こる）のふたつがあります。

末梢性の斜頸の原因として多いのは、細菌感染による内耳炎（→145ページ）です。内耳には三半規管など平衡感覚を司る機能がありますが、ここが感染することによって斜頸が起こります。このとき、首は内耳炎を起こしている側に傾きます。

中枢性の斜頸を起こす病気として知られているのは、エンセファリトゾーン症です（→147ページ）。

小型種のウサギではエンセファリトゾーン症が、中型種のウサギでは細菌感染による中耳炎や内耳炎が多いとされています。

そのほかの原因としては、外耳炎（可能性は低い）、頭部の外傷、脳血管の障害、脳など頭部の腫瘍、リステリア症、内部寄生虫（回虫）の移動、耳ダニの侵入などがあります。

斜頸は、最初のうちは少し首が傾いているだけですが、症状が進行すると傾き方がひどくなり、自分の体をうまくコントロールできなくなります。旋回や回転、立ち上がれなくなるなどの症状が見られるようになります。そうなると、食事をすることや水を飲むことが難しくなります。斜頸を起こしていることが直接、生命の危機にはなりませんが、それに付随して起こる状況（飲食ができない、外傷など）によって、危険な状態になることがあります。

発症後に適切な治療をすぐに始めることができれば、よくなる可能性はあるので、おかしいなと思ったらすぐに診察を受けてください。

適切な治療に加え、家庭での手厚い看護が非常に大切です。飲食のケア、安全な環境作りなどを心がけてください（200～201ページ）

症状

初期には軽度の斜頸が見られる

進行すると傾きの程度が大きくなる

旋回

自分の体がコントロールできない

眼振

予防

内耳炎にならないよう、外耳炎や中耳炎の治療をする

エンセファリトゾーン症を予防するため、衛生的な環境に

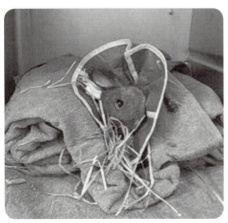

斜頸を起こしているウサギ。傾きは軽度の場合もあれば、旋回してしまうほどの重度な場合もある。自分の体をコントロールできないので、クッションやタオルなどを使って体を支える。また食べやすいように牧草を口の近くに置いている

▶旋回／回転

神経症状のひとつで、斜頸（しゃけい）とよく併発するものに運動失調があります。旋回（せんかい）や回転などがあります。

旋回（circling）は、斜頸で傾いた首を軸としてくるくる回るものです。回転（rolling）は、バランスがとれずにくるくる回ってしまうものです。いずれも、ウサギが自分で回ろうとしてはおらず、体が勝手に動いてしまいます。ウサギは自分の体がコントロールできないことでパニックになり、ケージ内では金網にぶつかってしまうこともあります。クッションを配置するなど、ぶつかってもケガをしないようにする必要があります。

▶眼振

神経症状のひとつで、斜頸に付随して起こることがよくあります。

眼球が、本人の意思とは関係なく、水平方向、あるいは垂直方向に動いてしまいます。くるくる回ることもあります。

中枢性の神経症状が起きているときには垂直方向や水平方向に、末梢性のときには水平方向に眼振（がんしん）が起きることが多いようです。

▶顔面の麻痺

中耳炎や内耳炎、歯根膿瘍（しこんのうよう）や、頭部をぶつけたことなどによって顔面神経が傷つき、顔面の麻痺が見られることがあります。耳が垂れる、まぶたが閉じない、唇が下がるなどの症状が現れ、顔の左右が非対称になります。

原因となっている病気の治療を行います。

ものがうまく食べられないこともあるので、食べやすいものを与えるなど工夫します。

tumor
腫瘍

・腫瘍とは ・子宮腺癌
・乳腺癌 ・体表の腫瘍

腫瘍とは

▶ルール違反の細胞増殖

生き物の体は、細胞で構成されています。細胞がそれぞれ決まったルールに従って増殖や分化、分裂をすることで、生き物の体は成り立ち、生き続けていくことができます。

ところが、細胞分裂するさいに何らかの理由で遺伝子のコピーミスが起こり、細胞が本来のルールを無視して際限なく過剰に増殖することがあります。この異常増殖した組織のかたまりが「腫瘍」です。「新生物」ともいいます。

腫瘍には良性腫瘍と悪性腫瘍のふたつがあります。

▶良性腫瘍

良性腫瘍は、その場所だけで増殖し、比較的ゆっくりと大きくなるか、あるところで増殖が止まります。増殖した組織はひとかたまりになっていて、周囲の健康な組織との境界ははっきりしています。手術後の転移や再発はほとんどありません。そのため良性腫瘍であれば外科的摘出手術をすることで完治が可能です。

▶悪性腫瘍（がん）

悪性腫瘍は、増殖の仕方が激しく、また早く、止まることがありません。周囲の健康な組織との境界ははっきりせず、周囲を侵しながら増殖していきます。また、血液の流れやリンパの流れなどに乗って離れた部位にも転移し、さらに増殖を続けます。再発しやすいのも特徴です。

いわゆる「がん」は、この悪性腫瘍のことをいいます（漢字で「癌」と書く場合には、がんの中でも上皮性というタイプのものを指します）。

がんができる場所

がんは、体内のほとんどすべての場所で発生する可能性があります。皮膚のすぐ下に発生した場合は、「しこり」や「できもの」として発見しやすいので、早期発見も可能です。内臓にできた場合や肉腫（骨や筋肉、脂肪などから発生する悪性腫瘍のこと）などは、症状が進行してから気がつくこともあります。

ウサギでは、避妊手術をしていないメスに子宮がんが多いなど、動物の種類によってなりやすいがんもあります。

がんの原因

がんになる原因はさまざまです。年齢、ホルモンバランス、遺伝、ウィルスや細菌、環境（化学物質、紫外線、放射線など）、食生活、日常的なストレスが続くことなどが知られています。

がんの治療

がんというと「不治の病」というイメージがありましたが、人では早期発見・早期治療により、がんを克服するケースも多くなっています。

動物においても、がんが完治の難しい病気であることに変わりはありませんが、以前と比べればがんと積極的に向きあう獣医師や飼い主が増えてきたのではないかと思われます。獣医療の進歩、飼い主の意識の変化や、高齢化によってがんになる動物が増えているという背景もあるでしょう。

具体的な治療方法には、外科療法（切除手術でがん組織を取り除く）、化学療法（抗がん剤での治療）、放射線療法（がん細胞を死滅させ、その増殖をおさえる）があります。

治療方針を決めるにあたっては、何を目指すか（完全に治す、進行を遅らせる、症状をおさえる治療のみ行うなど）ということや、がんの状況（発生部位や種類、進行具合など）、動物の年齢や体力、飼い主の置かれ

口唇に発症した扁平上皮癌

た状況(経済的・時間的・心理的な負担を負えるか)、どういったレベルの治療が可能かという環境などを考慮して判断することになります。

　誰もが最高度の治療を動物に受けさせることができるわけではありませんが、飼い主が動物のことを大切に思って決めた方針であれば、それがベストであると考えるべきでしょう。獣医師と十分に話をして治療方針を決めましょう。

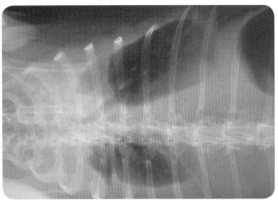

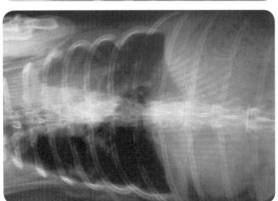

リンパ腫により胸部に溜まった胸水を抜く。写真左上が抜く前、左下が抜いた後のレントゲン写真

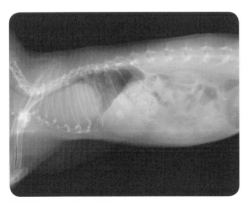

胸腺腫のレントゲン写真

がんの予防

がんを完全に予防する方法は残念ながらありません。しかし、ウサギに多い子宮のがんは、避妊手術をすることで防ぐことができます。そのほかのがんについては、適切な飼育環境にし、ストレスの少ない暮らしをさせることで、がんになる可能性を低くすることができるでしょう。

また、たとえがんになったとしても、早期発見できれば治療の選択肢は広くなり、よりよい治療を行うことが可能になります。

ウサギとがん

ウサギで多いといわれているがんには、157ページ以降でとりあげている子宮腺癌や乳腺癌、体表の腫瘍などがあります。避妊手術で防げるものを除くと、がんにかかるウサギは、あまり多くないといえるかもしれません。

しかし、がんは全身どこにでもできる可能性があります。長生きをするウサギが増えていることや、獣医療の進歩によって、これまで発見できなかったがんが見つかり、治療できることもあるかもしれません。早期発見を心がけましょう。

予防

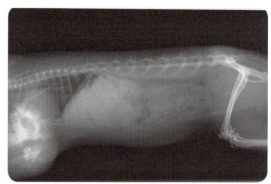
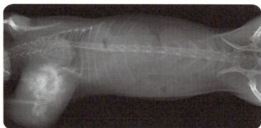

前足の付け根に腫瘍ができたため、断脚を選択した事例
上の2枚の写真はこのウサギのレントゲン写真

ストレスの少ない生活

家庭での日々の健康チェック

動物病院での定期的な健康診断

uterine adenocarcinoma
子宮腺癌

▶どんな病気？

メスのウサギに最も多い腫瘍が子宮腺癌です。

腺とは体のさまざまな場所にあって、必要な分泌物を分泌する組織のことです。子宮内にある子宮腺に由来するのが子宮腺癌で、悪性腫瘍です。

繁殖経験があるかどうかには関係なく、3歳を過ぎると増加傾向にあります。タン、フレンチ、シルバー、ハバナ、ダッチといった特定の品種では3歳以下で4％、3歳以上で50～80％が発症するとされています。これ以外の若いウサギも発症する可能性はあるので、除外しないで健康チェックをしてください

原因ははっきりしませんが、野生下ではしばしば妊娠するウサギが、飼育下でまったく繁殖活動をしないことによるホルモンバランスの影響があるのではないかといわれています。

遺伝性のこともあります。子宮内膜炎（→109ページ）に続いて発症したり、腫瘍が発覚する前に繁殖時の異常分娩や死産、産子数の減少などが見られる場合があります。

子宮腺癌は、非常にゆっくりと進行する病気です。6～24ヶ月にわたって病気が進行し続けます。

ただし治療しなければ確実に死亡します。血流やリンパの流れに沿って全身に広がり、リンパ節や肝臓に転移することがあります。肺への転移もあるので、発症してから時間が経過している個体の場合は胸部レントゲン検査も必要です。

早期発見できれば、子宮卵巣摘出手術によって完治可能です。

原因

3歳以上になると増える

ダッチ、タンなど特定の品種に多いといわれる

▶主な症状は？

最初のうちは無症状です。

血尿によって異変に気づくことがよくあります。排尿の最後に血が見られることが多いようです。膣からの分泌物（血液のようなもの）、乳腺が張る、乳頭が赤くなるなどの症状も見られます。

腫瘍が大きくなるとお腹がふくれて見えます。

肺に転移すると、食欲や元気がなくなり、やせてきます。呼吸困難を起こします。

繁殖に使っているウサギでは、繁殖能力の低下、産む子どもの数が減る、流産や死産が増えるなども起こります。

症状

血尿

乳頭が赤くなり、乳腺が張る

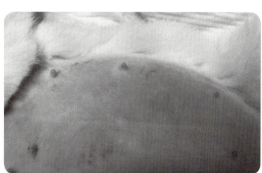

子宮線癌による乳頭の腫れ

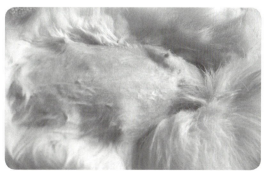

子宮線癌による乳腺の腫れ

▶病院ではどんな治療をするの？

症状や触診、尿検査、レントゲン検査、超音波検査、血液検査などによって診断します。

早期発見できれば、卵巣子宮摘出手術を行います。症状が進行し、転移した後の回復は困難です。

▶どうしたら予防できるの？

最も有効な予防策は、避妊手術をすることです。メスのウサギを飼育している場合は、予防的に避妊手術を受けることを検討しましょう。

定期的な健康診断により、早期発見を心がけましょう。1年に一度、4歳を過ぎたら半年に一度は動物病院で健康診断を受けましょう。

| 予防 |

避妊手術を受ける

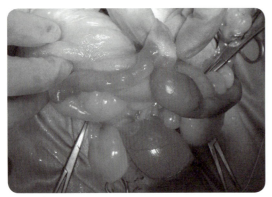

大きく腫れ上がった子宮

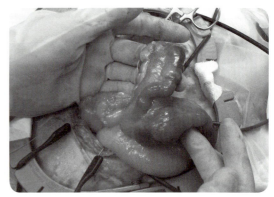

子宮線癌の手術

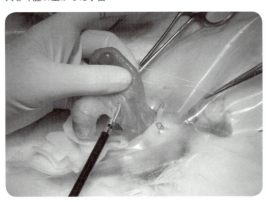

子宮腺癌の手術は開腹して行われる

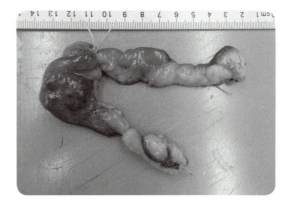

摘出した子宮と卵巣

mammary tumor
乳腺癌

▶どんな病気？

乳腺の腫瘍もウサギに多く、ほとんどが悪性の乳腺癌です。
囊胞性乳腺炎（→110ページ）から進行することが多いといわれますが、高齢によるものもあります。
転移しやすく、リンパ節や肺への転移が知られています。

▶主な症状は？

乳腺が腫れたり、しこりができます。腫れが大きくなっていると、床材にこすれて炎症を起こすこともあります。
乳頭からの分泌物が見られます。

▶病院ではどんな治療をするの？

細胞診によって診断します。
乳腺と子宮卵巣の摘出手術を行います。

▶どうしたら予防できるの？

最も有効な予防策は、避妊手術をすることです。
定期的な健康診断により、早期発見を心がけましょう。1年に一度、3歳を過ぎたら半年に一度は病院で健康診断を受けましょう。

body surface tumor
体表の腫瘍

▶どんな病気？

ウサギの体表にはさまざまなタイプの腫瘍が発生します。しこりやできもののようなものがあると気がつくことが多いでしょう。
腫瘍の種類によって、良性の場合、悪性の場合があります。
毛包にある毛芽細胞から発生する毛芽腫は、ウサギには比較的よく見られるものです。乳頭腫は、乳頭のような形をした小さなできものです。これらは良性であることが多いものです。扁平上皮癌は体や臓器の表面にできる悪性腫瘍で、進行が早いことが知られています。
ウサギの年齢や状態、できている場所などにより、摘出手術することもあります。
なお、体表にできるしこりやできもののすべてが腫瘍ではありません。膿が溜まっている膿瘍のこともよくあります。

▶主な症状は？

しこりやできものができていることに気がつきます。
お腹側にあると床とこすれて傷ついたり、ウサギが気にしてかじったりすることもあります。

▶病院ではどんな治療をするの？

細胞診やバイオプシー（生検）によって診断します。
摘出手術をすることがあります。

▶どうしたら予防できるの？

早期発見できるよう、日頃からの健康チェックを行いましょう。

予防

動物病院での定期的な健康診断で早期発見を

Check!

そのほかの腫瘍

▶胸腺腫

　胸腺とは胸部にある器官で、免疫に関与する細胞（T細胞）を産生します。人では大人になると萎縮しますが、ウサギは退行しません。胸腺は被膜で覆われています。この胸腺が腫瘍になるのが胸腺腫で、高齢になると増えます。胸腺腫はゆっくりと増殖します。

　ウサギは胸腔が狭いので、胸腺が大きくなって圧迫され、呼吸が苦しくなったり、そのために食欲がなくなる、動きたがらなくなるといった症状が見られます。血圧が上昇するために、眼球突出（がんきゅうとっしゅつ）や瞬膜（しゅんまく）が出ます。全身に脱毛やフケのようなものが見られることもあります（皮脂腺炎）。

　レントゲン検査、CT検査や超音波検査などで診断したり、細胞診を行います。

▶精巣腫瘍

　オスに見られる腫瘍です。精巣（片方、あるいは両方）が固く腫れます。片方だけにできているときは、もう片方が萎縮します。

　良性であることが多い腫瘍です。

　腫れて大きくなるため、床にこすって炎症を起こすことがあります。

　両方の精巣を摘出して治療します。

▶肺腫瘍

　ウサギでは、子宮腺癌（しきゅうせんがん）などの悪性腫瘍が肺に転移することが知られています。治療は困難なので酸素吸入を行うなどの対症療法で生活の質を維持します。

病気のウサギではありません

external injury
外傷

・創傷　・骨折　・脱臼
・そのほかの外傷

injury
創傷

▶どんなケガ？

ウサギには、さまざまな原因での裂傷、咬傷などの創傷（ケガ）が見られます。

オス同士のなわばり争い、子ウサギを守る母ウサギの防衛本能、相性の悪いメス同士など、ケンカによるものがあります。ウサギが相手のウサギに噛みついたり、蹴るなどして爪でひっかき、皮膚が裂けるなどの傷ができます。

イヌやネコなどに襲われることもあります。

また、ケージ内やウサギが行動する範囲にとがったものなどがあると、皮膚をひっかけて傷を負います。

傷がごく小さなものなら、そのままにしていても治りますが、傷口から細菌感染して膿み、皮下膿瘍（→123ページ）に進行することもあります。傷口を縫わなくてはならないケースもあります。

▶主な症状は？

被毛に隠れて確認しづらいようなごく小さな傷もあります。

出血が見られたり、ウサギがその場所を気にしていたりすることで気がつきやすいでしょう。

膿瘍ができてから気づくこともあります。

▶病院ではどんな治療をするの？

細菌感染を防ぐために抗生物質を投与します。

傷の大きさや深さによっては傷口を縫うこともあります。

▶どうしたら予防できるの？

ウサギの多頭飼育や、異種の動物（特に捕食動物）との接触には十分に注意しましょう。

ウサギが暮らす場所に危険なものがないかどうか点検してください。

原因

ケンカによる創傷

捕食動物に傷つけられることもあるので注意する

fracture
骨折

▶どんな病気？

ウサギの骨は薄くて軽いため、比較的骨折しやすい傾向にあります。ペットのウサギが骨折する原因としては、人とのコミュニケーションに関連するものと、ケージ内や室内の環境が関連するものがよく見られます。

コミュニケーションに関するものでは、抱っこに慣れていないときに高い位置からウサギを落としてしまうことがあります。特にウサギは後ろ足には強靭な筋肉がついているため、外部からの衝撃がなくても、抱っこを嫌がって過剰な力で足を蹴り出したり、もがいたりすることが骨折の原因にもなります。

よく慣れているウサギには別の注意点があります。室内で自由に遊ばせていると、人の足元に近寄ってくるため、人が気づかずに足を出してウサギを蹴ったり、踏んでしまいます。部屋から人が出ていくときについていこうとして、ドアにはさまれることもあります。

また、ケージ内や室内ではループ状になっているカーペットや、ケージの隙間に爪をひっかける、ケージ内の金網やケージの出入り口に足をはさんだり、ひっかけるといったことがありますが、このときに外そうとしてもがき、骨折することがあります。物音などに驚いて急に暴れたときにも起こりえます。

室内では、足場があると高い家具でも登ってしまいます。飛び降りて骨折することがあります。

骨折の程度もさまざまです。骨にヒビが入り、動きを制限する程度で治癒するものから、骨が折れて皮膚からは出ていない閉鎖骨折（単純骨折）、皮膚から骨が出てしまう開放骨折（複雑骨折）などがあります。

骨折が多い部位は脛骨（すねの骨）です。脊椎（第7腰椎）の骨折も珍しくなく、脊髄損傷を起こして後駆麻痺（→149ページ）などの神経症状が見られます。

外部からの力やウサギ自身の筋力による骨折のほかに、骨の感染症や栄養障害などによって骨が弱くなり、強い力がかからなくても骨折することもあります。骨密度の高い丈夫な骨にするためには、適度なカルシウムの摂取（適切なペレットと牧草を与えていれば、別途、添加する必要はありません）に加え、適度な運動も必要です。

原因

カーペットの
ループに
爪を引っかける

ケージの出入り口に
足を引っかける

抱き方が不安定で
暴れる

高いところから
落下する

予防

慣れないうちの
抱っこは座って

高いところに
乗らないよう
環境に注意する

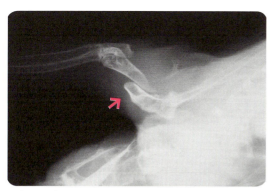
上腕骨の骨折

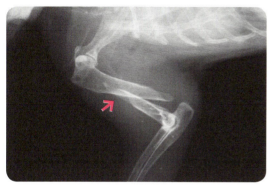
上の写真と同じウサギ。さまざまな角度でレントゲン撮影をすると、骨折の全体像がわかってくる

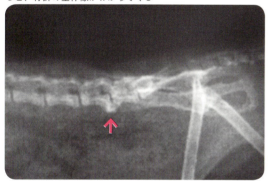
第7腰椎の骨折。ウサギの骨折では多い場所

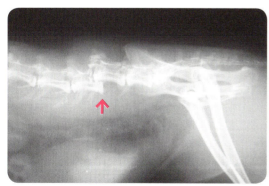
第7腰椎の骨折

▶主な症状は？

骨が折れている足を地面につけずに歩く、足を引きずって歩く、痛みがあるのでじっとして動かないといった症状があります。開放骨折だと出血や骨、皮下の組織が見えています。

脊椎を損傷していると、体を自由に動かせないほか、自力での排泄ができません。

▶病院ではどんな治療をするの？

骨折したときの状況やウサギの状態、レントゲン検査、CT検査などによって診断します。

骨折の状態が軽度の場合は、ケージレスト（狭いケージで飼い、動きを制限する）にし、自然に骨がつくのを待ちます。ウサギが嫌がらなければ、患部を包帯で固定したうえでケージレストにすることもあります。

状況により、折れた骨と骨をプレートやピンなどで固定する手術を行います。

プレートを用いるプレーティングは、医療用の金属製プレートを骨にネジで装着します。ウサギの骨は薄く、ネジ山がひっかかる場所が少ないので難しいともいわれます。ピンを用いるピンニングは骨の中心部にある髄の部分にピンを入れて、折れた骨と骨とをつなげます。創外固定は、体の外側（折れているのがすねの骨なら、すねの外側）からピンを入れて骨をつなぎます。ピンは体から出た状態になっていますので、その部分をパテで固定します。

傷があったり、開放骨折の場合や、手術をした場合は、細菌感染を防ぐために抗生物質を投与します。必要に応じて、抗炎症剤や鎮痛剤を投与します。

脊椎を損傷したときには、ステロイド剤の投薬が効果的な場合があります。

骨折の状態がひどく、手術でも改善や生活の質の維持が望めない場合は、断脚することも選択肢として検討します。もし足を1本失ったとしても、その後の生活に順応することは可能です。

▶どうしたら予防できるの？

コミュニケーションや遊びの時間には安全な接し方、遊ばせ方を行いましょう。

dislocation
脱臼

▶どんな病気？

脱臼とは、関節（骨と骨とが連結している場所）を構成する骨同士がずれたり、外れたりするものをいいます。

ウサギでは、骨折よりは少ないですが、落下事故やものにひっかけるなど、骨折と同じような理由で脱臼することもあります。

脱臼しやすい部位は、膝関節や股関節などです。

膝蓋骨脱臼では、いわゆる「膝のお皿」が内側にずれるタイプの脱臼で、外傷によって起こります。股関節脱臼は、本来なら大腿骨の骨頭（丸くなっている骨の端）が股関節（骨盤にある大腿骨の骨頭を受け止める場所）に収まっていなくてはならないのに、それが外れた状態をいいます。

▶主な症状は？

脱臼すると、足をつけないで歩く、触ると痛がる、じっとしているなどの症状が見られたり、脱臼した関節が腫れることもあります。

▶病院ではどんな治療をするの？

程度が軽ければ獣医師が指で押して整復（位置を直す）すれば治ることもありますが、重度のものでは手術が必要です。

▶どうしたら予防できるの？

コミュニケーションや遊びの時間には安全な接し方、遊ばせ方を行いましょう。

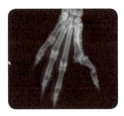 

爪を引っかけて、右前足の指を脱臼している。レントゲンを撮ると脱臼の状態がはっきりとわかる。

そのほかの外傷

▶低温やけど

やけどは、熱いお湯や油などがかかっても起こりますが、ウサギで気をつけたいのは「低温やけど」です。

上に直接、乗るタイプのペットヒーターで、手を触れてもそれほど熱くない場合でも、長い時間、そこにじっとしていれば低温やけどを起こすおそれがあります。被毛があるために熱さを人ほどは感じにくかったり、皮膚の様子に人が気づいてあげられないこともあるでしょう。

何より注意したいのは、病気や高齢のために寝ていることの多いウサギです。加温をすることは大切ですが、こうしたウサギは熱いと感じても自分ですぐに動けないこともあります。

低温やけどを起こすと、皮膚が赤くなったり、症状が進むと水ぶくれができたりします。状況によっては皮膚からの感染を防ぐために抗生物質を投与します。

直接乗るタイプのヒーターを使う場合には温度設定に注意してください。さまざまなタイプのペットヒーターが市販されているので、そのウサギの暮らし方に合ったものを選ぶといいでしょう。

▶感電

ウサギを部屋で遊ばせているとき、通電している状態の（プラグがコンセントに刺さっている）電化製品のコードをかじると、感電する危険があります。

電気コードをかじった痕跡が残っているだけで、ウサギには問題なさそうに見えても、口の中をやけどしていることがあります。ショック状態や、心停止することもあります。

感電で注意しなくてはならないのは肺水腫です。肺の中にある、空気を溜める肺胞という袋状の場所に、肺の毛細血管にある血液の水分がしみだす病気です。感電したときには、その直後ではなく一日経ってから発症することがあります。

電気コードは、ウサギの行動範囲に置かないようにしてください。

感電して平気そうだとしても、必ず動物病院で診察を受けましょう。

behavior problems
問題行動

- 問題行動とは
- 異常な行動〜自咬症
- 正常な行動だが問題になるもの

問題行動とは

ウサギをはじめ、イヌやネコなどのペットの行動には、「問題行動」と呼ばれるものがあります。問題行動とは、飼い主にとって問題となる動物の行動のことをいいます。

問題行動を大きく分けると、「動物にとっても正常な行動ではない、異常な行動」と「動物にとっては正常な行動だが、飼い主にとっては問題だったり、頻度が過剰だと問題になる行動」があります。

異常な行動〜自咬症

異常な行動の例としては、自咬症があります。

動物は、強いストレスがあると同じ行動を繰り返すなどの葛藤行動を見せることがあります。自分の体の一ヶ所をずっと舐め続けたり、かじり、毛が抜け、皮膚や肉が傷つくまでエスカレートして、自分の指や尾、生殖器などをかじってしまうこともあります。

ウサギでは、皮膚の病気や違和感があるときのほかに、退屈な環境、性的なフラストレーションが溜まっているといったときに自咬症が見られます。

ウサギの場合、前足がターゲットになることが多いようで、しつこく舐め、指を失うまでかじることもあります。

皮膚の病気があればそれを治療するほか、原因を取り除くため快適に暮らせる環境作りが欠かせません。性的なフラストレーションがあるなら、避妊去勢手術も必要となるでしょう。

なお、妊娠したとき（偽妊娠の場合も）、巣作りのために肉垂や胸の毛をむしるのは正常な行動です。

また、同居しているウサギの体をしつこく舐め、毛をかじり、毛が抜けてしまうことがあります。「毛咬み」「バーバリング」という呼び方もあります。優位なものが下位のものに対して行います。

原因

退屈な環境はウサギにストレスがかかることも

強いストレスがあると葛藤行動を見せることがある

行動

ストレスによって自咬する

優位な個体が下位の個体の毛をむしる

行動

正常な行動だが問題になるもの

▶ 人を噛む

　野生のウサギは、なわばり争いや交尾相手をめぐって、また、子どもを守るためなどにほかのウサギと戦います。

　ウサギは人に対しては元来、攻撃的ではありませんが、自分の身を守るため、自分の意志を伝えるために「噛みつく」という手段をとることがあります。ウサギが噛みついてくるのは、よほど差し迫った理由があるのだと考えましょう。

恐怖や不安

　多くの場合、恐怖や不安から噛みついてきます。

　動物は恐怖に対したとき、「闘争か逃走か（fight or flight）」のどちらかの反応をするといわれています。逃げ出すことができなければ、必死になって戦おうとするのです。

　生まれつき怖がりの個体もいますし、育つ過程での乱暴な扱いで恐怖を感じやすくなることもあります。怖いという感情は、根深く残りますから注意が必要でしょう。

体調が悪い

　具合が悪かったり、体に痛みがあるときは、自分の身を守るために噛みついてくることがあります。いつもなら噛みついてこないようなときに噛んでくるときは、体調不良も疑いましょう。

ストレスや興奮

　ストレスや興奮状態、ホルモンバランスからくるいらだちを発散しようとするために噛みついてくることがあります。いわゆる「思春期」にも見られる噛みつき行動です。

▶「思春期」の変化

　子ウサギから大人のウサギに成長する頃、急に性格が変わったように感じられる時期があります。抱っこができてとても人懐っこかったのに、抱っこを嫌がったり、噛みついてくるようになるといったことです。

　こうした変化が現れる時期を通称「思春期」と呼んでいます。性成熟してなわばり意識が強くなり、自己主張もはっきりしてくるのです。ウサギの成長段階としては正常な変化で、発情による性周期に関連します。

自分の意志を
伝えるために
噛みつくこともある

不安や恐怖で追い詰められ噛む

体に痛みがあり、
自分の身を守る
ために噛む

思春期に
抱っこされることを
嫌がる

▶マウンティング

本来は交尾行動ですが、集団の中では優位なものが劣位のものに順位づけとして行います。飼育下では、飼い主に対しても見られます。足に強く噛みつきながら行うこともあります。

人に交尾しようとしているわけでも、優位性を示しているわけでもなく、転位行動（葛藤状態に陥ったときにまったくその場とは関係ない行動をすること）として行ったものが癖になってしまったのではないかと考えられています。

わざわざ相手をする必要はなく、その場を去ればよいでしょう。

行動

優位なものが劣位のものにマウンティング

人に対してマウンティングを行う

COLUMN
エネルギーを発散させよう

問題行動は体罰では解決しません。気長に取り組み、エネルギーを発散させる環境や食べ物を探す行動を促すおもちゃを取り入れて（→43ページ）、ウサギを楽しく過ごさせましょう。

▶尿スプレー

性成熟したオスによく見られるものです（メスでも起こる）。ふりまくように排尿し、自分のにおいをつけてなわばりを主張します。中には周辺360度に撒き散らすウサギも。自分のなわばりに対する不安などがあるとよりひんぱんに行われます。

一例としては、ケージから部屋に出して遊ばせるさい、制限なく広い室内で自由に遊べるようになっていると、なわばりを守らなくてはと感じるようです。ペットサークルで区切った空間に、飼い主主導でケージから出して遊ばせ、時間を決めてケージに戻すといったことが必要でしょう。

行動

オスでもメスでも見られる尿スプレー

▶執拗なケージかじり

ケージの金網をかじるのをやめさせようと、ウサギにおやつを与えたりケージから出してあげていると、ウサギは「かじるといいことがある」と学習し、ますますかじるようになります。

不正咬合（ふせいこうごう）の原因になるので、こうした癖をつけさせないようにしなくてはなりません。癖がついてしまったら、ケージの内側にウサギ用の木製フェンスやわらマットを設置し、かじってもいいようにする方法もあります。

行動

不正咬合の原因となる金網かじり

other diseases and problems
そのほかの病気やトラブル

・熱中症 ・中毒 ・肥満
・そのほかの病気

heat stroke
熱中症

▶ どんな病気?

ウサギは、暑さにたいへん弱い動物です。

ウサギのような恒温動物には、外気温にかかわらず体温を一定に保とうとする能力が備わっています。そのため、暑いときでも体温が上昇しすぎることなく、平常の体温を維持しています。

暑くなり、体温が上昇しそうになると、人は汗をかき、イヌはハァハァと舌を出して呼吸して体に溜まる熱を放散します。ウサギは、耳にある豊富な毛細血管からの体熱放散によって、適正な体温の維持を助けています。

ところが、それらにも限界があります。耐えられないほど外気温が過度に上昇すると、体温維持が困難になります。高すぎる温度や湿度、直射日光、風通しの悪さ、飲み水の不足などの環境下では、人もイヌもウサギも熱中症を発症します。

ウサギの体温は 38.5 〜 40℃ (直腸温) ですが、40.5℃を超えるとけいれんなどの神経症状が見られるようになります。体温が 42 〜 43℃では、細胞が破壊されずに耐えられるのは数分しかありません。

特に熱中症になりやすいのは、肥満や長毛種 (皮下脂肪が多かったり、被毛が厚いと体熱を溜めやすく放散しにくい)、高齢 (体温調節機能が衰えている)、幼い (体温調節機能が未発達)、病気 (特に循環機能や呼吸機能が衰えているとき) などです。

▶ 主な症状は?

体熱がこもって体温が上昇します。体熱放散のために耳の末梢血管に血が集まり、充血するので耳が赤くなります。よだれを多く出します。あえぐように呼吸

原因

高温多湿、風通しの悪い密閉された部屋

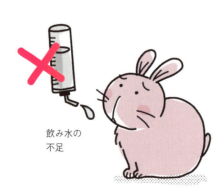

飲み水の不足

症状

耳が赤くなっている

口を開けて呼吸をしている

ぐったりと横になっている

も早くなってきます。

進行するとチアノーゼ（血液中の酸素が足りなくなり、唇などの粘膜が青紫色になる）を起こし、ぐったりします。けいれんし、手遅れになると意識を失って死亡することもあります。

▶病院ではどんな治療をするの？

早急な手当が必要です。熱中症と考えられる症状が見られたら、応急手当として体を冷やしましょう（208ページ）。

動物病院では、体温をモニターしながら体を冷やし、体温を適正温度まで下げます。脱水症状を緩和するため補液を行います。

家庭でのケアでウサギが回復した場合でも、腎臓や心臓などに異常がないかなど診察を受けておいたほうがいいこともあります。暑くないように注意しながら動物病院に連れていきましょう。

▶どうしたら予防できるの？

ウサギは非常に暑がりです。夏、ウサギのいる部屋は換気をよくし、理想的には温度は25℃くらいまで、湿度は50％くらいを維持してください。直射日光があたる場所にケージを置かないようにする、飲み水を切らさないようにするなど、夏場を快適に暮らせる環境作りを心がけてください。

温度管理のためにウサギのケージの近くに温度計・湿度計を設置しておきましょう。最高最低温度計を使うと、留守中に室温がどの程度上昇するのかわかります。「帰宅したらぐったりしていた」というようなときの判断材料のひとつになるでしょう。

肥満の個体は熱中症を起こしやすいので、太らせすぎないようにしてください。

また、移動の際のキャリーの中も熱中症を起こしやすいです。風通しのよい状況にしてあげてください。

熱中症はごく短時間でも発症します。自動車で出かけるようなときには特に注意が必要です。春から秋にかけてはどんなに短時間でも、ウサギだけを車内に残しておくようなことはしないでください。日本自動車連盟（JAF）のウェブサイト※によると、4月に外気温が23℃しかなくても、車内は最高48℃、ダッシュボードの上は70℃にもなるといいます。

熱中症は、飼い主の注意で予防することができる病気です。

※ http://www.jaf.or.jp/eco-safety/safety/usertest/temperature/
（URLは2018年2月現在）

予防

温度 25℃くらいまで
湿度 50％くらい

エアコンで温度管理する

きれいな飲み水をいつも十分に

太らせすぎない　DIET!

車中にウサギだけを放置しない

toxicosis
中毒

▶どんな病気？

中毒とは、体に対して毒性をもつ物質を体内に取り込むことで、体の機能が阻害されることをいいます。

ウサギの生活環境の中にも、毒性のあるものが意外とたくさんあります。

毒性のある植物

ポトスなど、おなじみの観葉植物にも毒性があります。ウサギの行動範囲には決して置かないようにしましょう。（→217ページ毒性のある園芸・観葉植物リスト）

毒性のある食べ物

タマネギやナガネギ、チョコレートをはじめ、以下のようなものが知られています。食べ残しのチョコレートをうっかり放置しておいてウサギが食べてしまうこともあるので注意が必要です。

＊チョコレート：カフェイン、テオブロミンの中毒。嘔吐、下痢、興奮、昏睡など。
＊ジャガイモの芽：芽や緑色の皮に含まれるソラニンの中毒。神経麻痺や胃腸障害など。
＊ネギ類：ネギ、タマネギ、ニンニクなどに含まれるアリルプロピルジスルフィドの中毒。貧血や下痢、腎障害など。
＊生のダイズ：赤血球凝集素によって消化酵素を阻害。
＊果物の種子：バラ科サクラ属（サクランボ、ビワ、モモ、アンズ、ウメ、スモモ、非食用アーモンド）の、熟していない果実や種子に含まれるアミグダリンの中毒。嘔吐や肝障害、神経障害など。
＊ピーナッツ（カビ毒）：ピーナッツの殻に生えるカビは、猛毒のアフラトキシンを発生させる。強い発がん性。
＊アボカド：ペルシンによる乳腺炎や無乳症、心不全や呼吸困難など。

鉛製品

身近にある新しい製品では、鉛を用いたものは見かけなくなりましたが、古い塗料や鉛遮音シートの張ってある壁、カーテンの重り、釣り用のおもりや、アンティークな置物にも鉛が使われていたりします。

そのほかの危険なもの

化学薬品（殺虫剤、除草剤など）、タバコ、人の医薬品など、中毒を起こす危険のあるものはそのほかにも多く存在します。ウサギを屋外に散歩に連れていくなら、除草剤などを使っていない場所にすることや、家庭内でのウサギの行動範囲に危険なものを置かないこと、安全な場所だけで遊ばせること、部屋の片付けをきちんとすることなどが必要です。

▶主な症状は？

摂取したものによって、非常に重篤な症状（急性の下痢、ぐったりする、泡を吹く、けいれんなどの神経症状）が見られるものや、鉛中毒のように元気や食欲がない、体重減少など、他の病気のときにもよく見られる症状しか発症しないものもあります。

▶病院ではどんな治療をするの？

ウサギは嘔吐ができないため、腸で吸収される前に吐き出させることができず、中毒の治療はとても難しくなります。様子を見ていたりせず、一刻も早く動物病院での治療を受ける必要があります。治療体勢を整えてもらうため、連絡を入れてから向かうといいでしょう。ウサギが何を口にしてしまったのかを必ず先生に伝えてください。

治療方法は、鉛中毒の場合にはキレート剤を投与するほか、摂取した毒物によってさまざまです。

▶どうしたら予防できるの？

ウサギの行動範囲には安全なものだけを置くようにしてください。

なお、ウサギが食べてもよいハーブや野草は「薬用植物」でもあります。一度に大量に与えすぎると問題が起こるおそれもあるので注意しましょう。

対処

ウサギは嘔吐できないので、一刻も早く動物病院へ

予防

毒性のある危険なものは遠ざける

obesity
肥満

▶肥満の原因

肥満は病気ではありませんが、正常範囲を超えた過度な肥満状態は、さまざまな病気の要因となり、ときには病気の治療に支障をきたすこともあります。

摂取するカロリーと消費するカロリーのバランスがとれていれば肥満にはなりません。ウサギの場合、おやつの与えすぎによる摂取カロリー過剰が、肥満の原因になります。

そのほかには、高齢にさしかかり、運動量が減って代謝も落ちてくるのに若いときと同じ食事内容だと太りやすかったり、避妊去勢手術（→112ページ）が肥満のきっかけになることもあります。

▶肥満のリスク

肥満は、心肺機能への大きな負担となります。麻酔時には、麻酔にかかりにくく、さめにくくなります。適正体重であっても麻酔を使うときには心肺機能に注意しなくてはならないですが、肥満ならリスクが高まります。熱中症にもなりやすくなります。

体の動きが悪くなり、毛づくろいしにくくなって毛並みが悪くなったり、盲腸便を食べられずに肛門周囲が汚れやすくなります。メスでは肉垂のたるみが大きくなり、湿性皮膚炎になりやすくなります。

体が重くなるため、骨や関節に負担がかかります。また、足の裏にかかる負担が大きくなって、ソアホックを起こしやすくなります。

過食による脂肪肝になりやすくなります。

▶肥満のみきわめと適切な体型

ウサギが肥満かどうかは、体重の数値だけでなく実際の体格や筋肉、脂肪のつき具合で判断しましょう。同じ体重だとしても、筋肉質でがっちりしているのはよい体格ですし、皮下脂肪が多くだぶついているなら太りすぎです。

特に長毛種のウサギは、実際の体格が一見わかりにくく、「実は太っていた」「実は痩せていた」ということがあります。見ただけではなく、体をやさしく触ってチェックするようにしましょう。

体格の見きわめ方法には、イヌやネコで用いられている「ボディコンディションスコア（BCS）」がウサギでも使われています。目で見た状態と、体を手で触ったときに皮下脂肪越しに触れる背骨や肋骨などの感触によって脂肪のつき具合を評価して5段階で判定するものです。

1 BCS 1　痩せすぎ			骨盤と肋骨に非常に簡単に触れられ、骨ばった様子が明らかにわかる。肋骨が浮き出ているのがわかる。臀部が凹んでいる
2 BCS 2　やせている			骨盤と肋骨に簡単に触れられ、骨ばった様子がわかる。臀部は平ら
3 BCS 3　理想的			骨盤と肋骨に簡単に触れられるが、骨ばった様子ではなく丸みを帯びる臀部は平ら
4 BCS 4　太っている			しっかり触らないと肋骨に触れない臀部は丸みがある
5 BCS 5　太りすぎ			肋骨に触れることが難しい臀部はかなり丸みが強い

ウサギのボディコンディションスコア

「適正体重」は個体ごとに違う

純血種のウサギには、ラビットショーでのスタンダード（審査基準）があり、ショーにおける適正体重が決められています。ネザーランドドワーフの大人だと理想体重は906gです。

しかしこれはあくまでもラビットショーにおける基準です。

家庭のウサギでは、その体格にあった健康的な肉づきをしているときの体重が適正体重です。

▶適正体重へのダイエット

最初に行うこと

「本当に減量が必要なほど太りすぎているのか」「すでに肥満のために何らかの病気になっていないか」を動物病院で確認してもらうことから始めましょう。

おやつの見直し

多くの場合、「おやつのあげすぎ」によるカロリー摂取と、運動によるカロリー消耗のアンバランスが肥満のもととなっています。

糖質や脂質の多い高カロリーなおやつは少しずつ量を減らしながら、生野菜や乾燥野菜などのヘルシーなおやつに切り替えていきます。

食事の質の見直し

量を減らすのではなく、与えている食事の内容を見直しましょう。

ペレットを、シニア用やダイエット用（「ライト」タイプ）、チモシーが主原料のものに変えると摂取カロリーを下げることができます。ただ、急にペレットを変えることで食べなくなってしまうウサギもいます。少しずつ切り替えていきましょう。同じペレットブランドでの切り替えだと、うまくいきやすいでしょう。

牧草を主食に

牧草をあまり食べず、そのぶんペレットをたくさん食べていると、肥満になりやすいでしょう。イネ科の牧草を主食にしていきましょう。大人のウサギならチモシー一番刈りがベストですが、牧草を食べ慣れていないウサギなら最初は牧草を固形のキューブやペレット状にしたものから始めるのもいいでしょう。ウサギ専門店や牧草専門店では、さまざまな種類の牧草を揃えた「お試しセット」が市販されているので、まずは好みの牧草を見つけるといいでしょう。

ウサギを太らせやすいシチュエーションとしてよくあるのは、「牧草をあげてもすぐに食べないので心配になっておやつをあげてしまう」というものです。ウサギは賢いですから、「牧草を無視しているとそのうちおやつがもらえる」ことも学習します。ウサギが病気ではないなら、牧草を与えたあと少しの間は放っておいてみてください。

時間をかけて

ダイエットは時間をかけて少しずつ行ってください。定期的に体重を測る、体に触れて体格のチェックをする、食事をきちんと食べられているか排泄物を

原因

牧草をあまり食べず、ペレット中心の食事は肥満になりやすい

予防

繊維質中心の適正な食事を

本当に太りすぎなのかを動物病院で確認

症状

肉垂が大きくなり湿性皮膚炎になりやすく、体が重く骨や関節に負担がかかる

スキンシップをとりながら、皮下脂肪をチェック

適度な運動でカロリーの消費を

チェックするといったことが大切です。

適度な運動

適度な運動時間を作ってあげましょう。ケージから出してもあまり積極的に動き回らないウサギもいるので、ヘルシーなおやつを使ってウサギを呼ぶなどして、体を動かすきっかけを作るのもいいでしょう。

【注意】成長期のウサギにダイエットは禁物です。適切な食事をしっかり摂らせてください。

▶肥満にさせないために

一度太りすぎてしまうと、健康を維持しながら適正体重にしていくのもなかなか大変なことです。太らせすぎないように気をつけましょう。

食生活では、チモシーをメインにイネ科植物が中心の食事であることが大切です。ペレットは、体格を維持できる適量を与えましょう。

おやつの選び方にも注意します。加工してあるおやつ（「ウサギ用」だとしても）は、糖質やデンプン質が過多

だったり、脂質が多いものもあります。野菜などの加工していない食材がベストです。高カロリーなもの（フルーツ系）は与えるなら一日にごく少しにしましょう。

飼い主の「ウサギのおねだりに負けない」気持ちも大切です。どうしても「おやつをあげる」という行為を何度もしたいなら、その日に与える分のペレットをおやつにするのもいいでしょう。

日頃から適度な運動を行い、スキンシップをとりながら皮下脂肪がありすぎないか気をつけてください。

▶痩せすぎにも気をつけて

太らせないように気をつけるあまり、痩せさせてしまわないよう気をつけましょう。

痩せすぎていると、体力に余裕がなく、すぐにエネルギー不足になってしまいます。痩せて筋力も落ちてくるとあまり動きたがらず、空腹になりにくいので食が進みません。ますます痩せてしまうのです。体力の低下だけでなく、「食べない」ことによる不正咬合や胃腸うっ滞も心配です。

ほどよく皮下脂肪もある、がっちり体型が理想的です。

そのほかの病気

▶変形性関節症

高齢になると増える病気です。年齢を重ねるうちに関節軟骨が変形したりすり減るため、動くときに痛みを感じます。最初は歩くときに少し痛みがある程度ですが、進行すると関節を動かすたびに痛くなり、動きたがらなくなったり、足を浮かせて歩く、足を引きずって歩く、関節が腫れるなどの症状が見られます。

進行性の病気です。状況に応じて抗炎症剤や鎮痛剤を投与するなどの治療を行います。

肥満は関節への負担が大きいので、必要があればダイエットを行います（→172ページ）。運動させることで関節を支える筋肉を維持できるので、適度な運動は必要ですが、痛みがあるときは無理をさせず、獣医師と相談しながら行いましょう。

変形性脊椎症

高齢になると増える病気です。脊椎の骨と骨との間にある軟骨（椎間板）が変形して、脊椎の関節部分に骨のでっぱりができ、脊髄を圧迫するこ

とで症状が起こります。

強い痛みがあったり、四肢の麻痺が起こります。排尿の障害のため、尿もれが見られることもあります。

▶フロッピーラビット症候群（FRS）

全身が脱力する病気です。ヨーロッパやアメリカで報告されています。

「フロッピー（floppy）」には「だらりとした」という意味があります。急に四肢に麻痺が見られ、ぺたんと腹ばいの状態になり、頭を上げたり、立ったり歩いたりができなくなります。

発症の兆候は何もないか、バランスを崩すような様子が見られることもあります。

原因ははっきりしていませんが、血中のカリウムやタンパク質が少ないことが知られています。セレンやビタミンEの欠乏、消化吸収機能の低下などがあると考えられています。

届く範囲に食べ物や飲水があれば摂食することができます。カリウムを含む補液やビタミンEの補給などを行い、3日くらいするとよくなるといわれます。

病気やトラブル
そのほかの

肥満

COLUMN　ウサギの臭腺①

　ウサギには、なわばりをマーキングするための臭腺があります（顎の下の臭腺、肛門脇に一対の鼠径腺および肛門腺）。鼠径腺は分泌物で詰まることがあるので、時々チェックし、必要があれば分泌物を取り除きます。

　マーキングは、メスよりオスのほうが多く行い、複数飼育していると優位な個体のほうが多く行います。出産時には、母ウサギは自分の子どもにもマーキングします。そのため自分の子ども以外のにおいがする子どもは排除し、追い立てます。母ウサギが育児放棄や死亡したとき、授乳中のウサギがいたら子ウサギの面倒を見させることもできますが、そのウサギのにおいを子ウサギに付け（ずっと使っている敷きわらを体にこすりつけるなど）、排除されないようにする必要があります。

肛門の左右にある鼠径部の臭腺

顎下の臭腺で自分のなわばりにマーキングをする

マーキングは、他の個体や自分の子どもに対しても行う

COLUMN　ウサギの臭腺②

　肛門の脇にある臭腺（鼠径腺）の分泌物は、普通はウサギ自身がグルーミングをするときにきれいにするものですが、肥満などのためにグルーミングができなかったり、分泌が過剰だったりすると、黒っぽい分泌物が詰まることがあります。

　その場合は、取り除いてください。力を入れて引っ張ったりこすったりせず、綿棒を水やアルコールで湿らせ、分泌物をそっとぬぐうようにして取ってください。

分泌物が詰まった肛門腺

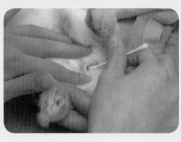

掃除は綿棒を湿らせてそっとぬぐうようにする

174

part 3

ウサギと病院
hospital and the rabbit

ウサギの健康管理のために必要なもののひとつが動物病院で受ける健康診断です。あらかじめどんな内容なのかを知っておくと安心できます。また、もしウサギが病気になったときには、どんな心がまえで動物病院を受診し、診察や検査、手術を受ければいいのかも紹介します。動物病院でもらう薬についても理解しておきましょう。

診察に連れていく前に

診察を受けるにあたっての準備

▶予約時間は守ろう

予約制なら予約をし、時間に遅れないようにしてください。前の診察が長引いたり、急患が入った場合には、予約時間より遅くなったり、自分のウサギの診察に時間がかかることもあります。急患ではない限り、時間には余裕を見ておいたほうがいいでしょう。

なお、急な体調の悪化があったときには、予約していないからとあきらめずに、これから予約が入れられるかどうかの連絡をしてみてください。

予約制ではない動物病院の場合は、何時くらいが比較的空いているかを聞いておくといいでしょう。

▶使いやすいキャリーバッグを

キャリーバッグは、上部に扉がついているタイプがウサギを出しやすいでしょう。横から出すタイプだと怖がりなウサギを奥に追い詰めるようなことになりかねません。

また、扉を開けたとたんにウサギが飛び出さないよう注意しましょう。

▶移動時の寒暖ストレス軽減

緊急のときを除いて、夏場はできれば午前中や夕方以降の涼しい時間に行くようにしましょう。

暑いときにはタオルを巻いた保冷剤や凍らせたペットボトルを用意し、寒いときにはフリースや毛布を用意するなど、暑さ対策や寒さ対策に気を配りましょう。

▶持参するものの確認

便や尿を採取して持参する必要がある場合もあります。予約時に尋ねてみましょう。

健康日記や、飼育状況のわかる画像、動画などがあるといいこともあります。

▶診察でのストレス軽減

診療や治療、検査が強いストレスとなれば、それだけでもウサギは具合が悪くなってしまいます。人に抱かれること、なでられることに普段から慣らしておきましょう。診察時のストレスを少しでも軽減させることができますし、家庭でこまやかな健康チェックができ、病気の早期発見にも役立ちます。

▶連れていくのに適した人

家族で飼っているなら、ウサギに最も多く接し、世話をしている人が連れていくことをおすすめします。ウサギの普段の様子を話す必要がありますし、家庭での看護の説明を受けることもあります。

▶診療費についての確認

さまざまな検査を行う場合、診療費が高額になることもあります。現金を多めに用意したり、クレジットカードが使えるかどうか事前に確認しておくといいでしょう。

また、ペット保険に加入している場合、その動物病院でも使えるかどうか確認しましょう。

ウサギをよく慣らしておけば、診察時にウサギに与えるストレスも軽減できる

治療への心がまえ

獣医師とよく話をしよう

▶ウサギの状況を正しく伝える

病気の治療にあたっては、獣医師と飼い主がともに協力し、信頼関係のもと、二人三脚で取り組まなくてはなりません。そのためには、獣医師とよく話をすることが大切です。

飼い主は、ウサギの日常の飼育管理や健康状態の経過について、獣医師にきちんと伝えなくてはなりません。病気の診断をするときに、とても大きな助けとなる情報です。「こんな飼い方をしていたら怒られるかも」と思う事情があったとしても、隠さずに伝えることが結果的にはウサギのためになります。

獣医師にウサギの病状を伝えるときには冷静さ、客観性や具体性が必要です。ただ「具合が悪いんです」というのでは、どう悪いのか伝えることができません。どこがどう悪いのか、いつもとどう違うのかを冷静に観察して伝えましょう。

▶納得いくまで説明を聞く

病気の説明や検査内容、治療方針などについて、わからないことは質問し、不安や疑問をもったままにしないでください。飼い主が何も質問しなければ、獣医師は飼い主が理解、納得しているものととらえるでしょう。そうなると、不安や疑問がますます増えてしまうことになりかねません。相互の信頼関係を作るためにも、獣医師と十分話をすることが大切です。

ただし、診療時間の獣医師は非常に忙しく、治療を待っている多くの動物たちもいます。こみいった質問や疑問であれば、あらためて予約して時間を作ってもらうほうがいいこともあるでしょう。

治療方針を決めるために

▶リスクを理解する

ウサギの治療方針を決めるには、ウサギの年齢や体力など、さまざまなことを考える必要があります。

治療にともなうウサギへのリスクについても獣医師から説明があるでしょう。場合によっては手術することや、リスクのある治療が選択肢になることがあるかもしれません。

リスクがあっても積極的な治療を望む場合もあれば、ウサギに負担のかかる治療はせず、残された日々を穏やかに過ごさせることを望む場合もあるはずです。ウサギは自分の治療方針を自分で選ぶことはできません。ウサギを大切に思う飼い主の判断こそ、ウサギにとってベストの選択です。後悔のない、よりよい選択をするためにも、獣医師に十分な説明をしてもらうことが大切です。

▶判断材料となるもの

治療方針を決めるにあたっての判断材料となるのは以下のようなことです。

・**ウサギの状態**
　病気の状態、年齢、体力など。
・**動物病院の診療方針**
　かかりつけの動物病院でできる範囲の治療を行うのか、高度医療が必要な場合には専門性の高い大学病院などを紹介してもらうのか（紹介状が必要）。
・**飼い主の考え方**
　命に関わるような病気の治療にあたっては、根治を目指すのか、負担のかかる治療はせず、痛みなどを取り除いて生活の質を高めることを大切にするのか。
・**飼い主の状況**
　家庭での看護にどのくらいの時間がかけられるのか。治療費はどのくらいまでかけることができるのか。

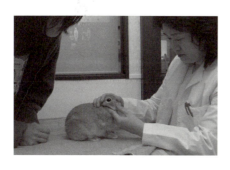

診察中に獣医師とよく話をしよう

▶根治療法と支持療法

・根治療法

病気の原因となっているものを根本的に治療し、完全に治そうという考え方です。腫瘍のできている部位を切除する手術をしたり、感染症なら投薬によってウィルスや細菌を撃退します。

完治できれば再発しない可能性がある一方、高齢や衰弱している個体では手術のリスクがあったり、投薬による副作用が起きることもあります。

・支持療法

症状を緩和させ、苦痛や不快感を取り除くことに主眼を置いた考え方です。

痛みがあるなら鎮痛剤を投与し、下痢で脱水症状を起こしているなら補液をする、食欲不振になっているなら強制給餌や補液などで栄養補給をするなどがあります。

完治させることが目的ではありませんが、苦痛や不快感から開放される時間が長ければ、生活の質を高めることができます。支持療法を続けることによって体力を回復させたのち、根治療法を行うこともあります。

根治療法と支持療法は、どちらかだけを行うこともあれば、両方を組み合わせて行うこともあります。

▶検査を怖がらないで

通常、診断を下すためにさまざまな診察や検査が行われます。採血し、血液検査を行うことは多いでしょうし、場合によっては麻酔下での検査が必要になることもあります。言葉が通じ合う人間の診療であっても、医師に話しただけで診断ができるわけではありません。かわいそうだから検査は嫌だ、と決めつけないでください。それが必要な検査だというなら、なぜ行うのか、何がわかるのかといったことを説明してもらい、ウサギのために冷静な判断をしてください。

▶医療費について

人とは異なり、動物には健康保険制度はありません。すべての医療費は飼い主の全額負担です（ペット保険と健康保険制度とは異なります。ペット保険は、この全額負担のうちの一部を補填するものです）。

医療費には、初診料や再診料のほか、検査料や注射などの処置料、手術料、入院料、薬代などがあり、検査料なら各種検査によってそれぞれの費用が設定されています。人の場合、保険診療ならどこの病院でも医療費に大差はありませんが、動物の場合は病院によって違いがあります。獣医師会などが基準となる料金を決めたり、獣医師が協定して料金を決めることは、独占禁止法によって禁じられているため、医療費は動物病院によって異なるのです。

それぞれの動物病院では、診療項目ごとに基準料金を定めているのが普通です。最初に医療費について聞いておいてもいいでしょう。ただし、診察のために各種検査が必要になったり、治療の経過で必要な処置が増えたりすることもあるので、診療前に「全部でいくらかかるのか？」という質問に正確に回答することは困難です。

なお、諸般の事情でどうしても捻出できる医療費に限界があるという場合もあるでしょう。その範囲内での治療をお願いすることも、必ずしも間違ったことではありません。

ウサギの状態などさまざまな判断材料から治療方針を決めていく

▶ペット保険・医療費貯金

手術や入院、長期にわたる治療など、ウサギに高額な医療費がかかることは少なくありません。そのようなときに助けになるのがペット保険です。ペット保険に加入し、月払いや年払いで所定の保険料を支払うと、保険会社が医療費の一部あるいは全額を負担してくれます。イヌネコ対象のペット保険が多いですが、ウサギが加入対象となっているペット保険もあります（2018年1月現在2社）。

加入を検討するときには、加入の条件（新規加入の年齢、継続できる年齢、既往症など）、支払う保険料（月払い、年払い、一括など）、対応できる動物病院（すべての病院、提携病院など）、待機期間（加入してから保障が始まるまでの期間）、保障の範囲（通院、入院、手術。病気の種類による違いなど）、支払限度額や回数、精算方法（病院に支払う診療費が安くなる、後日支払った分が戻ってくる）といった諸条件を確認してみましょう。

ペット保険に入っても、ウサギが生涯健康で利用する機会がなかったり、保険対象外での利用ばかりだったというケースもあります。それを支払い損と考えるか、まさに「保険」として安心感を買ったと考えるかは人それぞれでしょう。

ペット保険に入らなくても、万が一のときのために「医療費貯金」をしておく方法もあります。いざというときの準備をしておくに越したことはありません。

▶セカンドオピニオンとは

セカンドオピニオンとは、治療にあたって、かかりつけ医以外の意見を求めることをいいます。病気の治療方法やアプローチの仕方は必ずしもひとつではありません。他の選択肢や別の角度からの意見を聞いたうえで治療方法を選びたいときに求めるのが、セカンドオピニオンです。かかりつけ医に相談し、そのウサギに対して行ってきた治療や検査結果などのデータ提供を受け、意見を聞きたい獣医師に判断材料にしてもらうのが理想です。

必ずしもすべての獣医師がセカンドオピニオンを求める飼い主に対して前向きに協力してくれるとは限りませんが、ウサギの治療にあたって後悔のない選択をしたいときには、検討してみるのもいいでしょう。

誤解されていることがありますが、セカンドオピニオンは第三者の意見を聞くことであって、「転院すること」ではありません（結果的に転院することはあるかもしれません）。むやみに病院を変わる「動物病院ジプシー」は、ウサギへの負担も飼い主への負担も大きく、決してすすめられるものではありません。

治療方針を決めるために第三者の意見を求めるのがセカンドオピニオン

知っておきたい薬の知識

治療に欠かせない薬について理解しよう

　治療にあたってはたいていの場合、何らかの薬を投与します。薬にはどんな種類があるのか知っておきましょう。薬は、その形（錠剤、軟膏など）や与え方（飲み薬、塗り薬など）や効能（抗生物質、抗炎症剤など）といった特性ごとにいろいろな分類方法があります。

▶薬の形・与え方の種類

・内服薬

　口から飲ませる（経口投与）飲み薬のことです。錠剤や粉薬、シロップ剤などがあります。

・外用薬

　軟膏やクリームのように患部に塗って使う塗り薬や、点眼薬や点耳薬のように患部に垂らして使うもの、薬用シャンプーのような薬用剤などがあります。ウサギに使うことはほとんどありませんが、湿布薬のような貼り薬も外用薬の一種です。

・注射薬

　注射針を通して体内に注入するための薬剤です。針をどの位置に刺すかによって、静脈注射、筋肉注射、皮下注射などがあります。

▶薬の形による効き方の違い

　軟膏や点眼薬などの外用薬は、患部に直接薬を塗ったり点眼するなどして、効き目をあらわします。

　内服薬や注射薬の場合は、その成分が血流に乗って全身をめぐり、効き目をあらわします。その効き方は剤形（薬剤の形状）によって異なります。

　内服薬は、食べ物から栄養を摂取するのと同じようなしくみで体内に取り入れられます。つまり、薬の成分は主に小腸から体へ吸収され、血流に乗ります。そしていったん肝臓に送り込まれます。肝臓には異物を分解解毒する働きがあるため、薬の成分もこの働きによって分解されたのち、血流に乗って全身に行き渡り、目的の場所で作用します。そのあとまた肝臓に戻って分解され、最後は尿とともに排泄されます。内服薬の効き目は一般にゆるやかで、食事と一緒に投与するなど、投与法により薬物動態（薬の体内での動き）が変わります。

　注射薬のうち静脈注射は、直接血管内に注射し、すぐに血流に乗って全身をめぐるので、即効性があります。筋肉注射や皮下注射は、筋肉や皮下に注射されたのちに血流に乗るので静脈注射よりは効き目は遅いですが（筋肉注射のほうが皮下注射より速い）、内服薬よりは速く効きます。注射薬も、全身をめぐったのちは肝臓に送り込まれて分解され、排泄されます。

　同じ成分の薬でも、異なる剤形（内服薬と注射薬など）が作られているものもよくあります。ウサギの症状や体力などから総合的に判断して決められます。また、その与え方が可能かどうかも判断材料になります。飼い主がウサギに薬を飲ませることができないなら内服薬を与えることはできません。

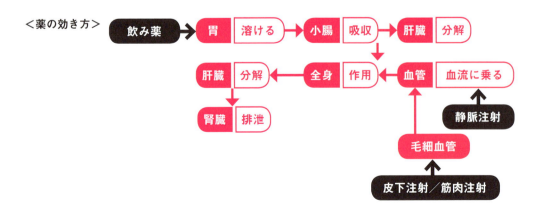

＜薬の効き方＞

主な薬の種類

▶抗菌薬（抗生物質・合成抗菌薬）

細菌の感染によって起こる病気を治療するときに使うもので、病原性のある細菌を殺す働きがあります。

最初に発見された抗生物質ペニシリンが青カビから作られた話は有名ですが、このように微生物が作り出す抗菌作用を利用したり、そのしくみを利用したりして作った抗菌薬を「抗生物質」といいます。最初から人工的に作られた抗菌薬を「合成抗菌薬」といいます。

抗菌薬には、特定の種類の細菌にのみ効果のあるものと、多くの細菌に効果のあるものがあります。細菌の種類がはっきりしないときには、多くの細菌に効果のある抗菌薬を与えるのが一般的です。

ウサギでは、抗生物質の種類によって腸内細菌のバランスが崩れ、腸炎を起こすことが知られています（→96ページ）

▶生菌剤

プロバイオティクスともいう、腸内細菌のバランスを改善する生きた微生物のことです。抗生物質を投与するさいに併せて与えることがあります。

▶抗真菌薬

真菌とはカビの仲間のことで、共通感染症としても知られている皮膚疾患の真菌症（皮膚糸状菌症）の原因となるものなどがあります。

抗真菌薬に、真菌の細胞膜を破壊するタイプと細胞膜の生成を阻害するタイプがあります。

▶駆虫薬

寄生虫を駆除する薬剤です。寄生虫にはコクシジウム原虫などの内部寄生虫、耳ダニ、疥癬ダニなど皮膚に寄生する外部寄生虫があります。

内部寄生虫に作用する駆虫薬は、原虫のタンパク質の合成を阻害したり、細胞の組織を変化させることなどで効果を示します。外部寄生虫に作用する駆虫薬は、ダニやノミなどの神経に作用します。飲み薬のほかにスポット（滴下）タイプがあります。

スポットタイプの駆虫薬には、ウサギに投与してはいけない種類もありますから注意が必要です（商品名「フロントライン」）。

▶消化器系薬

神経に働きかけて消化管の働きを活発にする消化管運動促進薬、胃酸を分泌する細胞に働きかけて胃酸の分泌を抑える胃酸分泌抑制薬があります。

また、便秘薬には、水分を便に集めて便を柔らかくするタイプ、腸を刺激して蠕動運動を促すタイプなど、排便を促すしくみによっていくつかの種類があります。下痢止めには、腸からの水分の分泌を抑え、水分の吸収を促すタイプ、腸の蠕動運動を抑えるタイプ、腸管の粘膜を保護するタイプなど、いくつかの種類があります。

▶抗炎症薬

炎症が起こっているときに、それを鎮める働きがあります。ステロイド系の抗炎症薬と非ステロイド系の抗炎症薬があります。

ステロイド系とは、副腎皮質ホルモン（糖質コルチコイド）を主成分とした抗炎症薬のことです。強い抗炎症作用があり、高い効果が期待できる一方、体内で起こる代謝やホルモンの働きにも影響を及ぼすため、使い方を誤ると副作用を起こす可能性があります。投薬量や投薬期間は獣医師の指示に従いましょう。よくなった場合も、徐々に投薬量を減らしていく必要があります（非ステロイド系抗炎症薬にも副作用はあります）。

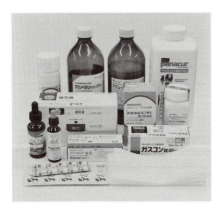

主な内服薬。症状によって院内処方されることもある

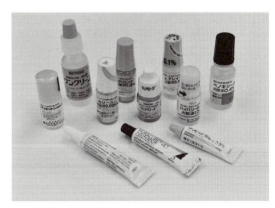

主な点眼薬。液体や軟膏がある

▶鎮痛薬

炎症を鎮める抗炎症剤が鎮痛作用をもっているのでそれを利用するタイプと、痛みを感じると作られる痛み物質の働きを抑えるタイプがあります。

▶心臓病薬

心不全などの心臓疾患があるときに使われる薬剤です。心筋の収縮力を高くしたり、心拍数を減らす働きなどがあります。

▶降圧薬

血圧が高いときや、腎臓疾患があるときに腎臓を保護するために用いられます。血圧を上げる働きのある物質が作られないようにするタイプや、血管を拡張するタイプなどいろいろな仕組みのものがあります。

▶血管収縮薬

交感神経を興奮させる働きを利用して、血管を収縮させたり、気管支を拡張させる効果があります。

▶利尿薬

尿は、腎臓で血液をろ過して作られるものです。腎臓では体内の水分量やミネラルの調整などが行われます。利尿剤は、腎臓の働きを調整して尿の量を増やす働きがあります。排尿量を増やし、体液を減らすことによって心臓への負担を和らげます。

▶抗ヒスタミン薬

アレルギー症状に関わるヒスタミンという物質の働きを抑える薬剤です。

▶ホルモン剤

ホルモンとは性ホルモンや成長ホルモンなど、体内でさまざまな生理機能の調整を行う物質です。ホルモン剤はその働きを利用した薬剤です。

▶キレート剤

医療や工業などのジャンルで使われる物質で、その種類によって決まった金属イオンと結合する働きがあります。医療においては、鉛中毒などの重金属中毒の治療に用いられます。

▶ワクチン

無毒化や弱毒化した病原体を接種して、そのウィルスに対する免疫力をつけておくというものです。現在、日本国内では、ウサギへのワクチン接種の必要はありません。

※ヨーロッパでは、粘液腫症ワクチン、ウィルス性出血性疾患のワクチン接種が行われることがあります。

▶抗がん剤

悪性腫瘍の治療に用いられる薬剤です。がん細胞の増殖を妨げたり、がん細胞そのものを破壊する作用があります。

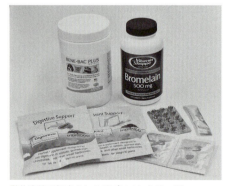

動物病院で処方されるサプリメントの一例

COLUMN　薬の副作用について

薬は、体の組織やしくみを変化させることによって働き、よい効果をもたらします（「主作用」といいます）。しかし薬による働きは、よいものばかりとは限りません。治療目的とは関係のない影響や、体に悪い影響、すなわち「副作用」もあります。

副作用はどんな薬にもありますが、副作用が軽いものなら、薬を与えることによるメリットを優先し、投薬治療を行います。または、強い副作用の可能性があるとしても、その治療をしないよりはしたほうがメリットがあるという場合には、十分な注意を払ったうえで治療をすることもあります。

薬の種類によって副作用の程度はさまざまです。投薬にあたっては獣医師の説明をよく聞き、わからないことがあれば質問し、納得したうえで治療を進めるようにしましょう。

薬の効用と副作用をよく説明してもらおう

ウサギの健康診断

健康診断を受けよう

▶健康診断が必要な理由

・病気の早期発見

とても健康そうだったのに急に病気になることは、人でもウサギでも起こることです。突然、重篤な症状に陥ることもありえますが、多くの場合は静かに発症し、気がつかないうちに進行しています。発症していることに早期に気づいていれば、進行を食い止められる可能性が高くなります。健康診断を受けることによって、病気を早期発見することができます。

・病気の予防

健康診断では、ウサギの体を診てもらうだけでなく、日頃の飼育状況も先生に伝えます。不適切な飼い方を指摘される場合もあるでしょう。健康診断を受けることによって、「このままの飼い方を続けていたら病気になる可能性が高い」ことがわかる場合もあるのです。健康診断は、病気の発見だけでなく、病気の予防の助けにもなります。

・動物病院とつきあうきっかけ

日本では、ウサギにはイヌやネコ、フェレットのようにワクチン接種をしませんので、ワクチン接種をきっかけに動物病院に行くということがありません。どうしても「病気になってから行く」ことになりがちですが、ウサギを診てもらえる動物病院はまだ多くはないので、健康なうちに病院を見つけておくことが大切です。健康診断を、動物病院とのおつきあいを開始するきっかけにするといいでしょう。

▶健康チェックとの違いって？

健康チェックは、飼い主の日課のひとつです。毎日ウサギの健康状態を観察していれば、わざわざ動物病院で健康診断を受けなくても大丈夫だと思っている方もいるでしょうか。

もちろん毎日の健康チェックはとても大切なことで、病気の早期発見にも役立っています。しかし病気の兆候は、必ずしも目に見えてわかりやすいものばかりではありません。ウサギをたくさん診察している獣医師でないとわからないこと、詳しい検査をしてみないとわからないこともあります。

また、飼い主は「まさか病気になるはずがない」「病気であってほしくない」という思いでウサギを見てしまうこともあるかもしれません。病気の早期発見のため、客観的な診断を受けましょう。

健康なうちに病院へ行こう。
まずは動物病院探しと
健康診断を

健康診断の種類

▶ふたつに分けられる健康診断の種類

健康診断には、どこまで詳しく調べるかによってさまざまなレベルがあります。私たち人間が受ける健康診断にも、学校や会社で受ける集団検診、通常1～2日程度かけてさまざまな検査をする人間ドック、これらの検査で異常があったときに詳しく調べる精密検査や、特定の目的や特定の部位を調べる精密検査（がん検診、脳ドックなど）といったものがあります。集団検診では詳しいことまで調べたりしませんが、精密検査には時間がかかり費用もかかります。

ウサギには、人間ほどいろいろな種類の健康診断はありませんが、一般身体検査と臨床検査に大きく分けることができます。

▶一般身体検査

特別な検査機器などを用いずに、見る、触るなどウサギの外側からわかることを調べるのが、一般身体検査です。動物病院で「健康診断をしたい」とお願いしたときには必ず行われる、基本中の基本の検査になります。

外側からわかることによって診断するので、一般健康診断だけでは診断がつかない場合もありますが、詳細に調べる検査に比べればウサギに与えるストレスは少なく、飼い主の経済的負担も少なくてすみます。

高齢になっていたり、明らかに異変が起きているときには臨床検査を行ったほうがいいですが、若くて健康なウサギなら、まずは一般身体検査を受ければいいでしょう。

▶臨床検査

体を外側から見たり触ったりしただけではわからないことを調べるのが臨床検査です。体の中から老廃物として排出される便や尿の検査、体内を循環する血液の検査などのほか、体から検体を採取して調べるものと、レントゲン検査や心電図検査、超音波検査など、体を直接調べるものがあります。

いずれも検査のためにはさまざまな機器や検査キットが必要となります。また、検査によって得たデータが正常なのかどうかを判断するための基準や比較対象となるもの（数値など）も必要です。

臨床検査は、病気の診断のためにも重要な検査です。また、高齢になってきたら、一般身体検査に加えて臨床検査も行うことをおすすめします。臨床検査には多くの種類があるので、どんな検査で何がわかるのかを知っておきましょう。

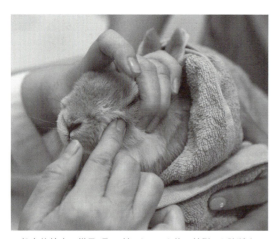

一般身体検査の様子。見る、触るといった体の外側から診断する。

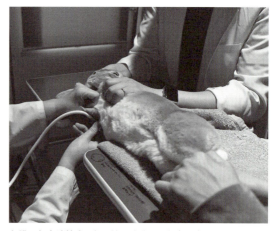

心臓の超音波検査を行う前に聴診器で心音を確認

ウサギの検査

一般身体検査

▶問診

通常、最初に行われるのが問診です。問診では獣医師が、現在のウサギの体の様子や飼育環境、そのほかの健康に関連する情報について飼い主に質問します。飼い主の話を聞くことによって、獣医師はそのウサギの状況を詳しく知ることができます。問診で聞き取った情報をもとに、病気の可能性がありそうな場所をより慎重に検査したり、不適切な飼い方をしていれば適切な方法を指導します。

問診に答えるときは、獣医師はそのウサギの家での様子を知らないのだということを念頭におきましょう。できるだけ客観的、具体的に話をすることが大切です。日頃から健康の記録をつけておくと、こうしたときに役に立ちます（→59ページ）。

問診の手順は、獣医師が診察室で行う場合、待合室で動物看護師が聞き取りをする場合、用意されている問診票に書き込み、それをもとに口頭での問診を受ける場合などがあります。

問診の内容は、一般的には以下のようなものです。なお、すべての動物病院で同一ではありません。

▶視診

視診では、ウサギの外観からわかる情報によって診察します。頭、顔から背中、尾に向かって視診し、仰向けにして、前足のつま先から腹部、生殖器、後ろ足の裏側までを診るほか、体の動きなどの全身の様子を確かめます。

耳の中を見るために耳鏡を使うなど、見る部位によっては肉眼で見るだけでなく、器具を使うこともあります。どの程度詳しく診察するかは動物病院にもよりますし、見た目で異変があったときにはもっと詳しく調べるなど、状況にもよります。

次ページに視診する項目を挙げています。項目は多いですが、手慣れた獣医師であればそれほど時間をかけなくてもきちんと診るべきところを診ています。

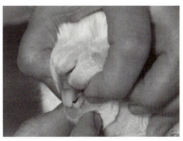

ウサギの口を開き切歯を確認

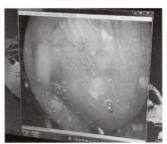

口の中をデジタル耳鏡で検査をすると、モニターに口内の様子が写し出される

問診する項目（例）

- ウサギの基本的な情報：品種、年齢、性別、避妊去勢手術済みか
- 病歴：今までにかかった病気、今までに受けた手術など
- 飼育環境：どのような環境で飼っているか、運動量、ほかのウサギや動物がいるかなど
- 食事：食事内容、量、頻度、副食・おやつの内容、飲水量など
- 体調：元気はあるか、食欲はあるか、排泄物の状態、そのほかに気づいたことなど

視診する項目（例）

- 頭：傾きはないか→内耳炎、エンセファリトゾーン症など
- 顔面：左右対称性をチェック、腫れの有無など→下顎膿瘍など
- 目：粘膜の色、流涙、眼の大きさ、結膜、角膜、虹彩、瞬膜、眼瞼周囲など→結膜炎、前房蓄膿、白内障、ぶどう膜炎、眼窩膿瘍や緑内障による眼球突出、鼻涙管の閉塞、涙のう炎、結膜過長症など
- 耳：耳垢の色、におい、量など、耳鏡を使い、耳の中もチェック→耳ダニ、外耳炎など
- 鼻：鼻汁、潰瘍、かさぶたなどの有無→スナッフル、ウサギ梅毒など
- 歯：切歯の噛み合わせ、過長、臼歯の表面の凹凸、棘など、耳鏡や内視鏡を使い、口腔内もチェック→不正咬合、過長歯
- 四肢：前足の表側(口元のグルーミングをする場所)に被毛のもつれはないか、後ろ足の裏側に傷や潰瘍はないかなど→潰瘍性足底皮膚炎など
- 腹部：乳腺の腫れや硬化、分泌物の有無、チアノーゼの有無、生殖器の汚れや分泌物、下腹部に便の付着や尿やけがないかなど→子宮腺癌、子宮内膜炎など
- 被毛：脱毛、フケ、かさぶた、傷、汚れ、被毛のごわつきなど→ノミ、シラミ、ダニ、ツメダニ、皮膚糸状菌症など
- 呼吸パターン：呼吸数を数え、呼吸様式を診る→肺炎、上部気道炎など

▶触診

ウサギの体にやさしく触ったり、少し力を入れて触る（押す）ことによって診察するのが触診です。人の健康診断でも触診は大切な診断項目ですが、全身を毛で覆われているウサギではなおさら、非常に重要な診察です。

体を触られるのを嫌がって暴れるようだと適切な触診ができませんし、ウサギにとってもストレスになってしまいます。日頃のスキンシップを十分にとり、体を触られることに慣らしておくようにするといいでしょう。

触診する項目（例）

頭部：眼球圧、痛み、下顎の左右対称性など→下顎膿瘍、眼窩膿瘍など

被毛：フケ、かさぶた、膿瘍、脱毛の有無などを、被毛をかき分けながら診る→感染症、外部寄生虫など

腹部：肝臓・胃・腎臓・消化管・膀胱・（メスの場合は子宮）を順番に触る。痛みの有無、大きさ、形の異常、乳腺の腫れや硬化、肝臓の腫れなど→肝臓疾患、胃腸うっ滞、子宮腺癌など

顎の下を触って歯根の過長がないかを確認

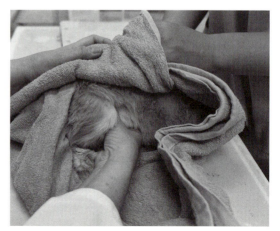

腹部の触診

▶聴診

　聴診器を使って、体内で発生している胸部呼吸音や心音、腹部蠕動音などを聴いて診察するのが聴診です。

　ウサギが緊張していたり興奮していると、心拍数が多くなって適切な聴診ができません。日頃からよくコミュニケーションをとり、飼い主がウサギを落ち着かせることができるといいでしょう。

▶体重測定

　体重も、ウサギの健康状態を示す大切な情報のひとつです。次に一般身体検査を受けたときに体重に変化がないか、増減があるかの目安になります。大きな増減があるなら、その間に何か体調の変化が起きている可能性を考え、より詳しい検査をする必要も出てくるかもしれません。

▶検温

　一般身体検査の項目のひとつとして体温を測ることもあります。ウサギの体温は直腸温を測るのが一般的です。肛門に体温計の先端を差し込みますが、先端がフレキシブルに曲がるやさしい体温計を使います。

> **聴診する項目（例）**
>
> 鼻：くしゃみ、鼻の詰まったような音での呼吸がないか→上部気道炎、スナッフルなど
> 胸部：心音、呼吸音を聴診→循環器系疾患、肺炎など
> 腹部：腸の蠕動音が低下していないかを聴診→胃腸うっ滞など

ウサギの検査

診察台で体重を測定する

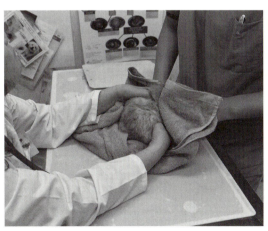

ウサギの心臓に聴診器を当て、心音を数えている

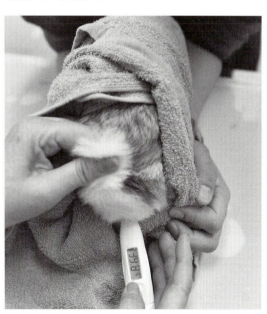

ウサギの検温は肛門に体温計を入れる

臨床検査

体の外側からではわからないことを調べるのが臨床検査です。ここでは、ウサギの健康診断の一環として行われることもある血液検査や尿検査といったもののほかに、高度な精密検査であるCT検査やMRI検査についてもとりあげています。

臨床検査によって病気の診断がつき、適切な治療を行えることは多いものです。ウサギの負担になるのでは、という不安があるかもしれません。獣医師とよく相談し、必要な検査であり、不安なく受け入れられるのであれば前向きに考えてみてください。

場合によっては、精密検査ができる動物病院を紹介してもらうこともあります。

臨床検査にあたって、理解しておくべきことがあります。

検査データが正常かどうかを判断するには、その動物種の正常値と比較検討し、診断します。ところがエキゾチックペットでは、正常値が明確になっていないケースも多いものです。

また、検査をすれば絶対に病気が見つかり、原因が判明するとは言い切れませんし、検査をしたら病気が治るわけではありません。しかし、検査をすることで病気を早期発見できたり、よりより治療方法に結びつくことはあります。臨床検査には限界も可能性も両方あることを知っておいてください。

▶ 血液検査

血液には、酸素や栄養分、免疫細胞を運んだり、老廃物を運び出すなど多くの役割があります。全身をめぐっている血液検査のデータを見ることで、体の機能に関する多くの情報を得ることができます。

全血球算定

血液の中に含まれる血球（赤血球、白血球、血小板など）の数を調べる検査です。採血した血液を検査機器にかけたり、特殊な方法で染色して標本を作り、顕微鏡で見て検査します。

赤血球には酸素を全身に運ぶ役割があります。貧血を起こしていると赤血球が減少します。白血球には好中球、好酸球、好塩基球、リンパ球、単球という免疫機能に大きく関係する種類があり、感染症などの病気があると白血球の数が増減します。

血小板には血液を固める働きがあり、わずかな出血ならすぐに止まるのは、血小板の働きによるものです。

ほかには、ヘモグロビン値（赤血球に含まれる物質、貧血や糖尿病と関連する）、ヘマトクリット値（血液に含まれる赤血球の割合を調べる）という検査項目もあります。

血液生化学検査

血液は細胞成分（血球など）と液体部分（血清、血漿）に分かれます。血液生化学検査では、血液を遠心分離機にかけて血清を分離し、血清に含まれるタンパク質や糖質、酵素などの成分の量を調べます。「血糖値」「コレステロール値」などがよく知られていますが、そのほかにもとても多くの検査項目があります。

検査項目の一例

体液バランスの指標

Na	ナトリウム
K	カリウム
Cl	クロール
Ca	カルシウム
P	リン

腎臓機能の指標

BUN	血中尿素窒素
Cre	クレアチニン

栄養状態の指標

TP	総タンパク
ALB	アルブミン

肝臓機能の指標

T-Bil	総ビリルビン
ALP	アルカリフォスファターゼ
AST（GOT）	アスパラギンアミノトランスフェラーゼ
ALT（GPT）	アラニンアミノトランスフェラーゼ

糖代謝の指標

Glu	グルコース・血糖値

脂質代謝の指標

TC（T-Cho）	総コレステロール
TG	中性脂肪

そのほかの血液検査

ほかにも、血液を調べることによって多くのことがわかります。

ホルモン検査では、血液中のホルモン値を測定します。

抗原検査や抗体検査では抗原や抗体の存在を調べます。抗原とは、体内に外から入ってきた異物のことで、抗体とは、抗原に反応してできる分子のことです。ある種類の抗原にはその抗原にだけ反応する抗体が作られます。ウサギでは、エンセファリトゾーン症やトキソプラズマ症の抗体検査などがあります。

抗体価は時間が経つと減ることもあるので、何度か繰り返し検査することがあります。

採血について

健康なウサギの体には、体重の約6〜8％の血液が流れています。

すべての血液のうち20％までは3週間間隔で採血しても問題ないとされていますが、血液検査を行うのにそれほどたくさんの血液は使いません。検査用機械や検査をする項目によっても違いますが、0.5ccあればある程度の検査をすることができます。採血する量が多すぎると、体を循環する血液が不足したり、貧血を起こしたりします。

採血をする場所は一般に、耳介辺縁静脈（耳の縁にある静脈）、耳介中心動脈（耳の表側中心にある動脈）か、橈側皮静脈（前足の内側にある静脈）、頸静脈、外側伏在静脈（後ろ足の外側にある静脈）です。

ウサギの耳に点滴を施す前に採血をしている

▶尿検査

尿は腎臓で作られます。体内をめぐった血液が腎臓でろ過され、老廃物など体に不要なものが尿として排出されます。尿検査では、尿そのものの性質を調べたり、本来は尿に混じっていないはずのものが混じっていないかなどを調べます。検査機器や遠心器、尿試験紙、顕微鏡などを用いて検査します。

一般性状検査

尿の量や見た目（色、濃さ、濁りなど）、pH値、尿比重などを検査します。

pH値の検査では、尿がアルカリ性か酸性かを調べます。pHは7が中性で、7以下が酸性、7以上がアルカリ性です。動物によってpH値には違いがあり、ウサギの尿のpHはアルカリ性です（平均pH8.2）

尿比重は、尿の濃さを調べる検査です。尿は通常、水よりもやや比重が高い（濃い）ものですが、尿を濃縮する能力が低下していると、尿比重が低くなります。尿比重が高すぎるときは脱水症状や腎臓の病気などが疑われます。

尿検査でわかる病気の一例

出血の有無	子宮腺癌、膀胱炎、尿石症、膀胱ポリープなど
タンパク尿	腎臓疾患など
低比重尿	腎臓疾患など
ビリルビン尿	肝臓疾患など
結晶の有無	尿石症など
細菌の有無	膀胱炎など
多尿	腎臓疾患、肝臓疾患、糖尿病など

化学的検査

尿潜血は、尿に血が混じっていないかを調べます。見た目では赤くなくても、尿に血が混じっていることがあります。

尿タンパクは、尿として排泄されるタンパク質の量を調べます。正常でも、わずかなタンパク質が尿に混じることはありますが、多すぎるのは腎臓機能などの問題があるかもしれません。

尿糖は、尿に糖質が混じっていないかを調べます。ブドウ糖は腎臓で再吸収されるので、尿に混じることはありません。しかし、血中の糖質が多く、腎臓で再吸収しきれないほどになると尿に混じります。糖尿病がよく知られています。

そのほかには、正常なら尿に混じることのないケトン体（脂肪の分解に関連する物質）、ビリルビン（赤血球が分解するときにできる物質）、ウロビリノーゲン（ビリルビンが腸内細菌によって分解するときにできる物質）などの検査項目があります。

尿沈渣
<small>にょうちんさ</small>

尿に混じっている固形成分を調べる検査です。採った尿を遠心分離機にかけると、沈殿物を取り出すことができます。この成分を顕微鏡で調べることで、結石の原因となっている物質の種類がわかったり、赤血球や白血球、膀胱内側の粘膜がはがれ落ちた細胞、細菌などを見つけることができます。

> #### 採尿について
>
> 　検査には、できるだけ新鮮な尿が必要です。時間が経つと尿の成分が変わってしまい、正確な診断ができないこともあります。また、便が混じっても検査に支障があります。
>
> 　ウサギが都合よく動物病院で排尿してくれるとは限らないので、連れていく直前に家で採尿していくといいでしょう。トイレの受け皿部分にラップを敷いたり、ペットシーツを裏返して（裏側は水分を吸収しない）尿を集め、スポイトなどで採ってください。
>
> 　動物病院で採尿してもらうこともできるので、尿検査の予定があるなら、採尿方法について相談してみてください。
>
> 　尿検査をする必要性が高いのに自然に尿が出ないとき、動物病院では圧迫排尿（体外から膀胱を押して尿を出す）、膀胱穿刺（体外から膀胱に針を刺して尿を抜く）といった方法がとられます。尿道に管（カテーテル）を通して膀胱から採尿する方法もあります。
>
>
>
> トイレにラップなどを敷いてスポイトで尿を採取する

▶糞便検査

　糞便検査では消化機能の働きを見たり、寄生虫やその虫卵、オーシスト（コクシジウム）、ジアルジア原虫、細菌を調べることができます。病気によって特徴的な便の色や形状もあり（→14ページ）、外見から目安をつけることもあります。

　糞便検査の方法には、実際の便の形状や色を見て確認するほかに、直接塗抹法<small>とまつ</small>と浮遊法（集卵法）があります。直接塗抹法では、スライドグラスに蒸留水と便を置き、よく混ぜたものを顕微鏡で調べます。浮遊法は、虫卵、オーシストなどの比重が軽く、水に浮く性質を利用したもので、便を食塩水、その他の溶液に混ぜて静かに置いておくと、虫卵などが浮かび上がってくるので、これを集めて顕微鏡で検査します。

　糞便検査でも、新鮮な便が必要です。

便をしたらすぐに小さな容器に集める

▶そのほかの検体検査

体から採取したものを調べる検査を検体検査といいます。血液や尿、糞便検査も検体検査ですが、そのほかに病気の診断のために行われる検体検査があります。

体表に腫れ物があり、それが腫瘍なのか膿や脂肪、血液などによるものか区別できないときには、バイオプシー（生体組織検査）を行うことがあります。腫れ物に細い注射針を刺して病変部の組織を吸引し、それを顕微鏡などで調べます。骨髄細胞を採って調べる骨髄生検が行われることもあります。

培養検査は、病原菌を特定するために病変部の組織を採って増やし、病原菌を確定する検査です。皮膚糸状菌症が疑われるときなどに行われます。

耳ダニなどの外部寄生虫がいることが考えられるときには、耳垢や脱毛している部位の皮膚を掻き取ったもの、セロハンテープを患部に当ててフケなどを集めたものなどを顕微鏡で見て調べる検査も行われます。

▶画像検査

画像検査は、X線検査などの画像を見て診断するもので、開腹したりせずに体内の様子がよくわかります。調べたいものの位置や大きさなどによっては、画像に写りにくいケースもあります。

X線（レントゲン）検査

X線がもつ、ものを透過する性質を利用して体の内部の様子を撮影します。透過しやすいところは濃く写り、透過しにくいところは白っぽく写ります。骨はX線を透過しにくいので白く写るわけです。X線写真を撮るときは、「仰向け」と「横向き」の異なる2方向から撮影するのが基本ですが、診断したい内容によって、うつ伏せや斜めからなど別の方向から撮影したり、骨折などがあれば特定の部位だけ撮影します。普通の写真と同じで、被写体が動けばブレてしまうため、必要があれば麻酔を用いることがあります。

X線検査では、内臓の形状などもよくわかりますが、なかにはX線写真にはっきりと異常が写らないケースもあります。

消化器官の動きを観察するため、造影剤（硝酸バリウムなどのX線を透過しない薬剤）を飲ませてX線撮影することもあります。

X線検査でわかる病気の一例

頭部	副鼻腔炎、不正咬合など
胸部	胸腺腫瘍、肺炎、胸水など
腹部	毛球症、尿石症、子宮腺癌など
腰部・四肢	骨折、脱臼、脊椎、骨の病気など

超音波検査

音がものに当たると反響する性質を利用した検査です。エコー検査ともいいます。探触子（プローブ。超音波を発生させる装置）を体の表面に沿わせながら、

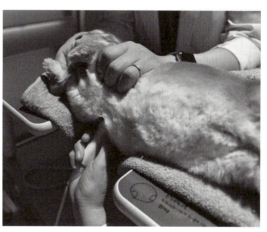

心臓の超音波検査

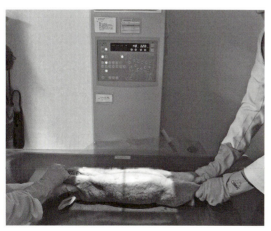

X線（レントゲン）検査。「仰向け」で撮影している様子

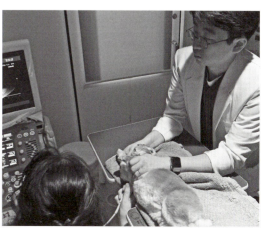

超音波検査の診断は画像を見ながら行う

超音波が内臓などに当たって反射する反響波（エコー）を画像化して診断します。

プローブを体に密着させるため、検査をするときはプローブの先端にゼリーを塗ります。プローブをあてる場所の被毛を刈ることがあります。

CT検査

CT検査（コンピュータ断層撮影）は、レントゲン検査と同じようにX線を用いた検査です。レントゲン検査では一方向からX線を照射して撮影しますが、CT検査では、X線の発生装置が体の周りを回りながら撮影します。そのデータをコンピュータで処理し、体を「輪切り」にした状態の画像を見ることができます。3D処理して立体的な画像として見る方法もあります。検査時には通常、全身麻酔が必要になります。

MRI検査

MRI検査（核磁気共鳴画像法）は、磁気を利用した検査です。トンネルのような装置の中で体に電磁波をあて、体内の水素が反応して発生する信号をコンピュータで処理し、画像に変換します。CT検査で撮影できるのは体の「輪切り」画像ですが、MRI検査では、どの方向からでも撮影が可能です。

検査時には全身麻酔が必要になります。

眼科検査

フルオレセイン染色

角膜潰瘍などの診断で行なわれます。フローレス試験紙という細長い紙に試験薬を染み込ませ、それをウサギの目の表面に当て、目の表面に試験薬を広げます。角膜が欠損している部分があると色が変わることで診断できます。

眼圧測定

眼圧が高くなっているかどうかを調べます。触診で行う場合と（ウサギの目を閉じさせて、まぶたに指を当てて調べる）と眼圧計を使う方法があります。点眼で麻酔をかけ、目に眼圧計の先端を当てて測定します。

検眼鏡での検査

目の内部の構造を詳しく診たり、濁った部分がどこにあるのかなどを確かめます。眼底検査も行われます。

涙液量の検査（シルマー涙液検査）

涙が過剰に作られているかどうかを調べる検査で、試験紙を目に当て、濡れた長さで調べます。

眼底カメラで目の内部を詳しく診る

眼圧計で目の眼圧を計っている

手術について

ウサギと手術

避妊去勢手術のほか、子宮腺癌、胃腸うっ滞、毛球症、腸閉塞、尿石症、骨折など、症状によっては手術が必要なこともあります。

麻酔をかけ、体にメスを入れるのはかわいそうだと思う方もいるかもしれません。実際、麻酔や手術にはリスクもありますが、手術することで病気の完治や改善することも多々あります。手術を過度におそれることなく、また、簡単なことだろうと甘くみたりせず、冷静に考えて必要な判断を行いましょう。獣医師の説明をよく聞き、わからないことや不安なことがあればきちんと聞いておきましょう。

▶麻酔について

手術を行うときにはウサギに麻酔をかけます。手術のほかには不正咬合の処置、安静にしていることが必要な検査、痛みや強い不快感を伴う治療をするときなどにも麻酔処置をすることがあります。

麻酔のしくみ

麻酔とは、投薬によって治療や手術などの痛みを感じなくさせることです。

麻酔のしくみには大きく分けて2つの種類があります。ひとつは局所麻酔で、処置する場所の感覚を鈍らせて、痛みを感じなくさせるものです。

もうひとつが全身麻酔です。中枢神経が抑制されるので、痛みの刺激が脳に伝わらず、痛みとして感じません。また、意識を失って眠った状態になります。普通に眠っているときにウサギの体に刺激を与えると、寝ていても体が反応しますし、無意識に体が動いたりしますが、全身麻酔で安定して眠っているときは反応しません。

全身麻酔では自律神経の働きが抑制されるため、呼吸が浅くなったり、体温低下、血圧低下などが起こります。そのため、麻酔は慎重に使うことが求められますし、麻酔導入中には体の変化をモニターすることが必要なのです。

麻酔のリスクと予防

痛みを感じることなく、体にメスを入れて悪い部分を取り除くような大きな手術ができるのは麻酔があるからです。また、過去に多くのウサギが手術を受けることによって知見が積み重なり、ウサギの獣医療は発展してきました。手術ができることによって治る病気も格段に増えてきたことと思います。麻酔を不安視する飼い主も少なくありませんが、むやみに怖がらなくてもいいのではないでしょうか。

とはいえ、麻酔はリスクもあります。肝臓や腎臓、心肺に負担がかかりますし、高齢個体や肥満個体であればそのリスクは高まります。麻酔薬の選択や濃度が適切かどうか、手術中のモニターが適切かどうか、ということも不安な点です。

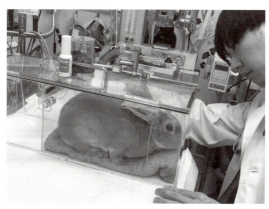

手術を行う前の吸入麻酔

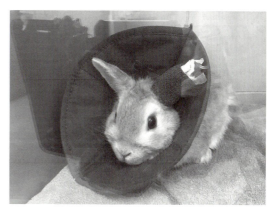

手術前に点滴を施す。写真は耳に施してあり、ウサギ用のソフトタイプ（布製）のエリザベスカラーを着けている

しかし、体の機能が麻酔に耐えられるかどうかを確かめるために、手術の前には血液検査や心電図検査などの各種検査が行われますし、麻酔導入は慎重に行われます。

▶知っておきたい手術前後の流れ

状況によっては緊急手術が必要となることもありますが、ここでは、手術までの準備期間が十分にあることを想定した手術前後の流れを見てみましょう（動物病院によって、またウサギの状態によっても細部は異なります）。

1．手術についての説明を受ける

手術を受けることによってどう症状が改善するのか、どんなリスクがあるのかといったことや、検査のスケジュール、入院するときは退院の予定などについて説明を受けてください。費用についても聞いておきましょう。手術の種類によってはかなり高額になる場合もあります。

2．術前検査

手術を計画する時点で、そのウサギが手術や麻酔に耐えられるかどうかを確認する検査を行います。一般身体検査、血液検査、X線検査、心電図検査のほかに、超音波検査などがあります。手術の直前にも一般身体検査や血液検査などを行います。麻酔の量を決定するために体重を測定します。

検査の結果によっては手術のスケジュールを変更したり、治療方針を変更する場合もあります。

3．絶食について

犬や猫などでは、消化器官に食べたものが残っていると手術の妨げになったり、嘔吐したときに誤嚥性肺炎を起こす危険などがあるため、手術前には絶食時間を設けます。ウサギの場合、嘔吐できないことや、消化器官に食べ物がなくなることで動きが悪くなり、手術後の回復に影響があるおそれがあるため、絶食は不要とされていますが、術前には流動食や野菜ジュースなど、消化器官に負担の少ないものを少な目に与えます。麻酔がかかったら、口の中に食べ物が残っていないか確認が行なわれます。

4．手術前

手術部位を衛生的に保つため、毛を剃る処置を行います。麻酔処置を行う前に、緊張感や不安を取り除くために鎮静剤を投与することがあります。

5．手術中

手術中は、マスクや気管挿管による吸入麻酔を用います。手術中の体調の変化をすみやかに知るため、心拍数、呼吸数、脈拍数や心電図、血圧、体温、酸素濃度などが常にモニタリングされています。

6．手術後

手術が終わったら麻酔を止め、酸素を吸わせて目覚めるのを待ちます。麻酔がしっかりと覚めるまで獣医師や動物看護師が観察します。

ウサギにとって、自分で口から食事をし、消化器官を動かすことは非常に重要です。手術後にストレスから食欲をなくしてしまい、回復が遅れることもありますから、強制給餌を行うこともあります。

退院するまで入院用ケージで過ごします。その間定期的な診察や投薬などが行われます。

7．退院

退院時には、退院後の家庭での投薬などの注意点について説明を受けたり、次回の診察の予約や抜糸の予定をたてます。帰宅後は、ゆっくり休ませてあげましょう。

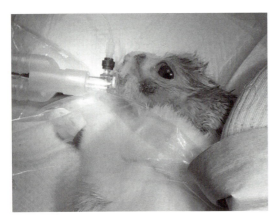

手術中は気管挿管をして気道を確保することもある

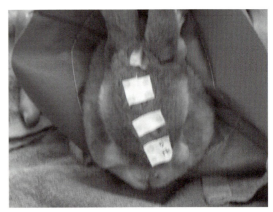

手術後に強制給餌が必要なことも多い。鼻カテーテルによる強制給餌

part 4

家庭で行う看護と介護
care at home

ウサギが病気になったり、高齢になってきたときには、特別なケアが必要になります。ウサギがおだやかに、快適に暮らせる飼育環境を作ることで、闘病中のウサギをサポートしてください。また、長生きをするウサギが増えてきたことから、ウサギの介護も多くの方が経験することになるでしょう。ウサギの幸せな老後によりそう心がまえをご紹介します。

家庭での看護

心がけておきたいこと

▶大切な、家庭での看護

ウサギが病気になったときには、家庭での看護がとても大切です。

病気の程度はさまざまでしょうが、病気を早く治すため、また、生活の質を高めるため、よりよい看護の環境作りを行いましょう。

ウサギはもともと緊張やストレスに対してデリケートに反応する動物です。病気にかかったときにはいつも以上に心身へ負担がかかります。そのうえ、投薬や強制給餌など、重ねてストレスとなる行為を強いることもありますので、十分な配慮が必要です。

おだやかで安全に暮らせる環境、適切な栄養補給、投薬、体のケアなどが必要になります。

▶経過観察をしましょう

症状の経過や回復過程をよく観察しましょう。

看護を始めたら、食欲、排泄物の様子、体重の変化、動きの様子や経過を記録しておき、次の診察時に獣医師に報告するといいでしょう。投薬した薬の効果は出ているか、副作用は出ていないか、といった状況を受けて、その後の治療方針が変更となることもあります。

▶不安や疑問は相談しましょう

動物病院では、治療の方針、家庭での看護にあたっての注意点などをしっかり聞きましょう。

家では体に触れさせてくれないウサギに塗り薬が処方された場合にどうやって塗ればいいか、飲み薬など他の方法はないかを聞いてみたり、薬の飲ませ方がわからない場合や強制給餌の方法が知りたいなど、わからない点や不安な点があれば、遠慮しないで質問しましょう。

場合によっては投薬の効き目がないように感じられることもあるかもしれません。薬が合わないこともありますし、ある程度飲み続けなければならないものもあります。薬をやめる場合も、徐々に減らしていく必要がある種類もあります。勝手な判断で投薬をやめたり、早く治そうと考えて規定量以上の量を与えたりしないでください。

病院で処方を受けていない薬剤や健康食品を使うときも、獣医師に相談することをおすすめします。

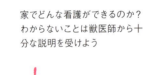

家でどんな看護ができるのか？わからないことは獣医師から十分な説明を受けよう

病状の経過を確認し、報告するのはとても大切

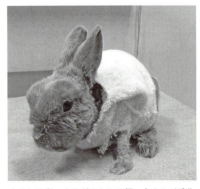

よだれの多いウサギのために飼い主さんが手作りの服を作ってあげた例。ウサギの看護にはさまざまな工夫と愛情が大切

環境作り

▶ **基本的な看護環境のポイント**

おだやかな環境であること

ウサギができるだけストレスを感じず、おだやかな気持ちで過ごせるようにしましょう。騒音や振動、ほかの動物の存在、温度や湿度など、ウサギに不快、恐怖や不安、ストレスを感じさせることのない環境になっているかを確認しましょう。

生活しやすいレイアウト

体を動かしにくいウサギには、複雑なレイアウトはかえって危険なこともあります（→ 200 ページ）。

食器や給水ボトルは使いやすい位置にあるでしょうか。ボトルから水を飲むために頭を上げるのがつらい場合は、飲水量が減って水分摂取量が減ることのないよう、安定した重量のある食器に水を入れたものをそばに置き、いつでも水を飲めるような配慮も必要です。

トイレが使いやすい場所に置いてあるでしょうか。わずかな高さでも乗るのが大変になっていないかも気にしてあげてください。また、体の動きに支障があってふらつくときは、ケージの出入口にスロープをつけるなど、状況に応じた安全な住まいを作りましょう。

衛生管理

手術後やケガをしているときは、傷口から細菌感染しないよう、衛生面での気遣いが必要です。トイレはこまめに掃除し、ケージ内を衛生的に維持しましょう。

汚れた空気がこもらないよう、空気清浄機を設置したり、室温の変化に配慮しながら空気の入れ替えをしてください。

また、多頭飼育をしていて感染性の病気のウサギがいるときは、病気のウサギを離して飼います。感染症を広めないため、世話の順番は健康な個体から行うようにしてください。

コミュニケーション

病気のときには安静にさせ、かまいすぎないというのが原則です。

とはいえ、ウサギによっては飼い主とのコミュニケーションを好む個体もいます。ウサギの負担にならない程度に遊んだり、一緒にいてあげるといいでしょう。

体を動かすことで筋力の衰えを防ぎ、寝たきりになりにくくなったり、活力や意欲を増すことも期待できます。絶対安静でないなら、獣医師と相談しながら適度な運動の時間を取り入れるのもいい方法です。

食事

▶ **食欲を取り戻させる**

手術の後や不正咬合の処置をした後、食欲がなくなるウサギは多いものです。しかし、ウサギにとって食事をしないのは非常に危険な状況です。鎮痛剤を処方してもらう、大好物を与えるなどの方法で、できるだけ早く食欲を取り戻すことが必要です。

不正咬合の処置後で口の中の違和感から、ただ「食が進まない」というのであれば、草食動物用の流動食を固めに溶いて団子状にしたもの、ペレットをふやかしたもの、牧草の軟らかい葉や穂、ゆでて軟らかくした野菜などの食べやすいものを与え、徐々に普段の食事に切り替えていきます。

特に、草食動物用の流動食（→ 198 ページ）で作ったお団子は、健康なときからおやつとして与えて慣らしておくと、こうしたときにたいへん役立ちます。

どうしても自分から食べようとしないときは、強制給餌が必要です。

家庭での看護

COLUMN
流動食をお団子で食べさせて

おやつ感覚で与えられる「お団子」の作り方を紹介しましょう。草食動物用の粉末流動食に水を加え、多少ねばりけがある程度の硬さの団子状にまとめます。最初のうちは、好物のおやつを細かくしたものをお団子のまわりにまぶし、ウサギに興味をもってもらえるようにするといいでしょう。

初めて食べさせるお団子には好物を細かくしたものをまぶして与えてみる

強制給餌用のフードに水を混ぜてお団子にする

強制給餌

ものを食べない状態が続くのは、ウサギにとって命取りです。術後のストレスや体調不良からくる食欲不振、不正咬合などのために食事をしない場合には強制給餌を行ってください。

ただし強制給餌をすることもウサギにとってはストレスになるので、できるだけ前述の「食欲を取り戻させる」のような方法で自力採食を目指し、どうしても食べないときに強制給餌を行ってください。

慎重に行う必要がある場合

胃腸に貯留物がある（食塊や毛球、ガスなどが溜まっている）ときは、できるだけサラサラした状態のものを与えます。貯留物が大量に存在し、粘度が高いと、溜まっている内容物がますますからみやすくなり、うっ滞の状態を悪化させます。獣医師に相談し、与えてもいい場合には、無添加の野菜ジュース、青汁、緑黄食野菜（コマツナ、チンゲンサイ、ニンジンなど）をジューサーにかけたものなどを与えるといいでしょう。リンゴを混ぜると嗜好性が高まります。

強制給餌の方法

1．50ml程度の給餌用シリンジに、準備した流動食を入れます。まず規定の濃度で与えてみてから、個体の好みによって濃さを調整してみてください。

ウサギに与える前に、どのくらいの量がどんな勢いで出るのかシリンジを押す力加減を確かめましょう。

2．ウサギを保定します。座った姿勢、伏せた姿勢など、ウサギが一番安定する状態にします。誤嚥しないように、頭部を持ち上げすぎないようにしてください。

3．抱かれると嫌がる場合は、バスタオルのような大判のタオルやブランケットで体全体をくるみ、顔だけを出します。目もとを隠すようにすると落ち着きます。

4．切歯と臼歯の隙間からシリンジの先を口の中の舌に乗せるように押し当てて、ゆっくり挿入します。

5．気管に入らないよう、少量ずつ口の中に入れていきます。無理にたくさん入れようとせず、ウサギが口を動かし、飲み込むような様子を確認しながら、ウサギが食べるのに合わせて与えます。口の周りや顎が汚れたらふきとりましょう。

6．シリンジは、注射を打つときのように持つよりも、親指以外の指でシリンジを持ち、親指で押すようにしたほうが、一度に押し出す量を加減しやすいでしょう。

7．強制給餌が終わったら、よくがんばったねとほめ

体をタオルでくるみ、顔だけ出して行うとよい

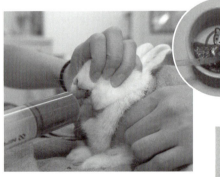

ウサギを落ち着かせるため、目を隠して行う方法もある

シリンジで投与するのにほどよい濃度

鼻から胃までカテーテルチューブを挿入して行う強制給餌。保定のストレスがなく、確実に適切な量を与えることができる。

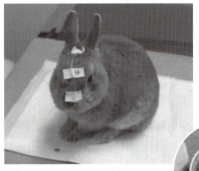

病院でカテーテルチューブを挿入してもらい、家では飼い主さんがシリンジから給餌する

動物病院で入手することのできる草食動物用の流動食。粉状になっている。必ず獣医師の指導のもとで与える

粒子が非常に細かく、鼻カテーテル（左写真）での使用に適している

てあげてください。与えた流動食の量を記録しておきましょう。排泄物の状態や体重もチェックしましょう。

与える量と回数

草食動物用流動食の場合、体重1kgあたり50mlを、1日2〜3回に分けて与えるのが目安になります。自家製の野菜をミキサーにかけて流動食を作る場合は、専用のものよりカロリーが低いので、それよりも多めに与えます。一度にたくさん食べない場合は、回数を増やしてください。

強制給餌中の管理

毎日必ず、体重と排泄物の変化を確認してください。よく食べていれば便は大きく、数も多くなります。食べていなければ便は小さく、数も少なくなります。

> **COLUMN**
> #### 針なしシリンジ、給餌用ポンプ
>
> 「針なしシリンジ」は注射器の本体部分のことです。ウサギに液体状の薬を飲ませるときや、強制給餌するときに使います。動物病院で入手できます。サイズは大小さまざまで、投薬用には0.5mlや1mlのシリンジが、強制給餌には30〜50mlくらいのものが使いやすいでしょう。繊維質の多いものを与える場合は目詰まりを避けるため、飲み口が太いものを使います。使い続けていると薬剤を押し出すゴム部分が劣化し、使いにくくなります。長い期間、ウサギに投薬や強制給餌を行う予定があるなら、多めに入手しておくとよいでしょう。
>
> 市販でも、給餌用ポンプやフードポンプなどの名称で針なしシリンジ状のものが売られています。
>
> いずれも、先端が狭いと、与えるフードの濃度や粗さによってはうまく出ないことがあります。そればかりか、引っかかった粗い粒を無理に押し出そうとして、流動食が勢いよく口の奥に入ってしまい、誤嚥を招くおそれもあります。飲み口が広いものを探すか、先端が狭い場合は少し切って出やすくすることができます。飲み口がザラザラしているとウサギの口を傷つけやすいので、切り口をヤスリで整えましょう。そのあとライターで縁をあぶるとよりなめらかになります。
>
>
>
> 強制給餌に適当な、30mlのシリンジ

薬の飲ませ方

薬剤は、それぞれに規定量、回数、期間などが決まっています。規定量よりも少ない投与量では効果がありませんし、逆に多ければ副作用が心配されます。規定量を守って投与してください。他の薬剤や健康補助食品を併用したいとき、副作用のような症状が見られたとき、投薬を中断したいときなどは、必ず先生に相談してください。

処方された薬が残った場合、あとからウサギの具合が悪くなったときに自己判断で与えるのは避けましょう。必ず診察を受けたうえで、残っている薬が使えるかどうかを先生に聞いてみましょう。薬剤にも使用期限があります。古くなった薬は処分してください。

錠剤

イヌネコに錠剤を飲ませるときは、口の奥に入れて丸飲みさせるのが一般的ですが、ウサギは食べ物を丸飲みする習性がないので、別の方法で与えます。同じ効果をもつ液状の薬、粉薬があればそれを処方してもらいます。錠剤の場合は、ピル・クラッシャーを使ってつぶしてから、粉薬と同じようにして与えます。

液剤

スポイトや針なしシリンジを使って飲ませます。甘味がついている薬など、好みの味なら自分から飲もうとしてくれます。そうでない場合は、歯隙（切歯と臼歯の隙間。他の動物では犬歯のある場所）からスポイトやシリンジの先端を口の中に入れて飲ませていきます。気管に入らないよう少量ずつ、飲み込んだことを確認しながら与えましょう。

粉薬

好物に混ぜるのがよい方法です。規定量を確実に投与できるよう、ごく少量の食べ物（つぶしたバナナ、すりおろしたリンゴ、ジャム、野菜や果物のベビーフード、ふやかしたペレットなど）に混ぜて食べさせましょう。腸炎の原因になるので、デンプン質の多いものを使うのはおすすめできません。

ウサギが日頃からよく食べる葉野菜や、安全で香りが強いハーブ、クセのある野菜（セロリの葉、シソの葉など）に薬を包むようにする方法や、無添加で加糖していない野菜ジュースや青汁に混ぜて、スポイトや針なしシリンジで飲ませる方法もあります。

点眼薬

ウサギの体を安定させ、上まぶたを引き上げて点眼します。なるべく目の近くから結膜嚢（まぶたの下の袋状の部分）に点眼薬を落としますが、目薬への汚染を防ぐため、点眼瓶の先端が目やまつげなどに付かないように注意してください。目の周りにこぼれた点眼薬はふきとっておきましょう。そのままにしておくとウサギが気にして顔をこすり、目を傷つけたり、まぶた周囲に皮膚炎を起こすこともあります。眼軟膏も同じようにして塗ります。軟膏を塗るときにウサギの目を傷つけないよう、爪は短くしておきましょう。

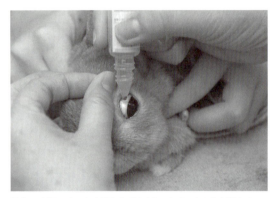

目薬の点眼。まぶたを引き上げるようにして、上から点眼する

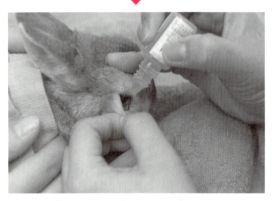

下まぶたを引き、ポケットを作るようにして点眼

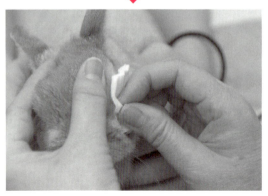

目の周りに付いた余分な点眼薬はガーゼをそっと押しあてるようにして取り除いておこう

液剤の飲ませ方。投薬時は、体をタオルで巻くとウサギが落ち着く。暴れて台から飛び降りることがあるので、低い台の上で行う

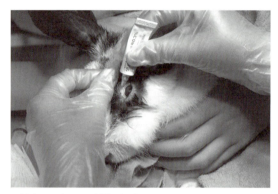

眼軟膏は、上まぶたを引き上げてのせる

下まぶたを引き、結膜の部分にのせる

体を自由に動かせないウサギのケア

高齢のためや、開張肢、後駆麻痺などのために体が自由に動かせなくなったときには、それに応じたケアが必要です。できるだけ快適に過ごせるよう、よい環境作りをしてあげてください。

▶ 安全な環境

段差を作らない

四肢でしっかりと立てない場合、体を床につけて歩

きます。ケージの中はできるだけ平らな状態にしてください。段差があると転びやすく、体位も不安定になりやすいので注意しましょう。ケージからの出入りは、人が手を貸してあげてください。

トイレは、自力でトイレ容器の上に乗れるなら、できるだけ入口が低いものを使います。すのこの隅をトイレのサイズに切り取り、そこにトイレをはめ込むことで、段差を解消することもできます。

クッションで保護

斜頸などの神経症状が強く、体が自分の意思に反して回転してしまうようだと、ケージの側面にぶつかるなどして危険です。ケージの内側にクッションを置くなどの安全対策をしましょう。

遊びたいなら遊ばせてあげる

ウサギが遊びたがるなら、ケージから出して遊ばせてあげてください。ただし、必ず人が見ていられるときや手を貸せるときに限ります。遊ばせる場所の床はコルクマットや目の細かいじゅうたんなど、すべりにくいものにします。動きが不安定なので、よろめいて周囲のものにぶつかることがありますから、危険なものは取り除いてください。

▶衛生的な環境

床ずれを防ぐ

ほとんど動かず、寝たきりに近い状態のときは、床を金網やすのこにせず、軟らかい素材にして床ずれを防ぎます。ペット用の介護マットや低反発クッション、アウトドア用のエアマットなども利用できます。いずれもこまめに交換し、衛生的に保ってください。

また、寝たきり状態になっているときは、時々寝返りを打たせてあげ、体の一部分にだけ負担がかからないようにします。寝床に当たる場所の毛が抜けたり、赤くなるなどの床ずれの初期症状ができたりしていないか確認してください。

床敷きの交換

排泄物で体を汚しやすくなります。ケージの中は常に衛生的に保ってください。介護マットなどの床敷きは、複数枚用意しておき、こまめに交換しましょう。

▶食事と飲み水

食器や給水ボトルは、ウサギが食べやすく、飲みやすい位置に設置します。ウサギの様子をよく観察して場所を決めてください。

体がぐらついて食べにくいときは、U字型のネックピローの間に立たせるようにしたり、飼い主が体を支えてあげるといいでしょう。寝たきりでも顔の周りに食べ物や飲み水のお皿を置いておくと、自力で食べることもできます。

自力採食が難しい場合や採食量が少ない場合は、強制給餌を行います（→198ページ）。

盲腸便を自力で食べられないようなら、与えてください。

▶排尿のケア

脊椎損傷などで自力での排泄が困難な場合は、人が手を貸す必要があります。

尿に関しては、圧迫排尿を行う必要があります。最初は獣医師に指導を受けましょう。水分摂取量によって頻度は違いますが、膀胱に張りがあるかないかのタイミングで行ってください。1日2〜3回は必要です。膀胱がパンパンに膨れてから行うのは危険です。

ウサギが伏せた状態でも横になった状態でもいいですが、ウサギのお尻の下にペットシーツを敷き、膀胱のあたりを静かに手ではさむように押します。力は、尿道のほうに向かって入れるようにしてください。反対側の手はウサギの体を支えます（写真参照）。

便に関しては、十分な水分を与えていれば徐々に押し出されて排便されますが、腹部をマッサージすることで排便されやすくなります。

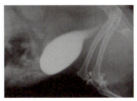

圧迫排尿。膀胱を手ではさむようにし、尿道のほうに向かって弱い圧力をかける。膀胱の位置は、レントゲン写真（砂状のカルシウム尿が写っている部分が膀胱）と、内臓のイラストで確認。最初は獣医師に指導を受けること

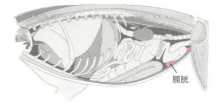

膀胱

▶体のケア

グルーミング
自分で毛づくろいをすることができません。動かないので爪も伸びやすくなります。ブラッシングや爪切りを行いましょう。

マッサージ
筋肉は、使わないと固くなってしまい、ますます動きにくくなります。マッサージをしたり、無理のないようにストレッチをしてもいいでしょう。マッサージは、詳しい獣医師の指示のもとで行うようにしてください。

お尻のケア
下腹部が排泄物で汚れ、不衛生なままにしておくと、皮膚疾患を起こします。汚れている場合はきれいにしてあげましょう。こうした状況では何度も清拭することになるので、こすりすぎると皮膚を傷つけてしまいます。ぬるま湯で濡らしたガーゼや、赤ちゃん用や介護用のお尻拭きを使うこともできます。

体調がよければ、時々はお尻周りだけ洗ってあげてもいいでしょう。洗ったあとは体を冷やさないよう、吸水性のいいタオルで手早く水分を取ってください。

毛玉ができている場合は、まず毛玉の処理をしましょう。毛玉が少量ならほぐすようにしてください。そのあとはできるだけ毛玉ができないように、乾かしながら、くしで念入りに根元からとかして毛のからまりを取ります。

盲腸便がついているときは、乾燥してから取り除くほうが取りやすいでしょう。

いずれも、ウサギが嫌がるようなら、手入れができやすくなるようにウサギ専門店や動物病院にお願いするのもひとつの方法です。

▶エリザベスカラーをしているときのケア

手術のあとで傷口をかじったり、軟膏などを舐めてしまうおそれがある場合は、エリザベスカラーを使うことがあります。ウサギにとってはストレスが大きいので、大きく固いカラーを避けるほか、以下の点に注意してください。

・食事をしたり水を飲んだりできているかを確認し、カラーが邪魔になっている場合は、カラーのサイズを小さくする、布製や不織布製の軽いものを使うなどの工夫や素材の検討が必要です。
・牧草は、ケージ側面に取りつける牧草入れに入れるよりも、床に置いたほうが採食しやすいでしょう。
・毛づくろいが十分にできないので、ブラッシングをまめにしてあげましょう。
・盲腸便を食べることができないので、食べさせる必要があります。
・採食量が減っているようなら、手から直接与えたり、強制給餌を行うことも考えなくてはなりません。便の大きさや数、体重を確認しましょう。

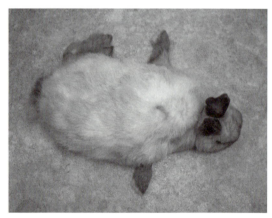

体の自由が利かなくなったウサギにも、細心の注意でケアをし、生活の質を高めてあげたい

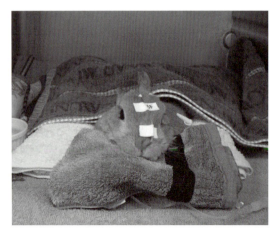

ウサギのためのICUの一例。体を休ませやすいよう寝床を整え、水やエサは飲んだり食べたりしやすい場所に置いている

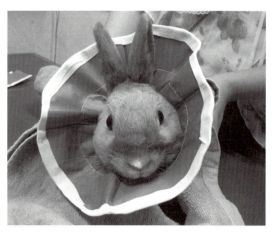

エリザベスカラーはサイズや材質への配慮が必要

高齢ウサギの健康管理

高齢ウサギを理解する

▶増えている高齢ウサギ

獣医療の進歩、飼育用品やフード類の進化を含む飼育方法の向上によって、長生きをするウサギが増えています。10歳以上でも元気のいいウサギも珍しくなく、15歳というご長寿ウサギもいるほどです。

見た目のかわいらしさは変わらなくても、年を取れば私たち人間のように体にさまざまな変化が起こります。ウサギが長生きしてくれることはとても幸せですが、その一方では、長生きするゆえに起こる病気があることも理解しなくてはなりません。

▶高齢ウサギと暮らす心がまえ

ウサギが高齢になり、若いときとは違うところが目に見えてくるようになると、飼い主は不安や心配な気持ちが大きくなることと思います。トイレの失敗や食事の準備に手がかかる、環境整備や体のケアなど、飼育管理に時間がかかるようにもなるでしょう。

しかしこうした飼育管理は、そのウサギが長生きだからこそできることです。長生きしていることを幸せに感じ、おおらかな気持ちで接することが大切です。ウサギにとってもできないことが増えていくことは不安だろうと想像できます。大丈夫だよ、安心してねと声をかけてあげることも、高齢ウサギとの暮らしには大切なことのひとつです。

また、個体差を理解することも必要です。ひとことで「高齢ウサギ」といっても、10歳でも元気いっぱいに見えるウサギもいれば、もっと若くても老化が進んでいるウサギもいます。

高齢ウサギとつきあっていくには、「外見がどうあろうと体の中では老化が進んでいる」と理解することと、「個体差に応じた対策を行うこと」というふたつの点が重要になります。そのウサギに合ったケアを行い、快適なシニアライフを送らせてあげましょう

▶ウサギはいつから高齢？

ウサギも人間と同じように、乳児期から高齢期までいろいろな段階のライフステージがあります。ウサギと人のライフステージを比較してみると、おおむね以下のようになります（品種による差、個体差もあるので、すべてのウサギに完全にあてはまるわけではありません）。

ウサギの場合、5〜6歳くらいになると病気にかかりやすくなる傾向があり、平均的な寿命も7〜8歳といったところです。5歳を過ぎたらそろそろ中年期と考え、ウサギの体の変化に注意しましょう。

ウサギと人のライフステージ

ライフステージ	ウサギ	人
離乳	約8週	約1歳
性成熟	4〜5ヶ月（小型種）	12歳
成長期	〜1歳	〜18歳
壮年期	〜5歳	〜44歳
中年期	〜7歳	〜64歳
老年期	8歳〜	65歳〜
長寿記録	18歳10ヶ月	122歳

そのウサギにとって何が幸せなのかを考える

高齢になると起こる体の変化

私たち人間も、年を重ねていくごとに視力や聴力が衰えたり、足腰が弱くなったりします。ウサギも同じように、体にさまざまな変化が起こります。その変化が「老化」です。その度合いや衰える速度には個体差があるものの、老化現象は避けられません。

しかし、環境的な要因も大きく、フォロー次第で進行を遅らせることができるものもあります。老化を受け止め、気をつけなくてはいけないポイントをおさえ、上手につき合っていくことで、より長くウサギをよい健康状態で過ごさせることができるでしょう。

- 五感：視覚、嗅覚、聴覚などが衰えます。そのため、人が近づいたことに気がつかず、急に触ってウサギがびっくりしたり、食べ物のにおいを感じにくくなって食欲が減退することもあります。
- 目：老齢性の白内障やぶどう膜炎が誘発されやすくなります。目ヤニや涙が多くなります。
- 耳：自分で手入れがしにくくなり、汚れやすくなります。
- 歯：歯がすり減るスピードよりも歯が作られるスピードが遅くなると、磨耗が進みます。逆に、採食量が減って歯を使わなくなると、過長になります。歯がぐらつき、抜けることもあります。
- 皮膚：水分量や皮脂量が減り、弾力やうるおいがなくなります。
- 被毛：毛づくろいをする頻度が落ち、毛並みが悪くなります。毛づやがなくなり、ぱさつく、毛の量が減る、薄くなるといった変化が見られます。
- 内臓の働き：消化管の機能が衰え、消化吸収機能が低下。下痢や便秘をしやすくなります。腎臓の機能が衰えるので腎不全を、心肺機能が衰えるので心不全を起こしやすくなります。
- 運動機能：筋肉の量が減って痩せ、運動能力が衰えます。骨密度が低下して骨がもろくなります。関節が老化して硬くなり、動きたがらなくなります。
- 爪：不活発になり、すり減る機会が減るので、伸びやすくなります。
- 免疫力：衰えてくるので、病気に感染しやすくなったり、悪化しやすくなります。
- ホメオスタシス（恒常性）：体内のバランスを維持する能力が低下、体温調節などがうまくできなくなります。
- 認知機能：ものを忘れたり、ぼんやりすることが多くなります。
- 腫瘍：発生率が高くなります。
- 繁殖：性ホルモンの分泌が低下します。繁殖能力が衰えます。
- 排泄：筋力の衰えや老齢性の病気などによって排泄の問題が起こります。消化器官の動きが悪くなって胃腸うっ滞を起こしやすくなります。膀胱も尿の排泄をコントロールする膀胱括約筋が弱くなって尿もれをすることがあります。
- 行動：筋力や心肺機能の衰えなどが原因で活発に動きたがらなくなるので、動きが鈍くなり、寝ていることが増えます。
- 体重：採食量が変わらないのにあまり動かなくなるので太りやすくなります。老化が進むと、採食量が減り、動かないために筋肉量も減り、痩せてきます。

高齢ウサギのケア

▶環境の見直し

ストレスの少ない生活

おだやかに、心身ともに落ち着いてすごせる環境が大切です。温度、湿度や日当たり、騒音など、ウサギを取り巻く環境がウサギのストレスや負担になっていないかどうかを見直してみましょう。そのウサギにとってどんな環境が一番落ち着けるのか、よく考えてあげてください。いつも人のそばにいることを望むウサギもいれば、放っておいてほしいウサギもいます。

おだやかな気持ちで過ごせる毎日

爪が引っかかるような場所はない？
ケガをしない環境作りを

環境の急変を避ける

飼育環境の急変は、高齢ウサギにとって体力の消耗や大きなストレスとなります。

ウサギのいる場所の温度が激しく変動しないよう、エアコンやペットヒーターなどを活用しましょう。温度変化が大きい季節には、天気予報をよく確認してください。

住まいのレイアウトを変更するときは、少しずつ様子を見ながら行いましょう。安全な環境作り（次項）のためにレイアウト変更が必要なら、早めに行っておいたほうがいいかもしれません。

白内障などで視力を失っていても、環境を変えなければうまく暮らしていくことができますが、安全のためにも変えねばならない場合もあるでしょう。そのさいはわずかずつ変更を行い、ウサギがその変化を理解したらまた少し変える……というふうに時間をかけてください。

安全な環境を作る

ケージ内の段差が負担になり、若い頃のつもりで飛び降りてケガをするリスクがあります。ロフトがあるなら徐々に低くし、老化が進んだ頃にはケージ内はフラットな状態になっているようにしましょう。また、ケージの出入り口にスロープをつけるといいでしょう。

あまり動かず、じっとしている時間が増えるウサギも多いものです。足の裏に負担のかからない床材を使いましょう。動きが鈍ってくると、ケージの隙間や布などに爪を引っかけたときにすぐに外せず、大きなケガにつながることがあります。ウサギの行動範囲が安全かどうかをよく確認しましょう。

自分で動くことができないときは、床ずれを防ぐ工夫が必要です（→201ページ）。

トイレ

高齢になるとトイレを失敗することがあります。泌尿器疾患などの病気や老化によって排泄のコントロールがうまくできないこともあります。トイレに行こうと思っていても、運動能力が衰えているために間に合わないということもあります。

トイレに乗ることが大変な場合もあるので、すのこの隅をトイレのサイズに切り取り、そこにトイレをはめ込むことで、段差を解消することもできます。

飼い主がトイレの失敗に神経質にならないことも大切です。

適度な運動の機会は大切

あまりにも早い時期から手厚いケアをしすぎると、まだまだウサギがもっている運動能力を発揮できず、筋力も衰えて老化が進んでしまいます。

ウサギがケージ内にいるとき、飼い主がずっと見ているわけにもいきませんので、ケージ内の安全対策は早めに行うといいでしょう。

ただし飼い主が一緒にいることのできる室内散歩では、その個体に無理のない範囲で運動をさせることが大切です。筋力を維持することは健康面でも大いに役に立ちますし、活発に動き回れることがウサギの気持ちを前向きにさせてくれることもあるのではないかと思われます。

室内で遊ばせているときには、つまずいたりぶつかるような場所はないか気をつけて見てあげましょう。

ケージの出入り口にステップをつけて、バリアフリー

トイレへの出入りもスムーズに。バリアフリーすのこ（うさぎのしっぽ）

適切な食事

食べやすい牧草

　高齢になっても、ウサギにとって最も大切なのは牧草をしっかりと食べることです。歯の状態が良好で、採食量も変わらないなら若いときと変わらずにチモシー一番刈りをメインにするといいですが、老化が進むと硬い牧草が食べにくくなってくることもあります。チモシー三番刈りやバミューダグラス、オーチャードグラスなどの軟らかい牧草も与え、常に繊維質の多い牧草をしっかりと食べられるようにしておきましょう。

　高齢になって痩せてくるウサギもいます。高タンパクなアルファルファを食事のメニューに加えてもいいでしょう。

ペレットの切り替え

　カロリーや脂質をおさえたシニア用のペレットも多く販売されています。

　シニア用ペレットには目安として「◯歳から」と表示がありますが、「◯歳」になったその日から切り替えねばならないというものでもありません。運動量が減って太りやすくなったときなど、必要に応じて切り替えるといいでしょう。

　切り替えるときは時間をかけて徐々に行ってください。前のものを少し減らし、新しいものを少し加え、時間をかけてその割合を逆転させるようにするといいでしょう。同じブランドのペレットだと、原材料が共通しているので切り替えやすいかもしれません。

　歯が弱っていてソフトタイプのペレットでも辛いようなら、崩れやすい「牧草ペレット」のタイプもいいでしょう。

野菜はバリエーションをつけて

　食欲に波があることもあります。若いうちからいろいろな野菜、野草やハーブなどを与えていると、食欲増進に役立ちます。少しずつでも味や歯ごたえの違う多くの種類を与えることで、ウサギにも食べる楽しみが感じられるでしょう。

飲水量が減った場合

　給水ボトルから水を飲むために首を上げたりすることが負担になり、水を飲む量が減ることがあります。飲水量が減ることには結石症のリスク、脱水や腎臓の病気、胃腸うっ滞などの引き金になりかねません。給水ボトルだけでなくお皿でも飲み水を与え、いつでも飲めるようにするといいでしょう。

　お皿で水を与えると汚れやすいので、こまめに交換してください。また、お皿をひっくり返すことのないよう、重量のある安定した容器や、ケージに取り付けられるタイプの食器を、低い位置に設置するといいでしょう。

採食量が減った場合

　ケージ側面に取り付けるタイプの食器や牧草入れの場合、給水ボトルと同じように使いにくくなることがあります。食器を下げる、床に置くタイプにする、牧草は床に置くようにするなどの対応も必要です。

　好物を少し与えることが食欲増進のきっかけなります。軟らかい牧草に変えるなど食べやすいものを取り入れる、流動食のお団子（→197ページ）を与えるなど、食べやすいものをメニューに加えるのもいいでしょう。

　食べるのに時間がかかるようになることもあるので、温かく見守り、少しの異変にも気付いて対処しましょう。

口の中に運びやすいよう、野菜を薄く切る

採食量が足りないときは強制給餌も必要

健康管理

体調を崩したら

　高齢のウサギが体調を崩すと、「もう年だからしかたがない」とあきらめてしまうことがあります。しかし、それは治療できる病気かもしれません。おかしいな、と思ったら診察を受け、老化現象によるものなのか、治療やよりよい生活の維持ができるのかを確かめてみましょう。

　高齢でも、その年齢や健康状態によっては手術や治療を受けることが可能なこともあります。

健康診断

　5〜6歳を過ぎたら、体調の変化を早期に発見するために半年に1度の健康診断の受診をおすすめします。

　また、目ヤニや涙目が増えて常に目の下が濡れているなど、体調がひどく悪いとまでは思えないような変化であっても、診察を受けておくことで適切なケアの方法を教えてもらったり、病気の早期発見にもつながるかもしれません。

サプリメント

　サプリメントは医薬品ではありませんが、高齢ウサギの暮らしをサポートする働きを期待できるものもあります。

　高齢ウサギによく使われているサプリメントには、免疫力を高める働きがあるもの、ウサギ用の乳酸菌、関節用のサプリメントがあります。

　サプリメントの種類は非常に多く、中には効果が定かではないものもあるので、獣医師と相談のうえで使うと安心でしょう。

コミュニケーション

　そのウサギに応じたコミュニケーションを十分にとってあげましょう。飼い主と遊ぶのが好きな個体なら、若いときと変わらず一緒にいる時間を作ってください。

　ひとりでいるのが好きな個体も、高齢になって自分の体の変化を感じると不安になってくることが想像できます。よく声をかけてあげましょう。

体のケア

　関節などの痛みがあると、体をひねって背中を毛づくろいしたり、後ろ足を上げて耳を掻くといった作業がしづらくなってきます。そのため、毛並みが悪くなることがあります。また、尿もれがあったり、体を曲げにくくなって盲腸便を食べられなくなることで、お尻周りが汚れやすくなるのも高齢になるとよく見られることです。

　不衛生な状態でいると感染症なども起こしやすくなります。200ページの「体を自由に動かせないウサギのケア」を参考に、体のケアを行ってください。

定期的に健康診断を受け、そのウサギに合ったケアを相談したい

長生きしてくれてありがとう。
おおらかな気持ちで接することが大切

ウサギの応急手当

緊急時に考えるべきこと

▶まずは冷静に

起きてほしくはありませんが、ウサギが急に体調を崩したり、ケガをすることがあります。こうした緊急事態に遭遇すると、どうしても慌ててしまうものです。しかし緊急時に大切なのは、冷静な判断をすることです。いざというときに落ち着いて適切な対応ができるように、緊急時の応急手当について頭の片隅に置いておくといいでしょう。

▶動物病院に行くことを考える

ウサギにアクシデントがあったとき第一に考えるのは、かかりつけの動物病院に連れていって診察を受けるということです。勝手な判断で処置をして、よけい悪化させるようなことがあってはなりません。深夜などすぐに連れて行けない場合もありますが、まずは「診察を受けさせることができるか」を考えてみましょう。

▶自己判断は危険なことも

自己判断による対応は危険なこともあります。深刻度の低いケースでは、動物病院に連れていける時間まで安静にさせるのが賢明です。

また、獣医師の指示がない限り、以前に使った薬の余りや人の薬を与えるのはやめましょう。

熱中症

▶こんなときに

日陰がない場所で直射日光に当たる、温度、湿度が高く、風通しの悪い環境下で、ぐったりしている、耳が赤くなっている、よだれを出しているなどの状態は、重度の熱中症を発症しています。様子を見ているような状態ではなく、一刻を争う緊急状態です。（→熱中症 168 ページ）

▶家庭でできることは？

一刻も早く、ただし徐々に体温を下げなくてはなりません。

涼しい部屋にウサギを移してください。

体温を下げる方法のひとつは、冷たいタオルで体を包むことです。ただし、あまりにも冷たい水で体を濡らすと体温が下がりすぎてしまい、そのまま体温低下が止まらず、危険な状態になることがあります。

冷水で濡らしてよく絞ったタオルをビニール袋に入れ、それでウサギの体を包むようにしてください。耳や首の後ろ、脇の下などを冷やすとより効果があるでしょう。

軽度であっても、ウサギが落ち着いたあと、動物病院で診察を受けることをおすすめします。

【注意】
体温の急激な低下は避けなくてはなりません。冷たい水にウサギを入れるような方法はとらないでください。低体温症を起こす危険があります。

水で濡らし絞ったタオルをビニール袋に入れ、ウサギの体を包む

直接、水の中に入れたりしないようにする

外傷（出血をともなうケガ）

▶ こんなときに

爪切りをするときに切りすぎて血管を傷つけたり、ウサギ同士のケンカで噛みつかれて出血することがあります。（→創傷161ページ）

▶ 家庭でできることは？

深爪で出血したときは、清潔なガーゼを傷口に当て、しばらくの間少しだけ力を入れて押さえておき、止血します（圧迫止血）。止血剤（クイックストップなど）や小麦粉を使ってもよいですが、わずかな出血なら圧迫止血で十分です。

噛まれた傷や擦り傷なども、傷口を消毒してから清潔なガーゼを傷口に当てて圧迫止血します。

傷口が大きい場合や出血がなかなか止まらない場合も同様に清潔なガーゼで圧迫止血しながら動物病院に連れていってください。

【注意】

ウサギは膿瘍になりやすいので、皮膚の外傷は血が止まっても念のため、診察を受けるほうが安心です。必要に応じて、抗生物質を処方される場合があります。

体に傷があるときは、傷口から細菌感染する可能性が高くなります。衛生的な環境を心がけてください。

外傷（骨折などの可能性のあるケガ）

▶ こんなときに

抱っこの失敗や落下事故、うっかり蹴ってしまう、踏んでしまうといったことが原因で、骨折やねんざ、脱臼などが起こります。足が地面に付かない状態や足を引きずって歩いたりします。痛みが強いとうずくまっていることもあります。（→骨折162ページ）

▶ 家庭でできることは？

動き回ると悪化するおそれがあるので、安静にさせてください。骨折部分は動かないようにし、狭くて動き回れないくらいの大きさのキャリーバッグや飼育ケースに入れ、布などをかけて薄暗くした状態で病院へ運びます。

開放骨折の場合は、早急に病院に連れて行ってください。

骨折や脱臼を起こしていても、自然治癒してしまう場合もありますが不自然な形態で骨が癒合すると、機能異常が起こることもあります。なるべく早く診察を受けてください。

脊椎損傷の場合、軽い不全麻痺（一部の機能が低下した麻痺）では治療が早ければ早いほど、回復の可能性が高まりますので、できるだけ早く動物病院に連れていってください。

【注意】

どこまで回復できるかは、どれだけ早く治療を開始できるかにかかっています。

外傷

小さい傷は圧迫止血する

患部に触らないようにして早急に動物病院へ

感電

▶こんなときに

ウサギが通電している状態の電気コードをかじると、感電する危険があります。口の中をやけどしたり、ショック状態になったりするばかりか、感電死することも。火災の原因にもなります。また、肺水腫を起こすこともあります。（→感電 164 ページ）

▶家庭でできることは？

ウサギの体に触れる前に、必ず電源を切り、プラグをコンセントから抜きます。

電源が抜けない場合、感電するリスクを減らすため、通電しにくい厚手のゴム手袋をはめたり、新聞紙や木の棒を使ってプラグを抜くようにします。

ウサギが失禁していたら、プラグを抜く前に尿にも触れてはいけません。

ウサギが電気コードを口にくわえたままだったら、電源を切った状態で、手にゴム手袋をするなど通電しにくいものを使ってコードを口から外してください。

ウサギの様子に異常がなく見えても、必ず早急に動物病院で診察を受けてください。感電後に肺水腫を起こすことがあります。

口の中をやけどしているときは、むやみに水で冷やそうとすると、気道に水が入ってしまい危険です。

体にやけどがある場合は、ビニール袋に絞った濡れタオルを入れたもので冷やします。

感電の衝撃が大きく、心拍や呼吸が止まってしまった場合、蘇生する可能性に賭けて、ウサギの胸を強く叩いてみてください。

【注意】

自分が感電しないように気をつけてください。また、かじられた電気コードをそのまま使っていると火災を起こす原因となるので、交換を。再びウサギにかじられることがないよう、環境を整備してください。

口の中をやけどしていると、痛みで食事ができなくなるので、流動食を与える必要もあります。

下痢

▶こんなときに

消化管の細菌感染、腸内細菌叢のバランスの乱れ、ストレスなど、多くのことがウサギに下痢を引き起こす原因となります。軟らかい便や水様便（水のような便）でお尻が汚れていることもあります。（→ウサギの消化器の病気 81 ～ 96 ページ）

▶家庭でできることは？

原因によっては早急な治療が必要です。また、ひどい下痢をしていると衰弱も早いので、できるだけ早く病院に行ってください。

下痢がひどいと脱水症状を起こすので、水分補給は必要ですが、水を与えすぎることで下痢の状態をますます悪くすることもあります。また、誤嚥のおそれもあります。ウサギが自ら飲めるときに限って、吸収のよいイオン飲料（乳児用やペット用）を与えましょう。

暖かい環境を作ります。ウサギがいる場所が温かくなるよう、ペットヒーターを利用するといいでしょう。

下痢をしているとお尻のまわりが下痢便で汚れ、床材が湿ってしまいます。衰弱しているうえに体を冷やすとますます状態が悪化するので、ペーパータオルなどでお尻の水分や便をできるだけ拭き取り（こすらず、毛玉にならないように）、吸湿性のよいバスタオルを敷いてひんぱんに交換します。

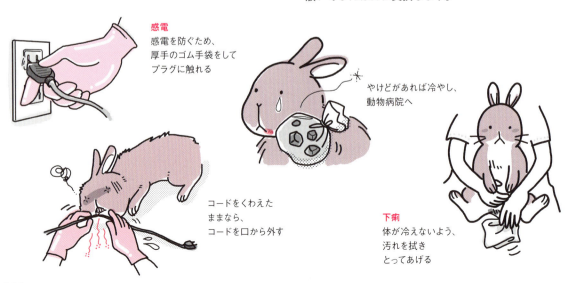

感電
感電を防ぐため、厚手のゴム手袋をしてプラグに触れる

やけどがあれば冷やし、動物病院へ

コードをくわえたままなら、コードを口から外す

下痢
体が冷えないよう、汚れを拭きとってあげる

【注意】
盲腸便は軟らかいので軟便のように見えますが、病的な便ではありません。ただし、通常は肛門から出たとたんに食べてしまうものなので見かける機会は少ないものです。盲腸便がたくさん落ちているときは、痛みがあったり過度な肥満で肛門に口が届かずに食べることができなかったり、栄養過剰の場合があります。

ものを食べない

▶こんなときに

胃腸うっ滞、過度のストレスなどで消化管の動きが悪いときや、不正咬合など口腔内に痛みや不快感があるとき、食べ物を食べなくなります。食べない状態が続くと脂肪肝を起こしやすくなったり、胃腸うっ滞がひどくなったりします。エネルギー不足にも陥ります。

▶家庭でできることは？

そのウサギが大好きなおやつを与えます。少しでも食べ物を口にすると、それが引き金になり食欲を取り戻すことがあります。

口の中に痛みがあるときは、ペレットをふやかしたものなど、軟らかいものを一時的に与えます。

【注意】
どうしても食べないときには強制給餌が必要なこともありますが、その前に、なぜ食べないのかをつきとめることが大切です。24時間食べない状態が続くと危険だといわれています。早急に動物病院で診察を受けてください。

斜頸

▶こんなときに

首を傾ける症状「斜頸」（→152ページ）は、末梢性や中枢性の原因によって起こります。首を傾けている程度の軽度なものから、傾きが強く、曲がっているほうにローリングしてしまうこともあります。

斜頸
早急に動物病院へ。
治療が早ければ
早期に回復する
可能性もある

▶家庭でできることは？

早急に動物病院で診察を受けましょう。原因によっては、治療が早ければ回復も早くなります。

斜頸を起こしているときはウサギ自身も不安な気持ちになっています（自分がめまいを起こしていることを想像してみてください）。心配だからとかまいすぎたり、首を戻そうと無理に曲げたりしないでください。

傾きが強く、ローリングしてしまう場合は、ケージの内側にクッションになるものを入れ、ぶつかったときにケガをしないようにします。

【注意】
ウサギが斜頸に慣れ、食事をしたり水を飲んだりできるようになることもありますが、状態によっては難しいこともあります。必要に応じて食事に手を貸してあげましょう。

けいれん

▶こんなときに

ウサギにはまれですが、てんかん様発作などの神経症状やビタミンA、B6、マグネシウムなどの欠乏、熱中症などが原因で、けいれん発作を起こすことがあります。筋肉が勝手に収縮し、体を弓なりに反らせたり、もがくようになったりします。

▶家庭でできることは？

けいれん発作を起こしているときは、意識が低迷していることもあります。またウサギがパニックになっているときは、手を出して体を押さえたりしないでください。周囲のものにぶつかってケガをしないように注意します。ケージの中だったら、周囲にクッションを敷くなどしてください。

ウサギが落ち着いたら、病院に連れていきましょう。

【注意】
てんかん様発作が原因の場合、それ自体の完治は困難です。しかし、どんなきっかけで発作が起きるか（気温、騒音など）、どの程度の頻度なのかをよく観察し、適切なタイミングで投薬することによって、発症頻度をおさえることができます。

けいれん
ぶつかってケガを
しないよう、
クッションを
置くなどのケアを

救急セットを用意しておこう

いざというときのためにも、救急セットを用意しておくと安心です。ここでご紹介するのは、ウサギの応急手当に役立つ救急セットの一例です。

なお、飲み薬や点眼薬などは、必ずかかりつけの動物病院に相談し、独断で用意しないよう気をつけてください。

いざというときにあわてないように救急箱に入れておこう

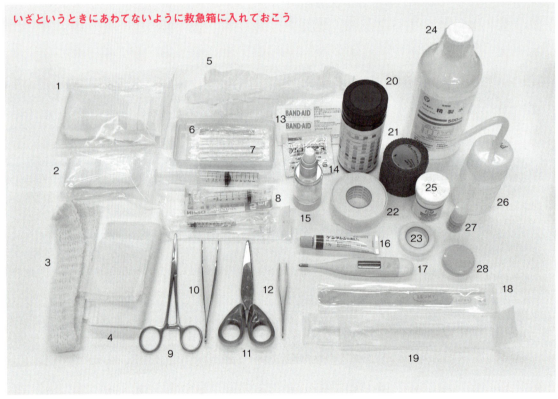

1　清浄布
2　アルコールコットン
3　ネット包帯
4　ガーゼ
5　ポリ手袋
6　清浄綿
7　綿棒（短）
8　シリンジ
9　鉗子
10　ピンセット
11　はさみ
12　とげ抜き
13　救急絆創膏
14　除菌用消毒綿（ウェットティッシュでもよい）
15　二次感染防止の抗生物質（抗菌スプレー）
16　抗生物質（軟膏）
17　体温計
18　木のへら（副木）
19　綿棒（長）
20　尿試験紙
21　伸縮布テープ
22　布テープ
23　紙テープ
24　精製水
25　止血剤
26　洗眼瓶
27　常備薬（点耳薬）
28　常備薬（軟膏）

ウサギと暮らす飼い主の健康

人と動物の共通感染症

　ウサギとの暮らしを楽しむためには、飼い主である人が健康であることも大切です。ウサギからの感染によって病気になれば、人もウサギもどちらも大変です。ともに幸せに暮らせるように、「人と動物の共通感染症」の正しい知識を持ち、理解しましょう。

　動物と人との間で相互に感染する可能性のある病気を、「人と動物の共通感染症」といいます。人獣共通感染症、人畜共通感染症、ズーノーシス、また人の立場から見た場合には動物由来感染症という呼び方もあります。

　動物から人へ、人から動物へと感染する病原体には、寄生虫、原虫、真菌、細菌、ウィルスなどさまざまなものがあります。よく知られている共通感染症には、狂犬病、オウム病、ペスト、ＳＡＲＳ、鳥インフルエンザ、ＢＳＥなどがありますが、世界的には約800種の共通感染症があり、そのうち約200種が重要であるとされています。しかし、動物と接したら必ず感染するということではありません。むやみに恐れていても適切な判断ができません。正しい知識を持ち、節度を持って動物と接することが大切です。

ウサギから感染する可能性のある主な病気

▶パスツレラ感染症（→ 98ページ）

　ウサギのパスツレラ感染症やスナッフルの原因となるパスツレラ菌は、動物から人に感染します。人でよく知られているのは猫ひっかき病（ネコに噛まれたり引っかかれたことによる感染）です。健康な人が感染しても発症しにくいですが、抵抗力が落ちているときに感染すると発症しやすくなります（日和見感染）。
感染経路：咬傷、掻傷による感染、濃厚な接触による感染、飛沫感染
動物の症状：98ページ
人の症状：呼吸器に感染し、風邪のような症状、噛まれた場所の痛み、腫れなど

▶皮膚糸状菌症（→ 122ページ）

　皮膚糸状菌症を起こす真菌、毛瘡白癬菌、犬小胞子菌、石膏状小胞子菌のうち、ウサギに多いのは毛瘡白癬菌、人によく感染するのは犬小胞子菌です。
感染経路：接触感染
動物の症状：122ページ
人の症状：多くの場合、顔や頭に発症。境界がはっきりした丸い脱毛、赤くなるなど

▶ノミ（→ 129ページ）

　ウサギに一時的に寄生するネコやイヌのノミが、人にも一時的に寄生して吸血します。
感染経路：接触感染
動物の症状：129ページ
人の症状：発疹、かゆみなど

▶ウサギツメダニ症（→ 128ページ）

　ウサギの被毛に寄生するダニの一種です。人へは一時的に寄生することがあります。
感染経路：接触感染
動物の症状：128ページ
人の症状：かゆみ、赤く腫れるなど

▶サルモネラ症

　サルモネラ菌の感染によって起こるもので、哺乳類、鳥類、爬虫類や、昆虫にも感染します。
感染経路：便を経由した経口感染
動物の症状：不顕性感染が多い。発症すると下痢、発熱など
人の症状：腹痛、下痢、発熱、嘔吐など

▶トキソプラズマ症

　トキソプラズマ原虫による感染症で、ネコの体内でのみ有性生殖します。感染しているネコは糞便中にオーシスト（原虫の卵のようなもの）を排泄しますが、その糞便で汚染された野草をウサギに食べさせると、感染の可能性があります。ウサギではまれです。
感染経路：便を経由した経口感染、傷口から感染
動物の症状：不顕性感染が多い。発症すると食欲不振、元気消失、発熱など
人の症状：不顕性感染

213

▶野兎病（ツラレミア）

野兎病菌の感染によるもので、ノウサギだけでなく、アナウサギ、野生のげっ歯目動物にも見られます。日本での人の野兎病は、ほとんどがノウサギからの感染です。野兎病菌が体に侵入したところからリンパ腺に乗って体内を流れ、リンパ節で炎症を起こし、他のリンパ節に感染を広げます。
感染経路：接触感染、飛沫感染、節足動物を媒介にして感染、経口感染、呼吸器感染
動物の症状：急性の敗血症など
人の症状：急な発熱（38〜40℃）、寒気、頭痛、筋肉痛や関節痛（特に背中の痛み）、リンパ節の腫れ、など。治療をしないと症状が何週間にも渡って続き、野兎病菌が広がって、肺炎や敗血症などを起こします。
【注】平成27年には海外から13,180匹のウサギが日本に入ってきています（動物検疫所ホームページより）。海外からペットのウサギを輸入したり連れてくるにあたっては、輸出国の政府機関が発行した検査証明書（野兎病、ウサギウィルス性出血熱、ウサギ粘液腫を持ちこむ危険がないことを証明）が必要です。また、輸入時には1日間の係留（検疫）期間が設けられています。

感染を防ぐには

動物から人への病気の感染は、
(1) その感染症が人に感染するもので
(2) その感染症の病原菌を持っている動物がいて
(3) 感染経路があるとき
に発生します。

私たちにできるのは、動物を病気にさせないことと、感染経路を作らないことです。正しい飼育をしていれば神経質になるほどの心配はいりません。

▶主な感染経路

直接感染：病原菌に触ることで感染
飛沫感染：クシャミなどで病原菌が飛び散り、感染
経口感染：口から病原菌が侵入し、感染
吸入感染：糞尿に混じった病原菌が乾燥して舞い飛ぶなどして、吸い込んで感染
咬傷・掻傷による感染：噛まれたり、引っかかれた傷からの感染
他の生物を媒介にして感染：吸血することで病原菌を体内に取り込んだノミやダニなどに吸血されることで感染

▶おかしいと思ったら

ウサギと一緒に暮らしている人の具合が悪くなり、病院にかかるときは、ウサギを飼っていることを伝えてください。そうしないと原因がはっきりせず、治療に時間がかかることもあります。病気の初期には症状に特徴がなく、しばしば誤った診断がされたり、原因が特定できず、治療に時間がかかることもあります。

医師から、動物飼育をやめるようにと言われる場合があるかもしれませんが、よほど重篤な感染症でない限り、動物を手放さなくてもうまくやっていくことも可能です。かかりつけの獣医師とも相談しながら、人とウサギの双方にとっていい方法を考えてください。

感染を防ぐには

2匹目以降のお迎えは自宅内で検疫期間を

一緒に寝たりキスをしない

口移しで食べ物を与えない

定期的な健康診断でいつもウサギの健康を維持

ウサギと遊びながら、ものを食べない

▶感染を防ぐために注意すべきこと

ウサギの飼育管理

衛生的なペットショップから健康なウサギを迎えてください。2匹目以降を迎えるときはすぐに接触させず、検疫期間として1週間は他のウサギと離して様子を見ましょう。

適切な飼育管理を行ってください。トイレ掃除、ケージ掃除はこまめに行い、衛生的な環境を整えましょう。ウサギには定期的な健康診断を受けさせ、病気になったら治療するなど、健康管理を行いましょう。

ウサギとのふれあい

一緒に寝たりキスをするなど濃厚なふれあいは避けましょう。ウサギと遊びながらものを食べたり、口移しで食べ物を与えることも避けてください。

適切に慣らし、ウサギに噛まれたり引っかかれたりしないようにしましょう。噛まれた傷がウサギとは関係のない雑菌に感染して化膿することもあるので、噛まれたり引っかかれたら、傷口を流水でよく洗い、消毒しておきましょう。

人の健康管理

ウサギの世話をしたり、遊んだあとは流水でよく手を洗い、うがいをしてください。部屋に放している時間が長いウサギでも、人の食事中にはケージに入れましょう。便を素手で拾わないようにしましょう。

高齢者や幼児は免疫力が低いので、特に注意が必要です。

室内の衛生管理

ウサギを遊ばせる部屋の掃除はこまめに行いましょう。抜け毛や排泄物を放置しないようにしてください。

空気清浄器を活用するといいでしょう。たまには窓を開けて空気の入れ替えを行いましょう。

ウサギとアレルギー

アレルギーは共通感染症ではありませんが、動物との暮らしの中で起こりうることであり、飼い始めたあとでウサギを手放す要因にもなりうる問題です。

動物の体は、外部から侵入しようとするものがあればそれを排除するというしくみをもっています。免疫力といいます。クシャミや、咳、鼻水、涙や嘔吐などで、体外に異物を出そうとします。インフルエンザウィルスが体内に侵入したときに高熱が出るのは、ウィルスを排除しようとする免疫の働きです。

ところが、免疫機能が強く働きすぎ、本来であれば排除しないようなものにさえ反応してしまうことがあります。それがアレルギーです。主に、体や目のかゆみ、鼻水、涙が出る、くしゃみが出るといった症状が見られます。

症状の出方は体調によっても違い、他のアレルギーと複合すると、軽症なものが重症化することもあります。

アレルギーを起こす原因となる物質をアレルゲンと呼びます。アレルゲンとして知られているのは、食べることでじんましんなどのアレルギーが起こる卵、牛

ウサギの世話や遊んだあとは
手洗いとうがい

こまめな掃除で衛生的な環境を

空気清浄器を活用するとともに
空気の入れ替えを

食卓のそばでは、
人の食事中は
ウサギをケージに

便を拾うときは
ティッシュなどで

乳、そば、甲殻類など、吸入することで主に鼻や気管支に症状で見られる花粉、ダニ、カビなどがあります。動物も、アレルゲンとなることもあります。その場合、動物の毛根上皮やフケ、唾液、尿などが原因となります。

何がアレルゲンなのかを調べるには、皮膚科専門の病院で検査を受けます。血液検査やパッチテストなどを行います。動物に関しての検査項目には、猫上皮、犬上皮、犬皮屑、モルモット上皮、マウス上皮、マウス尿蛋白、ラット上皮、ラット尿蛋白、ラット血清蛋白、マウス血清蛋白、家兎上皮、ハムスター上皮、ラット皮屑、マウス皮屑などあります。「上皮」は毛根のまわりの組織のこと、「皮屑」はフケのことです。

▶もともとアレルギー体質の人

アトピー性皮膚炎や花粉症など、もともとアレルギー症状が出ている人は、ウサギによってアレルギーが出る可能性も高いでしょう。逆に、イヌがアレルゲンになっているからといって、ウサギでアレルギーが出るとも限りません。ウサギを飼う前には必ず検査をしてください。

▶ウサギを飼い始めてからアレルギー症状が出た人

ケージ掃除やブラッシングをしたあと、すぐにアレルギー症状が頻繁に出るようだと、アレルギーかもしれません。専門病院で検査を受けてください。

▶原因がウサギではない場合もある

ウサギのアレルギーではなく、牧草アレルギー、牧草に発生するカビやダニのアレルギーという可能性もあります。いずれにしてもアレルギーですから、専門病院で検査を受けましょう。

また、ウサギの毛や牧草の細かなほこりが粘膜を刺激してくしゃみが出るだけということもあります。これは、アレルギーではなく、物理的反応です。

▶ウサギと共存するには

アレルギーがあっても、軽度であればウサギと一緒に暮らすことも可能です。アレルギーの治療をきちんと行うほか、以下のような対策が考えられます。
・アレルギーをもつ人が主に生活をする部屋、ウサギを飼う部屋を別にする
・ケージとウサギの行動範囲をこまめに掃除する。
・ウサギの世話をするときは、マスク、ゴーグルを着用したり、ウサギと接するとき専用の服（エプロン）を用意する。
・換気をよく行い、空気清浄器も使用する。
・世話をしたあとは流水で十分に手を洗い、うがいをする。
・こまめにブラッシングをし、抜け毛を処理する。
・家族にも世話を手伝ってもらい、アレルゲンと接する時間を短くする。
・頭数が多ければ症状はひどくなるので、多頭飼育は諦める。

▶新しい飼い主を探すという選択肢

アレルギー症状で肉体的に苦しむことよりも、ウサギのいない生活のほうが精神的に耐えられない、という方も多いでしょう。できるだけアレルギー症状が楽になる方法で、ウサギとの暮らしを続けられればそれに越したことはありません。

しかし、アレルギーは時に命をも奪いかねません。そのような強い症状に耐えながらウサギと暮らし続けるのが、お互いにとっていいことなのかどうか、考えてみてください。安心してお世話を任せられる方に新しい飼い主になってもらうことも選択肢のひとつです。

アレルギー体質の人は、飼う前に検査を

もっと知りたいウサギの健康Q&A

Q1
毒性のある植物を教えてください。

A

毒性のある植物は以下のようなものです。（ ）内は毒のある箇所です。これらの植物は、ウサギから遠ざけるようにしましょう。

▼ア行：アイビー（葉、果実）、アサガオ（種子）、アザレア（葉、根皮、花からの蜂蜜）、アマリリス（球根）、アヤメ（根茎）、イカリソウ（全草）、イチイ（種子、葉、樹体）、イチジク（葉、枝）、イチヤクソウ（全草）、イヌサフラン（塊茎、根茎）、イラクサ（葉と茎の刺毛）、オシロイバナ（根、茎、種子）、オモト（根）など
▼カ行：カラー（草液）、キキョウ（根）、キツネノテブクロ（葉、根、花）、キバナフジ（樹皮、根皮、葉、種子）、キョウチクトウ（樹皮、根、枝、葉）、クサノオウ（全草、特に乳液）、クリスマスローズ（全草、特に根）、ケマンソウ（根茎、葉）、ゴクラクチョウカ（全草）など
▼サ行：シキミ（果実、樹皮、葉、種子）、シクラメン（根茎）、ジンチョウゲ（花、葉）、スイセン（鱗茎）、スズラン（全草）など
▼タ行：タケニグサ（全草）、ダンゴギク（全草）、チドリソウ（全草、特に種子）、チョウセンアサガオ（葉、全草、特に種子）、ツタ（根）、ディフェンバキア（茎）、ドクゼリ（全草）、トマト（葉、茎）など
▼ナ行：ナンテン（全体）、ニセアカシア（樹皮、種子、葉）など
▼ハ行：ヒガンバナ（全草、特に鱗茎）、ヒヤシンス（鱗茎）、フィロデンドロン（根茎、葉）、フクジュソウ（全草、特に根）、ベゴニア（全草）、ポインセチア（茎からの樹液と葉）、ホウセンカ（種子）、ボタン（乳液）など
▼マ行：モクレン（樹皮）、モンステラ（葉）など
▼ヤ～ラ行：ユズリハ（葉、樹皮）、ヨウシュヤマゴボウ（全草、特に根、実）、ルピナス（全草、特に種子）など

Q2
被毛に便がついて汚れたときの対象方法は？

A

柔らかい便が出てお尻についてしまった場合、ウサギは上手に毛づくろいで取れないことがあります。飼い主がこまめにチェックしてあげましょう。

柔らかい便をしたときは、お尻まわりに便がこびりつきやすいのでチェック

乾いて固くなった便は、目の細かいコームで取り除く。まだ柔らかい便をコームでとかすと便が広がることもあるので注意

大きな便が毛玉と一緒になっているときは、根元から手でほぐす

Q3
飼育放棄された1歳のウサギ（オス）を引き取って1ヶ月になります。オシッコ飛ばし、マウンティグの癖をやめさせるには？

A
ウサギはもう大人ですから、なわばり意識に目覚めているのでしょう。オシッコを飛ばしてにおい付けするのは尿のスプレーといい、なわばりを主張する行為です（→167ページ）。なわばり意識はメスにもありますが、オスのほうが顕著です。

また、性成熟をした後はいつでも交尾ができる状態にあります。ただ、家庭のウサギに見られるマウンティングは、必ずしも交尾の真似事ではなく、順位付け（自分が優位だと主張している）や悪い習慣になっていることもあります。

ご相談のウサギですが、ひとつにはまだ迎えたばかりということもあり、不安な気持ちからなわばりを主張するのかもしれません。オシッコを飛ばされて困るような場所にはプラスチック製の段ボールなどを置いてガードするとともに、安心できる環境づくりをしてください。

なわばりの主張やマウンティングが激しい場合には、去勢手術も選択肢のひとつになります。手術をすれば絶対にやらなくなるとは言い切れませんが、ウサギをきちんと診てもらえる獣医師がいるなら、一度は相談してみるのもよいでしょう。

尿スプレーはなわばり意識のあらわれ

Q4
室内散歩中に飼い主がテレビを観たり、携帯電話で話していると、食器をひっくり返したり、ケージを揺らして大きな音をたてます。どうしてでしょうか？

A
ウサギは相当頭のよい動物です。人のこともとてもよく観察しています。そのウサギが飼い主のことを大好きだとすれば、自分に注目してほしい、常に気にかけてもらいたい、と思うことでしょう。だから、飼い主の気持ちがテレビや携帯電話に向いているのを感じると、注目をひくために音をたてたりするのではないでしょうか。とはいえ、四六時中ウサギに注目しているわけにもいかないでしょう。一緒に遊ぶときやふれ合っているときはたくさん愛情を伝えてあげましょう。

ただしひとつ注意点を。食器をひっくり返したり、ケージを揺らしたりしたときに、すぐにウサギのところに行って構ってあげたりすると、「こうすれば構ってもらえる」とウサギが理解してしまいます（もうそう思っているかもしれません）。そういうときは知らんぷりをして、いい子にしているときにたくさん構ってあげる、というけじめも大切です。

中には、単なる「ごはんちょうだい」とアピールしているウサギもいるとは思いますが、いずれにしても飼い主の気持ちがどちらを向いているのか、ウサギはとてもよく感じています。

自分に注目してほしいのかも

Q5
わが家のウサギは給水ボトルが苦手です。給水ボトルを使ってくれるよい方法はないでしょうか？

A
給水ボトルで飲んでくれたほうが、食べかすや便で水が汚れないので衛生的です。それに留守中にこぼしたりする可能性を考えても、ボトルが便利です。ボトルを使わない理由は、主に
①使い方を理解していない
②取り付け位置が合わず飲みにくい
③水が出にくい
などがあるでしょう。

まずは、飲み口の先端を押して水が少し出た状態にしてウサギを誘導してみます。好物の果汁や野菜ジュースを少しだけ飲み口に付けておき、飲み口に興味をもたせてみるのはどうでしょうか。取り付け位置

が低すぎたり高すぎたり、ほかのグッズがじゃまになっていたりしないかどうかも見てみましょう。好みの位置は、そのウサギによるので、位置を変えてみるのもひとつの方法です。また、先端のボールの動きが悪くて水が出にくく、嫌がることもあるでしょう。ボトルの種類を変えてみるのもひとつの方法です。

中には切歯が伸びすぎて飲みにくい、体に痛みがあって飲む姿勢がつらい、というケースもあります。

重みのある安定した食器で水を与える方法もあります。

ウサギが飲みやすい高さ、場所に設置して

Q6
ウサギが牧草をあまり食べません。どうしたら食べてくれますか？

A
歯のためにも、消化管のためにも、また太りすぎを予防するためにも、牧草はぜひ主食として食べてほしいものです。他のものは食べるのに、牧草は食べてくれないという場合、理由はいくつか考えられます。

①不正咬合など歯の病気があるため、十分にすりつぶす必要のある牧草は食べにくい。
対策：歯の病気を治療します。

②牧草の保存状態が悪く、傷んでいるために食べない。
対策：新しいものを購入します。密閉容器に、カメラ用乾燥剤のような効果の高い乾燥剤とともに入れて保存します。

③ペレットや野菜でお腹がいっぱいになっている。
対策：ペレット、野菜の量を減らしてみます。

④わがまま。牧草を食べなくても、そのうちペレットをもらえるので牧草を食べない。
対策：牧草だけしか与えず、牧草を食べるしかないという一定の時間を作ります。

⑤その種類の牧草を好まない。
対策：同じチモシーでも、一番刈り、二番刈り、三番刈りと種類があり、ウサギの好みも硬いほうが好き、柔らかいほうが好きといろいろ。牧草の代わりに野草を与えたり、他のイネ科牧草を与えるなど、根気よくいろいろと試してみます。

⑥食べ慣れないために避けている。
対策：ウサギは離乳するときに与えられたものを好む傾向があります。牧草を主食としているショップやブリーダーから購入することが前提ですが、そうでなければ、購入してきてすぐ、小さいうちから牧草を与えて慣らすことが大切です。まず嗜好性の高いアルファルファに慣らしてから、徐々にチモシーに切り替えることもひとつの手段でしょう。

歯が悪いと牧草をうまく食べられない

ウサギ好みの牧草を探してみよう

小さいうちから牧草に慣らすことが大切

Q7
おやつの適切な与え方は？

A

おやつは、ウサギとコミュニケーションをとる手段のひとつとしてとても便利なものです。食欲不振時に食欲を増すきっかけにもなり、投薬をするさいに用いることもできます。また、おやつを用いて頭と体を使う遊びを楽しむこともできるでしょう（→43ページ）。

ウサギ用おやつとして販売されている乾燥パパイヤなどのドライフルーツや穀類、リンゴやバナナなどの果物を喜びますが、与えすぎると腸内細菌叢が崩れて下痢になったり、肥満の原因になりやすいものなので注意が必要です。

人の発想だと、おやつとは甘いもの、主食ではないものと考えてしまいますが、ウサギは「これは主食」「これはおやつ」と分けて考えたりはしないでしょう。ウサギが好きなものなら、毎日与えているペレット、あるいは野菜や野草類などをおやつとして与えてもいいのです。その日に与える食事の総量から、おやつとして与える分をよりわけるようにすれば、与えすぎを心配することもありません。

おやつは人の手からあげよう

Q8
ウサギに日光浴は必要ですか？

A

ウサギに日光浴が必要かどうかについては諸説あります。室内飼育で、特に日光浴させることを意識せずに飼っていても健康なウサギはたくさんいます。

その一方、日光浴が不足しているためにカルシウム代謝がうまくいかず、不正咬合などの歯の問題が見られるという説もあります。

ただ、日光浴にはいくつかのリスクがあります。季節や環境に注意しないと熱中症になるおそれがありますし、屋外に出すことによる脱走や捕食動物に襲われるなどのおそれもあります。

また、日光浴さえさせていれば不正咬合にならないわけではなく、牧草を十分に与えるなどの適切な飼育管理は欠かせません。

通常は日当たりのいい部屋で飼育し、気候の穏やかなときには窓を開ける（脱走させないよう注意）程度でも十分ではないかと思われます。日陰でもガラス越しでなければ十分な紫外線があります。

ときには穏やかな日光を楽しむのもよい

Q9
防災対策において、健康面での注意点はありますか？

A

自然災害の多い日本で、万が一のための防災対策を行っておくことは非常に重要です。健康面では、以下のようなことを考えておくといいでしょう。

・ケージの置き場所を見直します。家具が倒れてきたり、ものが落ちてきてケージにぶつかることのないようにしましょう。

・避難するなど普段と違う環境下で、食事をしなくなる、水を飲まなくなる、排泄を我慢するといったことが起こりえます。日常から、健康診断のために動物病院に連れていく、グルーミングのためにウサギ専門店に連れていく、また、飼い主以外の人たちと接する機会を作るなど、社会性をもつ機会を作っておいたり、移動用のキャリーバックに慣らしておくと、ストレス耐性がつくでしょう。

・避難グッズには、牧草やフード、水、衛生用品などのほかに、かかりつけ動物病院の連絡先を入れておきましょう。持病の薬もすぐに持ち出せるようにしておきます。また、食欲がないときでも必ず食べてくれるおやつも入れておきましょう。

倒れて危険な家具は遠ざけて

Q 10
旅行に連れていくさいの注意点はありますか？

A

　観光旅行にウサギを連れていくことはおすすめしませんが、ウサギと一緒に帰省するようなことはあることと思います。ここでは健康面に絞って注意点を考えてみましょう。

　移動中は温度管理に注意しましょう。特に夏場、車中への放置は禁物です（→169ページ）。また脱走させないよう、必要のないときにキャリーバッグから出さないようにしてください。

　帰省先には、小さめなものでいいのでふだんから慣らしておいたケージをあらかじめ送っておくと、ウサギがのびのび過ごすことができるでしょう。帰省先でイヌやネコを飼育している場合は、接触のない場所にケージを置くようにしてください。

　念のため、帰省先周辺でウサギを診てもらえる動物病院があるかどうか確認しておくと安心です。

　なお、高齢、若齢のウサギ、病気のウサギは無理に連れていかず、知人やペットシッターに世話をしにきてもらったり、ペットホテルやかかりつけの動物病院に預けることも検討してください。

Q 11
ウサギにも心の病があるのでしょうか？

A

　ウサギのメンタルヘルスについての詳しい研究はありません。しかし、喜怒哀楽の感情があり、好奇心旺盛で人とのコミュニケーションもとれるような豊かな心をもつウサギがメンタルの問題を抱える可能性があることは想像できます。

　飼い主とどのくらい密接なコミュニケーションを望むかはウサギによって異なります。ウサギが望む距離感を逸脱したコミュニケーションは、ウサギにとってストレスとなるでしょう。常に飼い主から愛情を向けていてほしいウサギにとっては、放置されることは不安ですし、飼い主とは一定の距離をとりたいウサギにとっては、いつもじろじろ見られ、かまわれすぎることは不快です。

　不安が大きいと、家の中で飼い主がどこに行くのにも後ろをついてまわる、イヌで知られている分離不安症のようなウサギもいます。飼育環境やコミュニケーションなど何らかの状況に強いストレスを感じ、自咬症を起こしたり、執拗にケージをかじる、暴れるなどの行動が見られるウサギもいます。

　飼育環境を整え、そのウサギに適したコミュニケーションをとり、健康面での不安があれば動物病院で診察を受けるなど、ウサギとの適切なつきあい方をすることで、心の病のリスクを遠ざけることができるのではないでしょうか。

健康Q&A

飼い主との距離感はそのウサギによって違うもの

ペットシッターを頼むときは事前によく説明を

参考文献

○ Brigitte Reusch "Why do I need to body condition score my rabbit?" <http://www.medirabbit.com/EN/Dental_diseases/Bodyconditionscore.pdf>,{2017年12月25日アクセス}

○ D.W. マクドナルド『動物大百科5小型草食獣』平凡社 ,1986

○ David A. Crossley、奥田綾子『げっ歯類とウサギの臨床歯科学』ファームプレス ,1999

○ David Taylor『Rabbit handbook』Sterling Publishing,2000

○ E. V. Hillyer、K. E. Quesenberry、監修:長谷川篤彦、板垣慎一『フェレット、ウサギ、齧歯類—内科と外科の臨床』学窓社 ,1998

○ Emma Keeble『Rabbit Medicine&Surgery』Manson Publishing,2006

○ Esther van Praag "Floppy rabbit syndrome" <http://www.medirabbit.com/EN/Neurology/Flop_rabbit/Floppy_rabbits.pdf>,[2018年1月6日アクセス]

○ Esther van Praag "Self-mutilating behavior in rabbits" <http://www.medirabbit.com/EN/Skin_diseases/Mechanical/Mutilation/Selfmutilation.htm>,[2017年12月28日アクセス]

○エキゾチックペット研究会『エキゾチックペット研究会国際セミナー』エキゾチックペット研究会 ,2006

○ Frances Harcourt-Brown、監訳:霍野晋吉『ラビットメディスン』ファームプレス ,2008

○ H. L. グンダーソン、訳:堀川恵子「プレイリードッグの町」『アニマ』130号 ,1983

○林典子、田川雅代、小沼守『ウサギの診察と臨床検査 エキゾチック臨床 vol.9』学窓社 ,2014

○林典子、田川雅代『ウサギの食事管理と栄養 エキゾチック臨床 vol.6』学窓社 ,2012

○平川浩文「ウサギ類の糞食」『哺乳類科学』34巻2号 ,1995

○堀内茂友『実験動物の生物学的特性データ』ソフトサイエンス社 ,1989

○ House Rabbit Society "Cardiac (Heart) Disease in Rabbits" <http://rabbit.org/cardiac-heart-disease-in-rabbits/>,[2017年12月10日アクセス]

○稲庭瑞穂、寺門邦彦、印牧 信行「自己フィブリン糊を用いた慢性深在性角膜潰瘍の治療」『J-vet 犬の角膜潰瘍』29巻6号 ,インターズー ,2016

○ Jennifer Graham "The Rabbit Liver in Health and Disease" <https://rabbit.org/health/liver.html>,[2018年2月14日アクセス]

○人獣共通感染症勉強会『ペットとあなたの健康』メディカ出版 ,1999

○ John E. Harkness、監修:松原哲舟、訳:斉藤久美子・林典子『ウサギと齧歯類の生物学と臨床医学 4版』LLL,セミナー ,1998

○神山恒夫『これだけは知っておきたい人獣共通感染症』地人書館 ,2004

○ Karen Rosenthal『フェレットとウサギの臨床(Syllabus for JAHA International Seminar No.91)』日本動物病院福祉協会 ,2006

○ Katherine Quesenberry、James W. Carpenter『Ferrets, Rabbits and Rodents: Clinical Medicine and Surgery Includes Sugar Gliders and Hedgehogs (2nd edition)』Saunders,2003

○ Kathy Smith『Rabbit Health in the 21st century』iUniverse,2003

○加藤嘉太郎・山内昭二『改著 家畜比較解剖図説』養賢堂 ,2001

○川道武男『ウサギがはねてきた道』紀伊國屋書店 ,1994

○ Louisiana State University "How Well Do Dogs and Other Animals Hear?" <http://www.lsu.edu/deafness/HearingRange.html>,[2017年11月5日アクセス]

○ Margaret A. Wissman "Rabbit Anatomy" <http://www.exoticpetvet.net/smanimal/rabanatomy.html>,[2017年11月5日アクセス]

○ Marinell Harriman『House Rabbit Handbook』Drollery Press,1995

○ Molly Varga、Anna Meredith、Richard Saunders "Floppy rabbit syndrome" <https://www.vetstream.com/treat/lapis/freeform/floppy-rabbit-syndrome>,[2018年1月6日アクセス]

○森裕司、武内ゆかり『動物看護のための動物行動学』ファームプレス ,2004

○中田至郎「ウサギの歯科関連腫瘍」『エキゾチック診療 ウサギの歯科疾患』24号7巻3号 ,インターズー ,2015

○農業・食品産業技術総合研究機構『日本標準飼料成分表2009年版』中央畜産会 ,2010

○農林水産省動物検疫所 " 動物種類別輸出入検疫状況 " <http://www.maff.go.jp/aqs/tokei/attach/pdf/toukeinen-6.pdf>,[2018年1月15日アクセス]

○ O. B. Williams, T. C. E. Wells and D. A. Wells『Grazing Management of Woodwalton Fen: Seasonal Changes in the Diet of Cattle and Rabbits』『Journal of Applied Ecology』11巻2号 ,1974

○ Paul Flecknell、訳:斉藤久美子『ウサギの内科と外科マニュアル』学窓社 ,2003

○ P. Popesko、V. Rajtová、J. Horák『Anatomy of Small Laboratory Animals』Saunders,2003

○ R. Barone 他、訳:望月公子『兎の解剖図譜』学窓社 ,1977

○ R.M. ロックレイ、訳:立川賢一『アナウサギの生活』思索社 ,1973

○ Raising-Rabbits.com "5 Clues to the Pregnant Rabbit" <https://www.raising-rabbits.com/pregnant-rabbit.html>,[2018年2月14日アクセス]

○斉藤久美子『ウサギの雌性生殖器疾患 エキゾチック臨床 vol.3』学窓社 ,2011

○斉藤久美子『実践うさぎ学』インターズー ,2006

○田川雅代、小沼守、加藤郁『ウサギの疾病と治療 エキゾチック臨床 vol.12』学窓社 ,2016

○ Teresa Bradley Bays『Exotic Pet Behavior』Saunders,2006

○津田恒之『家畜生理学』養賢堂 ,1994

○霍野晋吉、横須賀誠『カラーアトラスエキゾチックアニマル 哺乳類編』緑書房 ,2012

○霍野晋吉『エキゾチックアニマルの診療指針』インターズー ,1999

○ Virginia Parker Guidry『Rabbits The Key to Understanding Your Rabbit』Bowtie press,2002

○ Wildlife Information Network "Self-mutilation in Rabbits" <http://wildpro.twycrosszoo.org/S/00dis/PhysicalTraumatic/Self_mutilation_rabbits.htm>,[2017年12月28日アクセス]

○山根義久『動物が出会う中毒』鳥取県動物臨床医学研究所 ,1999

おわりに

　2008年の旧版発行から10年、「新版・よくわかるウサギの健康と病気」が完成しました。この10年で、ウサギはますます私たちの心をつかんで離さない存在になりました。長生きウサギも増え、長い歳月をともに暮らす方も多いことでしょう。だからこそ、ウサギの毎日が健康であってほしい、病気でも前向きであってほしいという願いをこめて執筆しました。

　今回も曽我玲子先生にご監修いただき、多くの新たな知見を盛り込むことができました。また、多くの方々に撮影や取材にご協力いただき、読者の皆さんとウサギたちに大いに役立つ情報を提供することができました。そして、こうして一冊の本になるまでには、多くの制作スタッフが携わっています。新版を待ちかねるご期待の声にも励まされました。すべての皆さまに、心より感謝申し上げます。そして旧版発刊の年にやってきて、2018年の今も元気でそばにいてくれている、わが家のウサギにもありがとう。

　この本がいつも皆さまとウサギのそばにあり、お役に立ちますように。

2018年3月　大野瑞絵

著者プロフィール

大野瑞絵（おおのみずえ）

東京生まれ。文学部史学科を卒業後、会社勤めを経て動物ライターとなる。ウサギとの付き合いは小学5年生から。「動物をちゃんと飼う、ちゃんと飼えば動物は幸せ、動物が幸せになってはじめて飼い主さんも幸せ」をモットーに活動中。著書に『うさぎの心理がわかる本』（共著）『よくわかるうさぎの食事と栄養』『よくわかるウサギの健康と病気（2008年版）』『ハリネズミ完全飼育』（小社刊）、『うさぎと仲よく暮らす本』（新星出版社刊）『くらべてわかる! イヌとネコ』（岩崎書店）など多数。動物関連雑誌にも執筆。1級愛玩動物飼養管理士、ヒトと動物の関係学会会員。

監修者プロフィール

曽我玲子（そがれいこ）

Grow-Wing Animal Hospital 院長。麻布獣医科大学卒。社団法人日本科学飼料協会病理学研究室勤務。麻布大学獣医学部付属家畜病院臨床研修医在籍2年。同大学第二外科学研究生6年間在籍。東京大学病理学教室の研究生4年間在籍を経て1985年5月に曽我動物病院開設。2007年5月に開設したGrow-Wing Animal Hospitalはウサギなどエキゾチックアニマルも含め幅広い種類の動物を対象に、正確な診断と治療を目指す病院。小動物専用診察室を設け、各種診断装置を完備し、診療・手術を行う他、病気の予防、飼育指導、しつけ指導、リハビリテーションなどペットと共に楽しく生活するための指導教室も開催。

スタッフ

写真：井川俊彦
デザイン：橘川幹子
イラスト：imperfect 平田美咲
編集：前迫明子

撮影協力（敬称略）：
我孫子圭子(うさぎのしっぽ吉祥寺店)
うさぎのしっぽ横浜店

協力（敬称略）：
印牧信行（麻布大学附属動物病院）
Lim Jaekyu (Indeogwon Animal Hospital)
町田 修（うさぎのしっぽ）
高野佳代子

かかりやすい病気を中心に症状、経過、治療、ホームケアまで。一家に一冊!

新版　よくわかるウサギの健康と病気　NDC 649

2018年3月26日　発　行
2020年1月15日　第2刷

監修者	曽我 玲子
著 者	大野瑞絵
発行者	小川 雄一
発行所	株式会社 誠文堂新光社

〒113-0033　東京都文京区本郷3-3-11
（編集）電話03-5800-5751
（販売）電話03-5800-5780
http://www.seibundo-shinkosha.net/
印刷・製本 図書印刷 株式会社

©2018,Mizue Ohno, Reiko Soga.　　　　　　　　Printed in Japan

Printed in Japan　検印省略
禁・無断転載
落丁・乱丁本はお取り替え致します。

本書のコピー、スキャン、デジタル化等の無断複製は、著作権法上での例外を除き、禁じられています。本書を代行業者等の第三者に依頼してスキャンやデジタル化することは、たとえ個人や家庭内での利用であっても著作権法上認められません。

JCOPY	<（一社）出版者著作権管理機構 委託出版物>

本書を無断で複製複写（コピー）することは、著作権法上での例外を除き、禁じられています。本書をコピーされる場合は、そのつど事前に、（一社）出版者著作権管理機構（電話 03-5244-5088／FAX 03-5244-5089／e-mail:info@jcopy.or.jp）の許諾を得てください。

ISBN978-4-416-61814-1